面板堆石坝筑坝材料静动力试验及应力变形计算研究

何鲜峰 乔瑞社 高玉琴 刘忠 著

内 容 提 要

河口村水库混凝土面板堆石坝为国内目前最为复杂的混凝土面板坝覆盖层基础。本书介绍了河口村面板堆石坝筑坝材料静动力试验研究及不同设计方案下的二维、三维应力变形计算研究的科研成果。本书共11章，主要内容包括：筑坝材料静动力特性试验研究概述、筑坝材料现场取样、筑坝材料试样制备及试验方案、筑坝材料试验设备与试验过程、筑坝材料试验成果、筑坝材料试验结论、面板堆石坝动力计算分析概述、静动力有限元计算原理和方法、静力非线性有限元计算与分析、面板坝动力非线性有限元计算与分析、有限元计算成果总结及结论等。

本书可供从事坝工建设的勘测设计、施工、运行、科研、教学等科技人员阅读参考，也可作为相关领域大专院校师生的参考资料和工程案例读物。

图书在版编目（CIP）数据

面板堆石坝筑坝材料静动力试验及应力变形计算研究/何鲜峰等著. -- 北京 : 中国水利水电出版社, 2014.12
ISBN 978-7-5170-2727-0

Ⅰ. ①面… Ⅱ. ①何… Ⅲ. ①混凝土面板堆石坝－建筑材料－动力试验②混凝土面板堆石坝－建筑材料－应力－计算－研究 Ⅳ. ①TV641.4

中国版本图书馆CIP数据核字(2014)第289175号

书　　名	**面板堆石坝筑坝材料静动力试验及应力变形计算研究**
作　　者	何鲜峰　乔瑞社　高玉琴　刘　忠　著
出版发行	中国水利水电出版社 （北京市海淀区玉渊潭南路1号D座　100038） 网址：www.waterpub.com.cn E-mail：sales@waterpub.com.cn 电话：(010) 68367658（发行部）
经　　售	北京科水图书销售中心（零售） 电话：(010) 88383994、63202643、68545874 全国各地新华书店和相关出版物销售网点
排　　版	中国水利水电出版社微机排版中心
印　　刷	北京纪元彩艺印刷有限公司
规　　格	184mm×260mm　16开本　12.75印张　295千字
版　　次	2014年12月第1版　2014年12月第1次印刷
印　　数	0001—1000册
定　　价	**46.00**元

前　言

在深厚覆盖层上直接建造混凝土面板堆石坝与对覆盖层进行开挖，将趾板置于基岩上的筑坝方案相比，不但能够节省工程量，而且能够简化施工导流，缩短工期，具有明显的经济优势。

随着我国坝工技术水平的不断发展，已有越来越多的混凝土面板坝工程将趾板建在深厚覆盖层上，并且有了坝高在100m以上的工程实例。河口村面板坝设计坝高122.5m，建在深覆盖层上，面临的主要技术难题有高面板坝变形控制技术、适应大变形的止水结构及深覆盖层基础处理措施等一系列高面板坝筑坝技术难题。黄河勘测规划设计有限公司、黄河水利委员会黄河水利科学研究院、河海大学进行重点科技攻关，河口村面板坝坝料力学特性试验研究、河口村面板坝动力与静力应力应变分析与安全评价，课题主要以河口村面板坝为依托，针对河口村面板坝关键技术难题开展了联合攻关。围绕河口村面板坝长达10年的研究中，国内众多专家提供了咨询意见。对覆盖层上面板坝而言，防渗系统的应力变形特性对工程的安全影响重大。虽然覆盖层上面板坝已经有一些成功的实例，但覆盖层上高面板坝还不多，目前还缺乏完善的工程经验，因此理论研究对工程设计具有较大的指导作用。

现代面板堆石坝的发展，建立在堆石料变形控制基础上，合理地减少堆石体的变形，保证面板与其接缝止水防渗的可靠性，基于此，堆石料的变形特性得到了坝工界密切关注。

对于深覆盖层上面板堆石坝复杂结构的应力变形特性分析，数值计算研究是目前最主要的分析方法，其中，堆石体的本构模型以及接触面和接缝系统的模拟是分析中的关键所在。本书中以河口村面板坝工程为依托，介绍了二维静力和三维动静力非线性有限元应力变形计算分析研究，提出了深覆盖层上混凝土面板堆石坝筑坝技术。

在模型计算参数方面，难点在于覆盖层参数的确定，由于覆盖层密度、级配等难以准确确定，所以室内试验难以合理确定覆盖层计算参数，研究中结合物探、现场载荷试验、室内试验等因素综合考虑。通过静力三轴压缩试验测定坝料的应力—应变及体变—应变关系，得到所需的静强度指标和相应的模型参数；通过振动三轴试验测定坝料在动应力作用下的应力、应变和孔隙水压力的变化，得到所需的动应力比值及分析计算所需的其他参数；通过动模量阻尼试验，确定坝料的最大动剪切模量与有效固结压力的关系及动剪切模量比、阻尼比与动剪应变的关系，最终得出所需的不同动剪应变下的动剪切模量比值和阻尼比值。通过对大坝结构三维非线性有限元静力和动力分析，得出大坝各分区的设计与填筑的标准、坝体分层填筑与面板分期浇筑方案合理，坝体抗震性能好。本书中通过三维有限元的计算准确分析与预报大坝在施工与运行期间的性能，大坝施工期填筑方式，向业主与设计部门提供科学决策的依据。

河口村面板坝工程于2008年开始前期施工，2011年10月截流，2014年12月坝体填筑完成，工程施工总工期60个月。

为此，现将河口村面板坝设计过程中，对一些技术难题的研究过程及主要研究成果进行系统的介绍，希望能对推动我国面板坝筑坝技术的发展尽绵薄之力。

本书由赵寿刚总体策划并统稿。

本书引用了大量的设计科研成果和文献资料，并得到了多家单位和多位专家的大力支持，在此，表示衷心的感谢！由于本书涉及专业众多，编写时间仓促，错误和不当之处难免，敬请同行专家和广大读者赐教指正。

谨以此书献给所有参与和关心河口村面板坝研究、论证和建设的单位、专家、学者，并向他们表示崇高的敬意与衷心地感谢！

编者

2014年5月

目　录

1 筑坝材料静动力特性试验研究概述

采用室内试验与现场测试相结合的方法，正确测定覆盖层的工程特性，特别是覆盖层的计算参数，这是设计覆盖层上面板堆石坝的基础。

对覆盖层和坝体材料进行室内大型压缩、大型三轴剪切等试验，研究土体在不同应力状态下的静力压缩变形特性、剪胀（缩）性特性、应力应变关系及强度特性等，并确定静力本构模型计算参数。

（1）进行现场原位试验和室内试验。综合研究覆盖层的工程力学特性和计算参数：

1）进行现场旁压试验，确定覆盖层的旁压曲线、旁压模量、侧压力系数、承载力等原位工程力学指标。

2）综合现场原位试验和室内试验结果，采用旁压试验有限元反分析技术，确定覆盖层材料的邓肯—张 E—B 模型计算参数。

（2）坝基及坝体材料的动力特性室内试验研究。进行大型振动三轴等试验，研究坝基和坝体材料在不同应力状态下的动力变形特性、动强度特性、动力残余剪切变形及残余体积变形特性等，由此并确定动力本构模型计算参数。

（3）结合室内和现场试验确定覆盖层动力变形特性研究。通过室内试验和现场波速试验，综合确定覆盖层土体最大动剪切模量压力效应关系，为地震动力反应分析提供更为可靠的依据。

主要研究成果有以下几个方面：

1）改进和应用多道瞬态面波勘探测试技术并结合少量的钻孔测试结果，对河口村工程坝址区的深覆盖层进行了大面积的实地勘测，取得了反映工程地质分层的三个等速度剖面图和剪切波速剖面图，有效地对该坝址区的地层分布、界线和形态等进行了描述及划分，为进一步研究地基覆盖层的工程力学特性奠定了基础，并对过去以点代面的勘察方法进行了有意义的改进和探索。

2）对坝基砂砾石料及坝基中粗砂进行了大型饱和压缩试验，得到了各级荷载下坝基材料的压缩系数及压缩模量，为工程设计进行类比提供了依据。

3）为了考虑实际地层土体原位结构性及超粒径缩尺等效应的影响，提出了联合室内试验和现场旁压仪试验综合确定土的土体本构关系参数的方法，为研究深覆盖层粗粒料工程特性开辟了新的途径。对河口村工程坝基覆盖层砂砾石及中粗砂，分别进行了室内大型三轴压缩试验及现场旁压试验；以室内大型三轴试验结果为基础，采用阻尼最小二乘法非线性优化理论，对实测旁压曲线进行反演分析，综合确定了邓肯—张 E—B 模型计算参数，为进行坝体应力应变计算提供了更为可靠的依据。

4）对现场实测旁压曲线、室内试验参数计算的旁压曲线及采用反演参数计算的旁压曲线三者比较分析表明，室内试验参数计算曲线与现场实测曲线相差较大，反演分析结果较单纯室内试验所得结果更能反映实际情况。因此，联合进行室内试验和现场原位试验，研究地基覆盖层材料工程力学特性的工作是很必要的。

5）对坝体主堆石料、次堆石料、过渡料及下游堆石料等进行了干、湿两种状态下的大型压缩试验，得到了各级荷载下的压缩系数及压缩模量，可作为进行坝体类比设计及评价的依据。

6）对坝体主堆石料、次堆石料、过渡料等，按设计相对密度或设计孔隙率控制制样，采用混合法拟定试验模拟级配。进行了饱和固结排水大型三轴压缩试验，研究了各种坝料的剪切特性，测定了各种坝料的抗剪强度指标及邓肯—张模型参数，为进行坝体应力应变分析计算提供了可靠的依据。

7）对河口村面板坝坝基和坝体材料进行了全面的动力特性试验研究。

①坝体垫层料、过渡料位于混凝土面板下游，处于非饱和状态，且具有较高的密实度和良好的渗透性和边界排水条件，在遭遇地震的条件下，一般不会产生附加孔隙水压力，因此，也不会引起抗剪强度的降低。在进行坝体的抗震稳定性分析时，它们的动力抗剪强度可直接采用静力有效抗剪强度。

②通过动强度特性试验，给出了坝基砂卵石含砾中粗砂在饱和固结不排水状态下的地震总应力抗剪强度特性和动孔压特性，这些试验结果可作为进行抗震稳定性分析的基本依据。

③给出了垫层料、过渡石料、坝基砂砾石料和含砾中粗砂的最大动剪切模量与平均有效主应力的关系，动剪切模量比和阻尼比随动剪应变比的变化关系以及它们的数值化结果，可作为地震动力反应分析的基本依据。

④给出了坝体主堆石料、过渡料、坝基砂砾石料和含砾中粗砂的残余体应变、残余剪应变和残余轴应变的近似表达式和它们的参数值，可供进行地震永久变形分析采用。

8）对室内试验和现场波速试验（三种测试方法）获得的最大动剪切模量的压力效应试验成果进行了对比分析：

①对垫层料、过渡料而言，在较低压力下，按现场波速实验得出的压力效应关系曲线稍高于室内大型三轴试验，结合激光微小应变测试技术所获取的压力效应关系曲线；而在高压力情况下，两者则比较接近。

②对于砂性土来说，虽然测点有限，现场各种波速的测试结果基本上在室内共振试验得到的压力效应关系曲线上下跳动，但两者的分布趋势大体上是接近的。

③综合上述分析结果可以认为，室内试验所得到的最大动剪切模量压力效应关系曲线，可以作为依托工程地震动力反应分析的依据。

1.1 工程概况

在建的河南省河口村水库工程位于黄河一级支流沁河最后一段峡谷出口处，下距五龙口水文站约 9km，属河南省济源市克井乡，是控制沁河洪水、径流的关键工程，也是黄河下游防洪工程体系的重要组成部分。河口村坝址控制流域面积 9223km^2，占沁河流域面积的 68.2%，占黄河小花间流域面积的 34%。河口村水库的开发任务以防洪、供水为主，兼顾灌溉、发电、改善生态，并进一步完善黄河下游调水调沙运行条件。

河口村水库大坝为混凝土面板堆石坝，坝址处河谷呈U形，岸坡陡峻，面板堆石坝设计最大坝高122.5m，坝顶高程288.50m，防浪墙高1.2m，坝顶长度481.0m，坝顶宽10.0m，上游坝坡1∶1.5，下游坝坡1∶1.6。大坝基础坐落在砂卵石深覆盖层上，覆盖层深度为10～40m，覆盖层内含有多层壤土夹层，局部含有粉细砂透镜体。坝体从上游向下游依次为混凝土面板、垫层区（水平宽度为3m）、过渡层（水平宽度为5m）、主堆石区和次堆石区，主堆石区与次堆石区分界线为坝轴线向下游1∶0.6。各区坝料的透水性按水力过渡要求从上游向下游增加。

河床段趾板置于覆盖层上，布置在面板的周边，与防渗面板通过设有止水的周边缝连接，形成坝基以上的防渗体，河床段趾板上游坝基采用混凝土防渗墙截渗。

按照《中国地震动参数区划图》（GB 18306—2001）的确定，河口村坝址场地地震动反应谱特征周期为0.40s，地震动峰值加速度0.1g，相应地震烈度为7度。鉴于大坝为高坝，按规定提高一级设计，为1级建筑物，且大坝基础比较复杂，参照《水工建筑物抗震设计规范》（SL 203—97）的规定，对1级壅水建筑物，工程抗震设防类别为甲类，可根据其遭受强震影响的危害性，在基本烈度的基础上提高1度作为设计烈度，因此，确定大坝按8度地震进行抗震复核。

为测定河口村水库筑坝材料在静力作用和动力作用下的应力、应变和孔隙水压力的变化，确定静力作用下的内摩擦角、黏聚力和E—B模型参数，以及在动力作用下的破坏强度、动剪切模量和阻尼比等特性指标，河南省河口村水库建设管理局委托黄河水利科学研究院进行相关试验和研究工作。

1.2 坝料性质

根河口村水库混凝土面板堆石坝工程的施工进度、设计方要求及技术服务合同，黄河水利科学研究院河口村水库坝料试验项目组（以下简称黄科院项目组）成员先后两次到现场取样，之后按照合同及设计方要求开展室内静、动力特性试验。委托进行试验的料种为河口村水库混凝土面板堆石坝的垫层料、特殊垫层料、过渡料、主堆石区料、次堆石区料、反滤料、大坝基础覆盖层、壤土夹层料，但实际工作过程中，由于设计工作需要等原因，实际进行室内试验的坝料更改为主堆石料、次堆石料（根据取料地点不同分料场石料和渣场石料）、垫层石料、过渡石料、坝基覆盖层料和黏土夹层，试验坝料总数为7种，黏土夹层为细粒料，其余料种均为粗粒料，各种坝料性质具体如下。

（1）主堆石料。采用料场开挖料，具有新鲜、坚硬、软化系数高、较低的压缩性、较高的抗剪强度和变形量小等特点。控制最大粒径500～800mm，小于5mm的含量在10%～20%，小于0.075mm的含量小于5%，级配连续。

（2）次堆石料之料场石料。采用料场开挖料，具有新鲜、坚硬、软化系数高、较低的压缩性、较高的抗剪强度和变形量小等特点。控制最大粒径500～800mm，小于5mm的含量不得超过30%，级配连续，粒径小于0.1mm含量不大于10%。

（3）次堆石料之渣场石料。采用坝基、引水及泄洪建筑物、溢洪道等开挖的强弱混合料，含有花岗岩、砂岩、灰岩和泥灰岩等岩石，用料要求稍低。控制最大粒径500～

800mm，小于 5mm 的含量不得超过 30%，级配连续，粒径小于 0.1mm 含量不大于 10%。

(4) 垫层石料。采用料场开挖料，具有新鲜、坚硬、级配良好和相对密度高的特点。控制最大粒径 40～80mm，小于 5mm 的含量在 35.1%～49.9%，小于 0.075mm 的含量最大达 8%，级配连续。

(5) 过渡石料。采用料场开挖料，具有新鲜、坚硬、软化系数高和密实度高等特点。控制最大粒径 150～300mm，小于 5mm 的含量在 12.1%～24.5%，小于 0.075mm 的含量小于 5%，级配连续。

(6) 坝基覆盖层料。由河床或河道漫滩自然形成的一种料，具有新鲜光滑等特点，现场分别在坝轴线、坝轴线下游 10m 和坝轴线上游 5m 处取样进行颗粒分析试验，为自然沉积形成时的级配，控制最大粒径 300mm。

(7) 黏土夹层。现场在有代表性部位取原状样，测定其现场平均含水率为 27.0%。

1.3 试验内容

材料试验包括以下几方面。

(1) 静力试验（三轴压缩试验）。对所取筑坝材料进行三轴压缩试验，试验类型采用固结排水形式（CD），通常用 3～4 个试样（本次试验采用 4 个试样），分别在不同周围压力下施加轴向压力进行剪切试验，直至轴向变形达到试样高度的 20%时停止试验，测定其应力—应变关系，然后按摩尔—库仑强度理论求取其抗剪强度参数，并进一步求得计算模型所需的参数，即确定静力作用下的内摩擦角、黏聚力及邓肯—张 E—B 模型参数。

(2) 动模量—阻尼试验。对所取筑坝材料进行动力特性试验，饱和筑坝材料在固结压力下完成固结后，关闭排水阀门，在保持固结压力不变的情况下，由小到大逐级施加轴向动荷载，记录每一级振动荷载下的应力应变滞回曲线和孔隙水压力的变化过程，进而确定其最大动剪切模量与有效固结压力的关系、不同动剪应变下的动剪切模量比和阻尼比，并求取计算所需的模型参数。

(3) 动强度试验。对所取筑坝材料进行动强度试验，饱和筑坝材料在固结压力下完成固结后，关闭排水阀门，在保持固结压力不变的情况下，在试样的上部施加循环往复的动荷载，使试样随振动次数的增加最终达到确定的动应变破坏标准，记录试验过程中的应力、应变和孔隙水压力的变化过程，进而确定其在动应力作用下的动应力比与振次的关系，并求取相关的动强度参数。

2 筑坝材料现场取样

根据工程总进度和设计要求，前后两次试验的取样地点和取样料种均由黄河勘测规划设计有限公司河口村水库工程项目部（以下简称黄河设计公司项目组）技术人员现场指定，由黄河水利科学研究院项目组技术人员现场取料并负责运输至室内试验室。

2.1 试料来源

（1）河口村石料场。主堆石料、次堆石料之料场石料、垫层石料和过渡石料来源于河口村石料场，为开挖料，料场位于坝址下游沁河右岸的河口村村南冲沟西侧，产区属低山丘岭区，自然坡度 20°～60°。料场岩石基本裸露，岩层厚度及质量较稳定，风化轻微，无地下水出漏，为Ⅱ类场地。料场石料质量满足规范中对块石和混凝土人工骨料的质量技术要求，料场储量较丰富，无地下水出漏，施工场地开阔，距坝址区直线距离 2～3km，开采和运输比较便利。

料场中上部为上马家沟组灰色厚层状白云岩、白云质灰岩和灰岩，局部夹有 0.1～0.5m 泥灰岩，下部为下马家沟组的上部灰色白云质灰岩夹页岩、泥质灰岩，含薄层页岩和泥灰岩较多，其强度、块度不能满足块石料和人工混凝土骨料的质量要求，故以其顶面作为块石料场开挖下限。

（2）次堆石料之渣场石料。次堆石料之渣场石料来源于坝基、引水及泄洪建筑物、溢洪道等开挖的强弱混合料，含有花岗岩、砂岩、灰岩和泥灰岩等岩石，为建筑物、溢洪道等开挖料组成，含有花岗岩、砂岩、灰岩、泥灰岩等岩石，试验时要求将所有渣场石料来源的石料均匀混合后进行取料，但根据现场实际情况，最终试验石料可能与要求有偏差。

（3）坝基覆盖层料和黏土夹层。坝基覆盖层料来源于坝基的覆盖层，含漂石、孤石等，其中含有夹砂层和黏土夹层，且深覆盖层石料和黏土夹层交错分布，最大错位十几公分。

2.2 取样方法

（1）主堆石料、次堆石料（料场石料和渣场石料）、垫层石料、过渡石料和坝基覆盖层料为粗粒料，委托方事先提供各粗粒料的级配曲线，因含有不同程度的超粒径，按《土工试验规程》（SL 237—1999）的相关规定，首先对各粗粒料进行室内缩尺得出每种粗粒料试验曲线，依次计算每种粗粒料每粒径组百分含量，然后按预估每种粗粒料试验组数推算粗粒料每种粒径所需重量，现场取样时按计算重量筛取所需试验料种。

现场取样时，坝基覆盖层正在开挖，有一定的含水率，不具备现场筛料条件，故协商后在有代表性部位用挖土机挖取一定量的覆盖层混合料运输至空旷处，待稍微风干后装袋运至试验室。

（2）黏土夹层为细粒土，现场采用两端有盒盖的铁皮筒取原状样。将铁皮筒压入土层内，然后用铁锹将铁皮筒挖出，观察铁皮筒内的土料是否完整，否则用余土进行填补；将铁皮筒周围擦干净，两端盖上盒盖，用胶带纸将其密封严实，避免失水和运输过程中的扰动。

2.3 现场取样情况

2.3.1 第一次现场取样情况

根据工程总进度和设计方要求，第一次现场取样时间为 2012 年 1 月。此时，现场已展开全面施工，坝基覆盖层和黏土夹层开挖、石料场坝料爆破和运输、料场场地平整和储料等工序正同步进行，综合考虑料种所在坝体位置、填筑顺序、取料紧迫性和时效性、室内试验时坝料的存储等因素，经与黄河设计公司项目部技术人员协商后确定此次所取坝料为过渡石料、坝基覆盖层料和黏土夹层三种。

现场取样时，石料场和石料储料场不具备现场筛料和运输条件，故安排在现场试验场地旁的小堆料场进行过渡石料取样如图 2.3.1 所示。坝基覆盖层料现场取样情况如图 2.3.2～图 2.3.4 所示，室内试验时先将料在室外晾晒风干，然后再按比例筛分所需粒径组，如图 2.3.5 所示。黏土夹层现场取样情况如图 2.3.6 所示。

图 2.3.1 现场过渡石料现场取样情况

图 2.3.2 取料时坝基覆盖层开挖施工作业面

图 2.3.3 含有一定水分的坝基覆盖层料散状样

图 2.3.4 坝基覆盖层稍微风干后装袋

图 2.3.5　坝基覆盖层料室内筛分后称取制样

图 2.3.6　黏土夹层现场取样情况

2.3.2　第二次现场取样情况

根据工程总进度和设计要求，第二次现场取样时间为 2012 年 11 月，此次所取坝料为主堆石料、次堆石料（料场石料和渣场石料）、垫层石料四种。

主堆石料和次堆石料（料场石料）室内试验时粒径组成不同，但坝料的来源相同，故现场取料地点相同。由于料场在山顶处，上下山路较窄，施工车辆频繁往返运输石料出于安全考虑，经协商后确定在储料场随机挖取一定量的石料运输至某平坦处，然后再进行筛分如图 2.3.7 所示，室内按缩尺后的粒径组进行称量制样如图 2.3.8 所示。

图 2.3.7　现场主堆石料和次堆石料（料场石料）及垫层石料现场取样情况

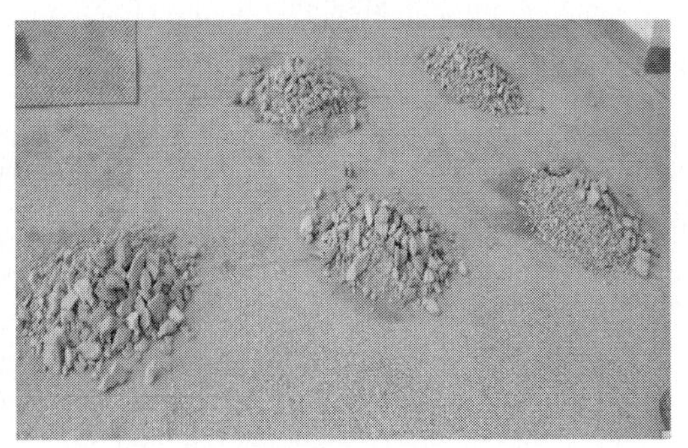

图 2.3.8　主堆石料和次堆石料（料场石料）及垫层石料室内称量制样

图 2.3.9　次堆石料（渣场石料）现场取样情况

图 2.3.10　次堆石料（渣场石料）室内称量各粒径组

垫层石料的来源同主堆石料，但经过颚式破碎机进行了粉碎，将粉碎后的石料过筛，剔除大于 80mm 的颗粒备用。现场取样时是在其储料场按比例进行筛分。

渣场次堆石料在储料场按比例进行筛分如图 2.3.9 所示，室内按缩尺后的粒径组进行称量制样如图 2.3.10 所示。

3 筑坝材料试样制备及试验方案

3.1 试样制备

由于现场坝体填筑料粒径较大，而室内试验由于仪器尺寸的限制，需对超粒径颗粒进行处理，即把原级配按相关规范缩制成试验级配，最常用的方法有等量替代法和混合法。等量替代法具有保持粗颗粒的骨架作用及粗料级配的连续性和近似性等特点，适用超粒径含量小于40%的堆石料。混合法是同时采用等量替代法和相似级配法，即先按照几何相似条件等比例地将原样粒径缩小，使小于粒径5mm土的质量不大于总质量的30%，并使超径颗粒含量小于40%，然后再将超径颗粒用等量替代法进行缩尺。

等量替代法计算公式：

$$P_i=\frac{P_{0i}}{P_5-P_{d\max}}P_5 \tag{3.1.1}$$

式中 P_i——等量替代后某粒组的百分含量，%；

P_{0i}——原级配某粒组的百分含量，%；

P_5——大于5mm粒径土的百分含量，%；

$P_{d\max}$——超粒径颗粒的百分含量，%。

相似级配法计算公式：

粒径：
$$d_{ni}=\frac{d_{0i}}{n} \tag{3.1.2}$$

级配：
$$p_{dn}=\frac{p_{d0}}{n} \tag{3.1.3}$$

式中 d_{ni}——原级配某粒径缩小后的粒径，mm；

d_{0i}——原级配某粒径，mm；

n——粒径缩小倍数，$n=d_{0\max}/d_{\max}$；

$d_{0\max}$——原级配最大粒径，mm；

$d_{\max}$——仪器允许最大粒径，mm；

p_{dn}——粒径缩小n倍后相应的小于某粒径含量百分数，%；

p_{d0}——原级配相应的小于某粒径含量百分数，%。

3.1.1 主堆石料

根据设计级配曲线，级配下限最大控制粒径为800mm，级配上限最大控制粒径为500mm，均属于超粒径。结合主堆石料实际情况，试验技术人员将级配下限、级配上限及两者的均值级配进行等量替代后进行制样，经多次制样比较，按设计级配曲线上限替代后的粒径组成进行制样的干密度接近设计初拟干密度，但受土料级配影响实际制样干密度略小于初拟干密度，而按设计级配曲线下限及上下限均值级配替代后的粒径组成进行制样的干密度小于委托方的初拟干密度。因此，试验技术人员与黄河设计公司项目部技术人员协商后确定：采用设计级配曲线上限经替换后的粒径组成进行试验。

由于超粒径含量大于40%，故主堆石料级配上限、级配下限及两者的级配均采用混合法进行缩尺。

3.1.2 次堆石料

根据设计级配曲线，级配下限最大控制粒径为800mm，级配上限最大控制粒径为500mm，均属于超粒径，结合次堆石料实际情况和初拟干密度，试验技术人员首先将级配上下限的均值级配进行等量替代后进行制样，经实际制样，按均值级配替代后的粒径组成进行制样的干密度接近设计初拟干密度，但受土料级配影响实际制样干密度略大于初拟干密度，故采用均值级配曲线经替换后的粒径组成进行试验，不再进行其他状态下的比较制样工作。

由于均值级配曲线的超粒径含量小于40%，故采用等量替代法进行缩尺。

3.1.3 垫层石料

根据设计级配曲线，级配下限最大控制粒径为80mm，级配上限最大控制粒径为40mm，结合垫层石料实际情况和初拟干密度，试验技术人员首先将级配上下限的均值级配进行等量替代后进行制样，经实际制样，按均值级配替代后的粒径组成进行制样的干密度接近设计初拟干密度，但受土料级配影响实际制样干密度略大于初拟干密度，故采用均值级配曲线经替换后的粒径组成进行试验，不再进行其他状态下的比较制样工作。由于均值级配曲线的超粒径含量小于40%，故采用等量替代法进行缩尺。

3.1.4 过渡石料

根据设计级配曲线，级配下限最大控制粒径为300mm，级配上限最大控制粒径为150mm，均属于超粒径，结合过渡石料实际情况，试验技术人员将级配下限、级配上限及两者的均值级配进行等量替代后进行制样，经多次制样比较，按设计级配曲线上限替代后的粒径组成进行制样的干密度接近设计初拟干密度，但受土料级配影响实际制样干密度略小于初拟干密度，而按设计级配曲线下限及上下限均值级配替代后的粒径组成进行制样的干密度小于设计的初拟干密度，故采用设计级配曲线上限经替换后的粒径组成进行试验。由于级配下限和上下限均值级配超粒径含量大于40%，故采用混合法进行缩尺，而级配上限超粒径含量小于40%，故采用等量替代法进行缩尺。

3.1.5 坝基覆盖层料

根据设计提供的级配曲线，坝轴线上游15m处最大控制粒径为300mm，坝轴线上游30m处最大控制粒径为200mm，坝轴线上游45m处最大控制粒径为240mm，为做到相对具有代表性，将上述三个部位级配曲线的平均级配曲线作为室内试验时所依据的级配曲线。

取料时坝基覆盖层正在开挖，有一定的含水率，不具备现场筛料条件，故协商后在有代表性的部位用挖土机挖取一定量的覆盖层石料运输至某处，待稍微风干后装袋运至实验室。此时确定的代表性部位和设计提供级配曲线时所确定的部位存在差异，但考虑自然沉积时的有序性和区域性，忽略取样部位之间的差异性。由于平均级配曲线的超粒径含量小于 40%，故采用等量替代法进行缩尺。

3.1.6 黏土夹层

黏土夹层为细粒土，现场所取试样为原状样。原状样开筒后，首先观察是否被扰动，将未被扰动的土样用钢丝锯或削土刀切取一稍大于试验所需尺寸的土柱，放在切土盘的上、下圆盘之间，再用钢丝锯或削土刀紧靠侧板，由上往下细心切削，边切削边转动圆盘，直至土样的直径被削成所需直径，然后按试样要求高度削平上下两端。将切削好的试样称重，并用游标卡尺量取高度和直径，平均直径按式（3.1.4）计算。

$$D_0=\frac{1}{4}(m_{上}+2m_{中}+m_{下}) \tag{3.1.4}$$

式中 $m_{上}$、$m_{中}$、$m_{下}$——试样上、中、下部的周长。

取切下的余土平行测定其含水率，取平均值作为试样的含水率。

将制备好的试样放入饱和器内，然后置于无水的抽气缸内进行抽气，在真空度接近当地 1 个大气压条件下连续抽气 2h，当抽气时间达到要求后，徐徐注入清水，并保持真空度稳定，待饱和器完全被水淹没后即可停止抽气，并释放抽气缸的真空。试样在水下静置时间大于 10h 后备用。

此次试验使用的土样基本未被扰动，但制样时发现所取原状样具有不均匀性，个别试样中夹有微量砂，有些试样密度偏低，可能对试验结果会有一定的影响。

主堆石料、过渡石料、坝基覆盖层料、次堆石料和垫层石料原始粒径百分含量及替代后试验粒径组百分含量分别见表 3.1.1 和表 3.1.2，原始设计级配曲线及替代后试验级配曲线如图 3.1.1～图 3.1.5 所示。黏土夹层为细粒土，不进行颗粒分析。

表 3.1.1 河口村水库各坝料原始粒径百分含量

名称		主堆石料		过渡石料		坝基覆盖层料			次堆石料（料场石料和渣场石料）		垫层石料	
		下限	上限	下限	上限	坝轴线上游 15m	坝轴线上游 30m	坝轴线上游 45m	下限	上限	下限	上限
最大粒径/mm		800	500	300	150	300	200	240	800	500	80	40
小于某粒径组百分含量/%	800	100.0	—	—	—	—	—	—	100	—	—	—
	600	89.3	—	—	—	—	—	—	94	—	—	—
	500	83.5	100.0	—	—	—	—	—	91	100	—	—
	400	76.2	92.5	—	—	—	—	—	87	97	—	—
	300	66.5	84.3	100.0	—	—	—	—	81	91	—	—
	200	55.5	74.4	83.9	—	—	—	—	74	83	—	—
	150	48.3	68.2	73.9	100.0	100	100	100	—	—	—	—

续表

名称		主堆石料		过渡石料		坝基覆盖层料			次堆石料（料场石料和渣场石料）		垫层石料	
		下限	上限	下限	上限	坝轴线上游 15m	坝轴线上游 30m	坝轴线上游 45m	下限	上限	下限	上限
最大粒径/mm		800	500	300	150	300	200	240	800	500	80	40
小于某粒径组百分含量/%	100	39.2	59.8	62.0	82.8	56.9	90.1	80.9	62	71.2	—	—
	80	35.2	55.5	55.5	74.2	50.4	84.9	75.3	58	68	100	—
	60	31.0	50.0	47.4	66.0	43.1	75.9	68.1	52	62.7	90.8	—
	50	28.6	46.8	43.0	61.8	—	—	—	—	—	85.3	—
	40	25.6	43.6	38.3	56.7	35.1	59.1	56.3	47	57	78.1	100
	20	19.0	35.0	26.3	42.8	24.2	39.1	36.6	36.8	47	59.7	78.0
	10	14.1	27.0	18.0	32.1	18.4	27.6	29.4	28	38	46.5	62.1
	5	10.0	20.0	12.1	24.5	13.3	18.0	21.6	20	30	35.1	49.9
	2	6.2	14.4	7.2	16.0	8.7	13.5	14.4	12	22	24.2	38.0
	1	4.1	11.0	4.7	11.6	—	—	—	9	18	17.7	30.0
	0.5	2.7	8.8	3.0	9.1	5.1	7.9	7.7	5.3	15	11.9	23.2
	0.25	1.5	6.8	1.4	7.1	3.5	4.9	4.5	2	11	7.4	16.9
	0.075	0	5.0	0	5.0	1.3	0.7	1.2	0	0	2.0	8.0

表 3.1.2　河口村水库各坝料替代后各粒径组百分含量

名称	粒径组/mm	主堆石料		过渡石料			坝基覆盖层料	次堆石料			垫层石料		
		上限替代（即试验粒径）	下限替代	上限替代（即试验粒径）	平均值粒径替代	下限替代	平均值粒径替代	上限替代	试验粒径	下限替代	上限替代	试验粒径	下限替代
小于某粒径组百分含量/%	60	100	100	100	100	100	100	100	100	100	—	100	100
	40	83.0	78.2	83.1	80.5	78.1	77.6	83.1	80.5	78.1	100	84.4	85.2
	20	59.2	50.1	57.8	49.7	49.1	46.5	57.8	49.7	49.1	78.0	60.7	63.8
	10	41.3	31.5	38.3	31.5	29.4	31.4	38.3	31.5	29.4	62.1	46.9	48.4
	5	24.8	18.8	24.5	16.9	15.6	17.6	24.5	16.9	15.6	49.9	36.6	35.1
	2	17.0	12.3	16.0	10.4	9.2	12.2	16.0	10.4	9.2	38.0	25.2	24.2
	0.5	10.0	6.1	9.0	4.5	1.0	6.9	9.0	4.5	1.0	23.2	11.9	11.9
	0.25	7.3	4.0	7.1	3.1	2.4	4.3	7.1	3.1	2.4	16.9	7.4	7.4
	0.075	5.4	1.8	5.0	0.1	0.2	1.1	5.0	0.1	0.2	8.0	2.0	2.0

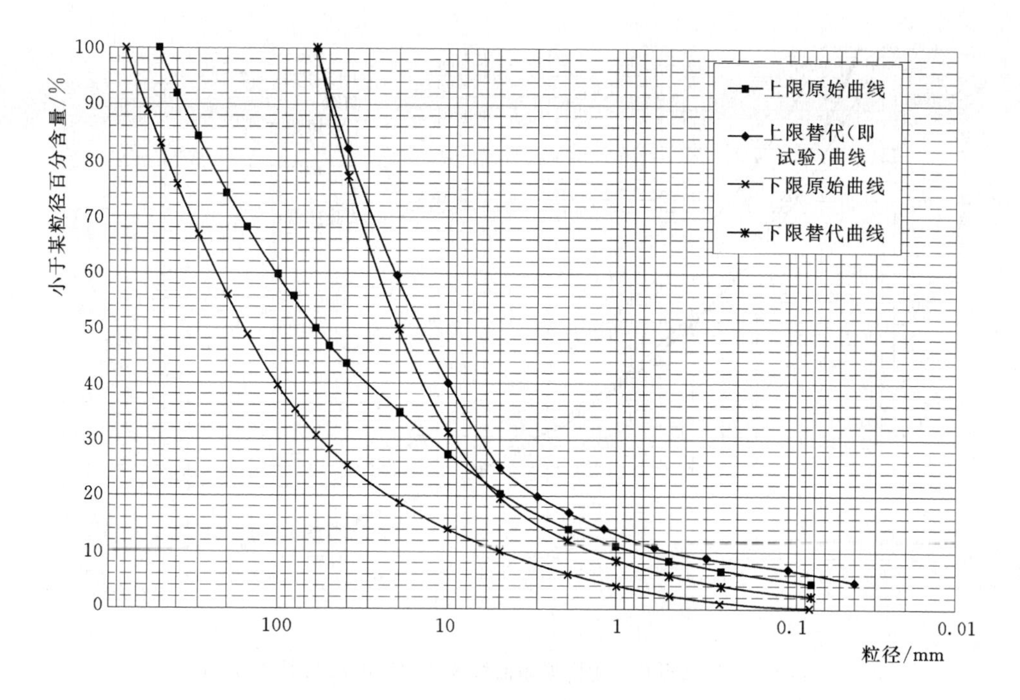

图 3.1.1　设计提供的主堆石料上下限原始曲线及其替代后的试验颗分曲线图

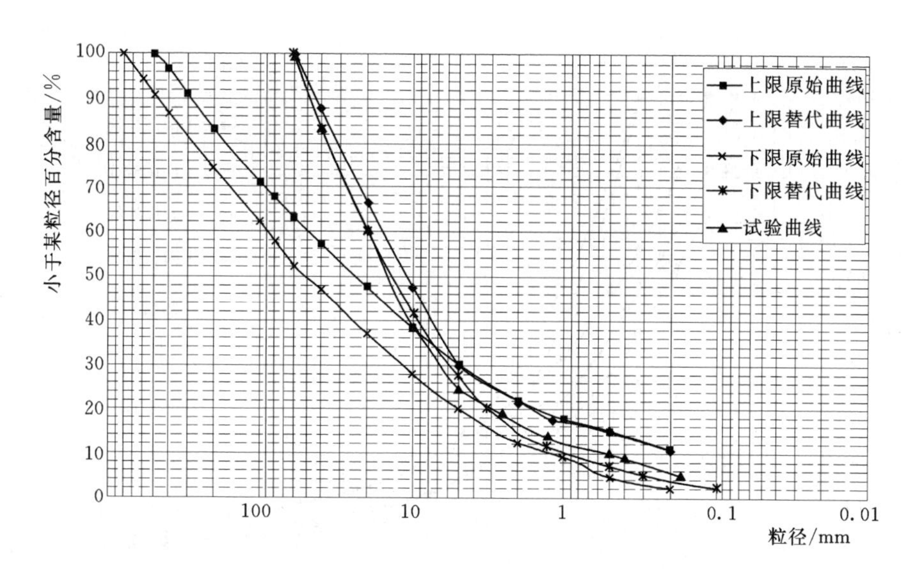

图 3.1.2　次堆石料上下限原始曲线及替代后的试验颗分曲线图

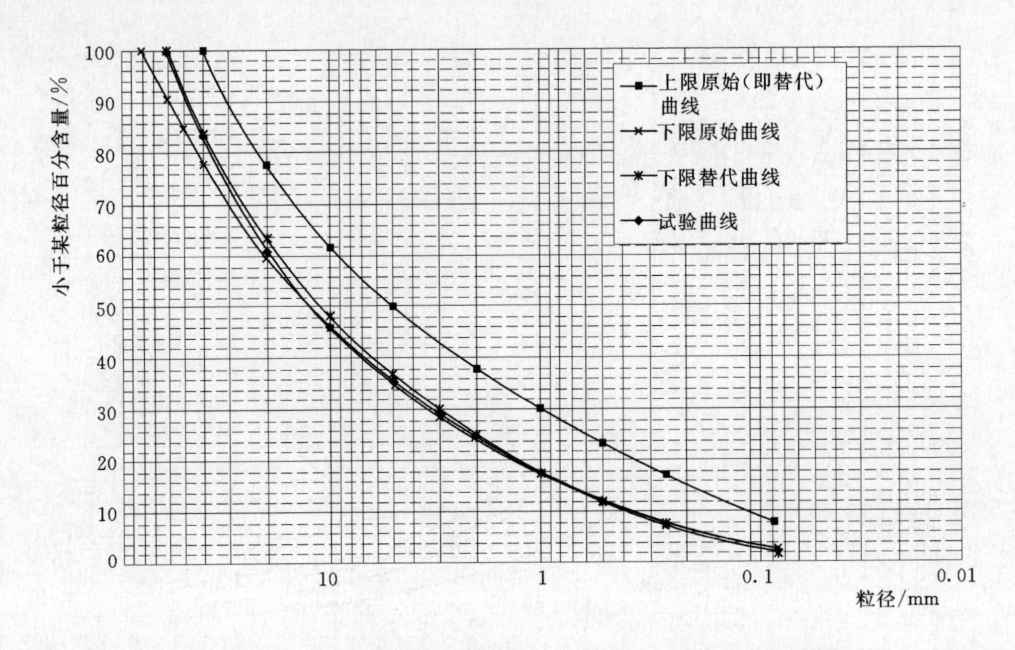

图 3.1.3　垫层石料上下限原始曲线及替代后的试验颗分曲线图

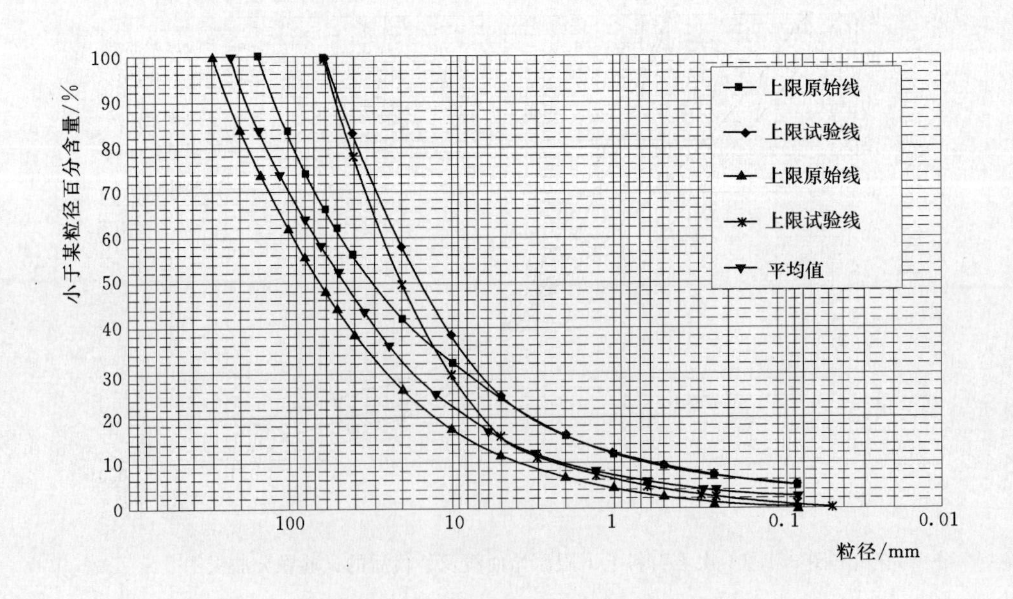

图 3.1.4　过渡石料上下限原始曲线及替代后的试验颗分曲线图

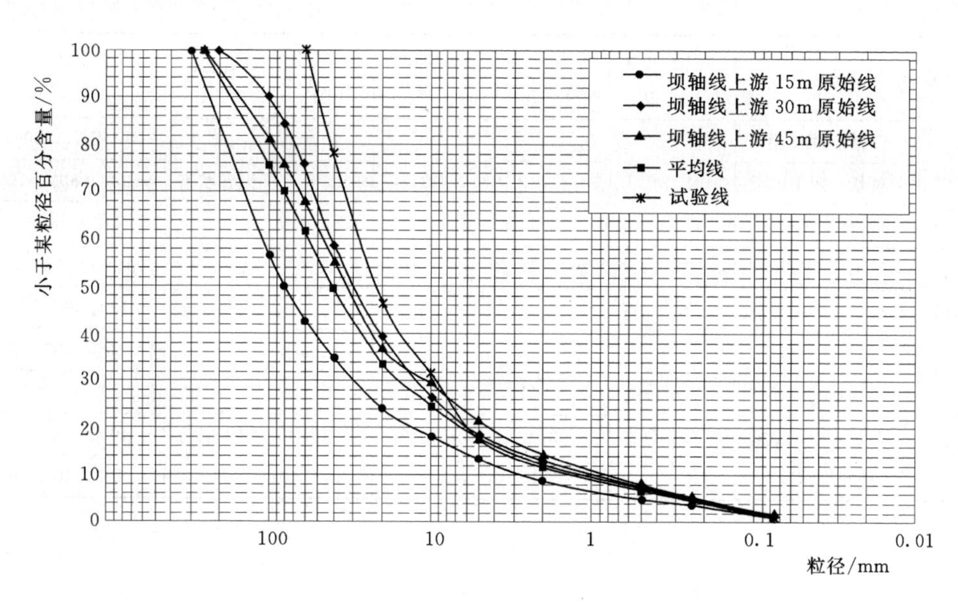

图 3.1.5 坝基覆盖层料原始曲线及平均值替代后的试验颗分曲线图

3.2 试验方案

委托试验内容包括静力试验、动模量—阻尼试验及动强度试验三方面，结合坝料特性、仪器特性和工程经验，征得黄河设计公司项目部技术人员同意后制定室内试验方案，包括试验时试样状态、试验固结比及围压等，受坝料级配、制样含水率和测量误差等因素影响，实际制样干密度接近初拟干密度，具体方案见表 3.2.1。

表 3.2.1　　河口村水库坝料静动力试验方案

试料种类	试验项目	初拟干密度/(g/cm³)	平均制备干密度/(g/cm³)	试验时间/年	固结比 K_c	试样状态	试验围压 σ_3/kPa
主堆石料	三轴压缩试验	2.20	2.13	2013	1.0	饱和状态	200、400、800、1600
	动模量—阻尼试验		2.19		1.5	饱和状态	400、800、1200
	动强度试验		2.17		1.5、2.0	饱和状态	200、400、800
过渡石料	三轴压缩试验	2.22	2.20	2012	1.0	饱和状态	200、400、800、1600
	动模量—阻尼试验		2.23		1.5		400、800、1200
	动强度试验		2.22		1.5、2.0		200、400、800
坝基覆盖层料	三轴压缩试验	2.10	2.15	2012	1.0	饱和状态	200、400、800、1600
	动模量—阻尼试验		2.12		1.5		400、800、1200
	动强度试验		2.13		1.5、2.0		200、400、800
黏土夹层	三轴压缩试验	1.64	1.60(原状样)	2012	1.0	饱和状态	100、150、200、300
	动模量—阻尼试验		1.59(原状样)		1.5		100、150、200
	动强度试验		1.61(原状样)		1.0、1.5		100、150、200

续表

试料种类	试验项目	初拟干密度/(g/cm³)	平均制备干密度/(g/cm³)	试验时间/年	固结比 K_c	试样状态	试验围压 σ_3/kPa
次堆石料（料场石料）	三轴压缩试验	2.10	2.12	2013	1.0	饱和状态	200、400、800、1600
	动模量—阻尼试验		2.12		1.5		400、800、1200
	动强度试验		2.12		1.5、2.0		200、400、800
次堆石料（渣场石料）	三轴压缩试验	2.10	2.12	2013	1.0	饱和状态	200、400、800、1600
	动模量—阻尼试验		2.11		1.5		400、800、1200
	动强度试验		2.13		1.5、2.0		200、400、800
垫层石料	三轴压缩试验	2.25	2.27	2013	1.0	饱和状态	200、400、800、1600
	动模量—阻尼试验		2.29		1.5		400、800、1200
	动强度试验		2.27		1.5、2.0		200、400、800

4 筑坝材料试验设备与试验过程

4.1 试验设备

河口村水库混凝土面板堆石坝粗粒坝料的静、动力试验是在黄科院的大型电液伺服粗粒土静、动三轴试验系统上进行的，该系统可实现数据的自动采集，如图 4.1.1 所示，试验系统的主要技术指标为：试样几何尺寸 ϕ30cm×75cm（直径×高），轴向静荷载最大值为 1000kN，轴向动荷载幅值可达±300kN，轴向固结荷载最大值为 500kN，周围压力最大可做到 2MPa，激振频率范围 0.01～5Hz，活塞行程为 0～250mm，体变量测精度 0.1mL，均能满足试验要求。

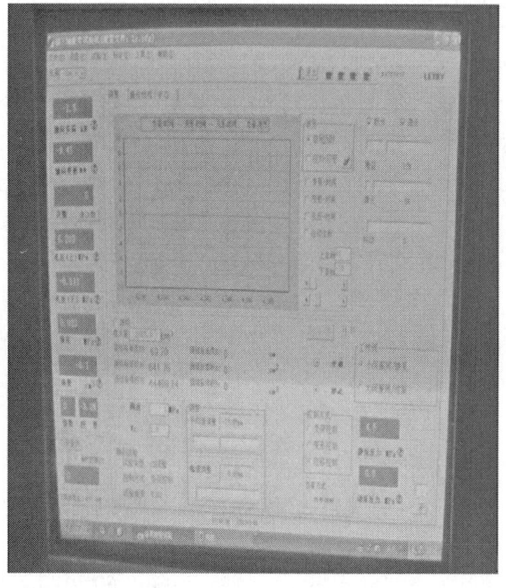

图 4.1.1　大型电液伺服粗粒土静、动三轴试验系统及数据采集界面

黏土夹层静力试验采用的仪器为应变控制式三轴仪，如图 4.1.2 所示，动模量—阻尼试验和动强度试验采用的仪器为双向电磁振动三轴仪，如图 4.1.3 所示。

图 4.1.2 应变控制式三轴仪

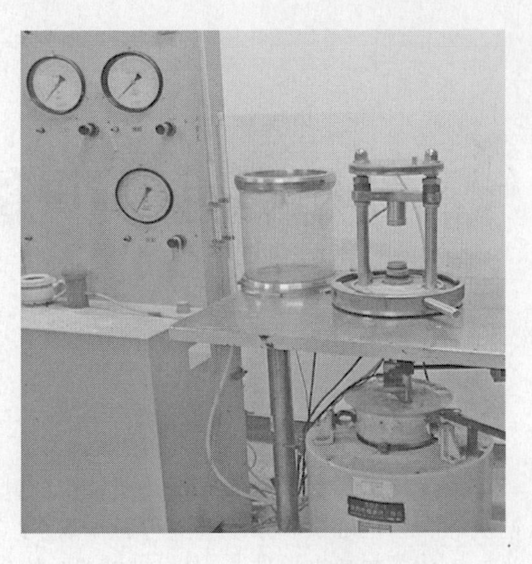

图 4.1.3 双向电磁振动三轴仪

4.2 试验过程

4.2.1 制备试样

粗粒坝料制样用试料均处于自然风干状态，根据设计的初拟干密度、试样尺寸和缩尺后的级配曲线计算每层所需试料质量（一般分 5 层），每层试料均按 60～40mm、40～20mm、20～10mm、10～5mm、小于 5mm 共 5 种粒径组进行称取，然后加适量的水搅拌至均匀；在下端试样帽上绑扎好橡皮膜（橡皮膜一般为两层，且每次试验前检查橡皮膜是否完好，否则进行补漏，如图 4.2.1、图 4.2.2 所示），安装对开成型筒，把橡皮膜用力向上拉起外翻在对开成型筒上，注意橡皮膜的顺直，在成型筒外真空抽气使橡皮膜紧贴成

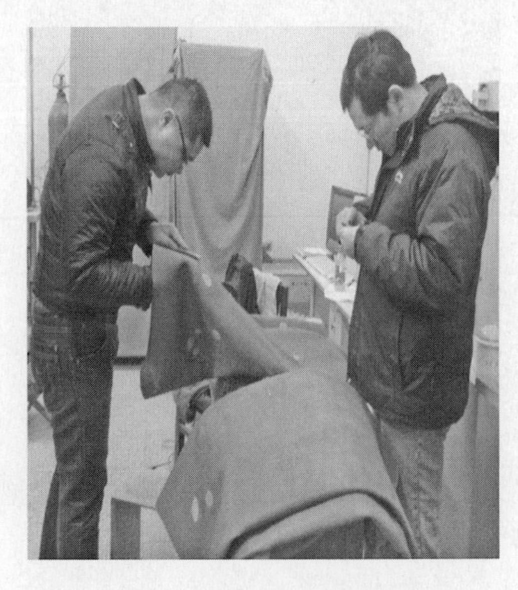

图 4.2.1 试验用橡皮膜的补漏

图 4.2.2 分层振样时采用的振动器

型筒内壁，在试样底帽上放透水布后将三开黑橡胶板放入并贴紧内壁，且三个边界搭接要均匀；装入第1层试料，均匀抚平表面，用振动器（如图4.2.2所示）进行振实，根据预计高度控制振动时间，试料上层刮毛后再以同样方法填入第2层试料，如此继续，直到装完最后一层，整平表面备用。

为了与现场的土料状况尽量保持相近，制样时试样中的粗、细颗粒均匀分布，并防止每层间的分离。

细粒料（即黏土夹层）的试样制备、尺寸量测和饱和见3.1.6节，如图4.2.3和图4.2.4所示，以下不再赘述。

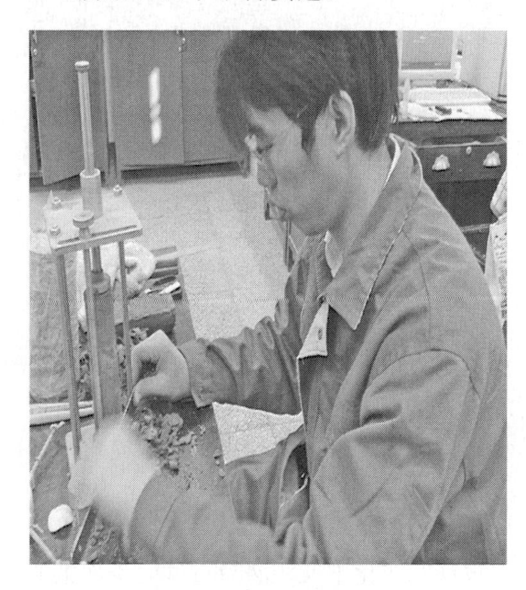

图4.2.3　细粒料制样制备

图4.2.4　细粒料试样饱和后

4.2.2　试样尺寸测量

将制备好的粗粒料试样移至压力室内绑扎，如图4.2.5所示，最后在上、下端试样帽上用不锈钢箍箍紧。打开真空泵，从上端试样帽抽气，当真空表指示大于0.09MPa时继续抽气，抽气时间约1.0h左右，视粗粒料的级配、制样干密度等因素而定。

抽气过程中测量试样高度，并在试样上部、中部和下部量测试样周长，试样的平均周长按3.1.6节式（3.1.4）计算。

4.2.3　试样饱和

粗粒料试样饱和方法采用真空抽气联合水头饱和法。

量测完试样高度和周长后，在试样外绑扎一定宽度的布条，如图4.2.5、图4.2.6所示，防止在饱和过程中因意外情况试样坍塌。保持真空度不变，调节进水水头2～4m，打开进水水头阀门连接到下端试样帽的接头处，使水徐徐进入粗粒土试样，当上端试样帽排水管有水成股流出时拔出真空泵接头，使真空泵读数为零时关闭真空泵。

继续保持进水水头阀门打开状态，使水徐徐进入粗粒土试样，观察试样上端，当充满水后关闭进水水头阀门，接着让试样在此状态下静置0.5～1h，视粗粒料的级配和制样干密度等不同。

图 4.2.5　粗粒料试样成型后进行绑扎

图 4.2.6　试样进行饱和

4.2.4　试样固结

（1）粗粒料试样固结。试样饱和完成后，加上压力罩并向压力罩内注水，将放水口与测量管连接，以监视压力罩内的水位，淹没上端试样帽即可关闭放水口；连接压力室上施加周围压力的管路，通过软管将试样上、下排水阀门与体变管连接，事先用水充盈软管以排出管内空气，体变管水位位置与试样中心位置等高，连接围压、上下孔隙水压力信号线；施加周围压力至预定值，等周围压力稳定后进行初始排水固结。

待初始固结基本稳定，即“体变”与“轴向位移”变化不大，然后按试验条件施加均等的轴向负荷，完成要求的等向固结（$K_c=1$）或不等向固结（$K_c>1$），在此过程中要避免试样变形太大。连续两个 5min 内“体变”值不超过 5cm^3，或“轴向位移”值变化不超过 0.05mm 即认为试样固结稳定。

（2）细粒料试样固结。将橡皮膜（每次试验前检查橡皮膜是否完好，否则将进行换新）套在承膜筒内，两端翻出筒外，从吸气孔吸气使橡皮膜紧贴承膜筒，然后套在拆除饱和器后的饱和试样外，放气，翻起橡皮膜的两端取出承膜筒，并在试样两端分别放置滤纸和透水石；用橡皮圈将橡皮膜分别扎紧在压力室底座和试样帽上，在此过程中要尽量避免扰动试样。盖上压力室罩，打开进水管向压力室内充水至淹没试样帽，如图 4.2.7 所示，关闭进水管；施加周围压力、轴向压力后，待压力稳定后打开排水阀门，使试样排水固结。1h 内试样固结排水量变化不大于 0.1cm^3，即认为试样固结稳定。

在试样固结过程中，实时检查周围压力是否是预定值。

4.2.5　开始试验

（1）粗粒料试验。等试样固结完成后，开始试验：①三轴压缩试验时，排水管处于打开状态，用静泵调压阀施加静泵压力至所需值，设定好剪切速率开始进行剪切试验，固结排水剪切试验剪切速率设为 1.2mm/s，轴向应变至试样高度的 20%时停止试验，系统自动采集试验数据；②动模量—阻尼试验时，关闭静泵调压阀，启动动泵调压阀，匀速地转

图 4.2.7　细粒料试样饱和后装进静、动压力室

动慢慢施加动泵压力至所需值，一般视周围压力、制样干密度及级配等确定在 3.0～15MPa 之间，激振频率一般设为 0.33Hz，关闭排水阀门开始试验，由小到大逐级施加轴向动荷载直至破坏，每级振动周期为 7 周，记录在每级振动荷载作用下的应力一应变滞回曲线；③动强度试验时，关闭静泵调压阀，启动动泵调压阀，匀速地转动慢慢施加动泵压力至所需值，一般视周围压力、制样干密度及级配等确定在 3.0～15MPa 之间，激振频率一般设为 0.33Hz，关闭排水阀门，保持固结压力不变的情况下，在试样的上部施加循环往复的动荷载，使试样随振动次数的增加最终达到确定的破坏动应变，其中动荷载施加的原则是：每一周围压力下用 3～4 个试样，要使 3～4 个试样的振动破坏周次间隔均匀或有一定程度的拉开。

（2）细粒料试验。等试样固结完成后，开始试验：①三轴压缩试验时，排水管处于打开状态，开动电动机，设定好剪切速率，合上离合器，开始剪切试验，轴向应变至试样高度的 20%时停止试验，开始阶段，试样每产生轴向应变 0.125%则记测力计读数和轴向位移计读数各一次，当轴向应变达到 5%以后读数间隔延长到 0.25%，当轴向应变达到 12.5%以后读数间隔延长到 0.625%，直至破坏应变；②动模量—阻尼试验时，关闭排水阀门，启动输入和功率放大设备开始试验，由小到大逐级施加轴向动荷载直至破坏，每级振动周期为 7 周，记录在每级振动荷载作用下的应力—应变滞回曲线；③动强度试验时，关闭排水阀门启动输入和功率放大设备，保持固结压力不变的情况下，在试样的上部施加循环往复的动荷载，使试样随振动次数的增加最终达到确定的破坏动应变，动荷载施加的原则同粗粒料。

4.2.6　拆卸试样

（1）粗粒料试样拆卸。停止试验后，动模量—阻尼和动强度试验时先慢慢打开上下排水阀门，使试样中因振动产生的水分排出。当围压在 8kPa 以下时，可直接排放压力罩内的水，当围压大于 8kPa 时，应先排放围压至小于 8kPa 后再排放压力罩内的水，以免损坏仪器部件或出现其他意外。吊开压力罩，描述试样破坏形状，典型的三轴压缩试验破坏试样如图 4.2.8 所示，然后拆除试样如图 4.2.9 所示。

图 4.2.8　典型的三轴压缩试验破坏试样

图 4.2.9　拆卸破坏试样

(2) 细粒料试样拆卸。停止三轴压缩试验时首先关闭电动机、周围压力阀和体变管，打开排水阀排出压力室内的水，拆除压力室罩，擦干试样周围的余水，脱去试样外的橡皮膜，描述试样破坏形状。动模量—阻尼和动强度试验，首先关闭输入和功率放大设备，然后释放轴向压力和围压，同时打开排水阀排出压力室内的水，拆除压力室罩，擦干试样周围的余水，脱去试样外的橡皮膜，描述试样破坏形状。

用水冲洗上下排水阀门，避免堵塞。橡皮膜冲洗后搭凉起来，橡皮膜上无水分时用滑石粉涂抹一遍，以免粘连。

5 筑坝材料试验成果

5.1 试验成果计算

5.1.1 三轴压缩试验

三轴压缩试验按《土工试验规程》(SL 237—1999) 进行，通常采用3~4个试样，分别在不同恒定周围压力下，施加轴向压力进行剪切至破坏，然后按摩尔—库仑强度理论求得抗剪强度参数。本次三轴压缩试验采用4个试样，分别在不同恒定周围压力下进行固结排水(CD)试验，即在固结完成后不关闭排水阀，使试样保持排水条件，采用一定的剪切速率进行剪切直至破坏，在剪切过程中测记轴向压力、轴向位移和排水变化。

在固结排水剪切试验中，试样的应力—应变关系曲线近似于双曲线特征，随着周围压力 σ_3 的增大，破坏强度 $(\sigma_1-\sigma_3)_f$ 也在增大。

E—B 模型是邓肯等人提出的应力应变的非线性弹性模型，通过对三轴试验得到的应力—应变及体变—应变关系曲线进行分析和整理，得到7个参数(R_f、c、φ、K、n、K_b、m)，即邓肯—张 E—B 模型参数。具体整理方法如下：

切线弹性模量的计算：

$$E_t=KP_a\left(\frac{\sigma_3}{P_a}\right)^n\left[1-\frac{R_f(\sigma_1-\sigma_3)(1-\sin\varphi)}{2c\cos\varphi+2\sigma_3\sin\varphi}\right]^2 \tag{5.1.1}$$

切线体积模量的计算：

$$B_t=K_bP_a\left(\frac{\sigma_3}{P_a}\right)^m \tag{5.1.2}$$

式中 E_t——切线弹性模量，kPa；

σ_3——周围压力，kPa；

P_a——大气压力，kPa；

R_f——破坏比，试验常数；

K、n、K_b、m——试验常数；

φ——土的内摩擦角，(°)；

c——土的黏聚力，kPa。

模型试验参数的确定如下。

(1) 破坏比 R_f 的确定。在周围压力 σ_3 为常量下，三轴试验的应力—应变关系近似双曲线关系：

$$\sigma_1-\sigma_3=\frac{\varepsilon_a}{a+b\varepsilon_a} \tag{5.1.3}$$

变换纵坐标后为：

$$\frac{\varepsilon_a}{\sigma_1-\sigma_3}=a+b\varepsilon_a \tag{5.1.4}$$

绘制以$\frac{\varepsilon_a}{\sigma_1-\sigma_3}$纵坐标，轴向应变$\varepsilon_a$为横坐标的关系曲线，近似为一直线。式（5.1.4）中a是直线在纵轴上的截距，为初始切线模量E_i的倒数；b是直线的斜率，为主应力差渐近值$(\sigma_1-\sigma_3)_{ult}$的倒数。

其破坏比R_f为：

$$R_f=\frac{(\sigma_1-\sigma_3)_f}{(\sigma_1-\sigma_3)_{ult}} \tag{5.1.5}$$

式中　$(\sigma_1-\sigma_3)_f$——主应力差的破坏值，kPa；

$(\sigma_1-\sigma_3)_{ult}$——主应力差的渐近值，kPa。

（2）K、n值的确定。在双对数坐标上绘制$(E_i/P_a)\sim(\sigma_3/P_a)$关系曲线，初始切线模量$E_i$与固结压力$\sigma_3$的关系可表示按式（5.1.6）计算：

$$E_i=KP_a\left(\frac{\sigma_3}{P_a}\right)^n \tag{5.1.6}$$

式中　K——直线在$\sigma_3=1$时对应值；

n——直线的斜率。

（3）K_b、m值的确定。在双对数坐标上绘制$(B_i/P_a)\sim(\sigma_3/P_a)$关系曲线，初始切线体积模量由式（5.1.7）计算：

$$B_i=\frac{\sigma_1-\sigma_3}{3\varepsilon_v} \tag{5.1.7}$$

式中　B_i——初始切线体积模量，kPa；

ε_v——与应力水平对应的体积应变，%。

由式（5.1.7）联合切线体积模量的计算公式得出试验常数K_b、m。

（4）φ_0、$\Delta\varphi$的确定。将每一周围压力下的φ值求出，绘制$\varphi\sim\lg(\sigma_3/P_a)$曲线，按式（5.1.8）计算$\varphi$值：

$$\varphi=\varphi_0-\Delta\varphi\lg(\sigma_3/P_a) \tag{5.1.8}$$

式中　φ_0——当σ_3/P_a为1时的φ值，(°)；

$\Delta\varphi$——当σ_3增加10倍时φ的减少量，(°)。

5.1.2　振动三轴试验

振动三轴试验目的是测定饱和土在动应力作用下的应力、应变和孔隙水压力的变化过程，从而确定其在动力作用下的破坏强度（包括液化）、应变大于10^{-4}时的动弹性模量和阻尼比等动力特性指标。本次振动三轴试验均采用固结不排水试验，按照《土工试验规程》（SL 237—1999）进行。

（1）动模量—阻尼试验。试样在同一固结比及3个不同的周围压力下试验，当试样在等向固结压力或不等向固结压力下固结完成后，在不排水条件下对试样由小到大逐级施加轴向振动力，直到试样破坏，即时记录每一级振动力作用下的应力—应变滞回圈及相关数据。

1）最大动剪切模量。试验完成后，由每组试验所得到的滞回曲线求得动应力σ_d和动

应变 ε_d 数值，由此可得动弹模 $E_d=\frac{\sigma_d}{\varepsilon_d}$，依此求得动剪切模量 G_d：

$$G_d=\frac{E_d}{2(1+\mu)} \tag{5.1.9}$$

式中　μ——泊松比，依据土的类型或颗粒组成而定。

绘制以动应变 ε_d 为横坐标、$\frac{1}{E_d}$为纵坐标的关系图，其关系线为一直线，直线在纵轴上的截距 $a=\frac{1}{E_{d\max}}$，由 $E_{d\max}$可得到最大动剪切模量 $G_{d\max}$。由于最大动剪切模量与固结压力 σ_3 有关，$G_{d\max}$可用式（5.1.10）表示：

$$G_{d\max}=KP_a\left(\frac{\sigma_3}{P_a}\right)^n \tag{5.1.10}$$

式中　P_a——大气压力，单位 kPa；

K、n——试验常数。

在双对数坐标上绘制 $G_{d\max}\sim\sigma_3$ 的关系曲线，K 为直线在纵轴上的截距，n 为直线的斜率。

2）动剪切模量比与动剪应变关系。动剪应变 γ_d 由式（5.1.11）求得：

$$\gamma_d=\varepsilon_d(1+\mu) \tag{5.1.11}$$

以已求出的在不同动剪应变下的动剪切模量与最大动剪切模量的比值$\frac{G_d}{G_{d\max}}$和动剪应变 γ_d 的关系在半对数坐标上绘出，对$\frac{G_d}{G_{d\max}}\sim\gamma_d$ 关系曲线进行拟合后得出：

$$\frac{G_d}{G_{d\max}}=\frac{1}{(1+\gamma_d/w)} \tag{5.1.12}$$

式中　w——拟合参数。

3）阻尼比与动剪应变关系。阻尼比由式（5.1.13）求得，试验滞回圈如图 5.1.1 所示。

$$\lambda_d=\frac{A}{4\pi A_t} \tag{5.1.13}$$

式中　A——滞回圈的面积，cm^2；

A_t——三角形的面积，cm^2。

将阻尼比 λ_d 与动剪应变 γ_d 的关系在半对数坐标上绘出，对 $\lambda_d\sim\gamma_d$ 关系曲线进行拟合后得出：

$$\lambda_d=\frac{a\gamma_d}{b+\gamma_b} \tag{5.1.14}$$

式中　a、b——拟合参数。

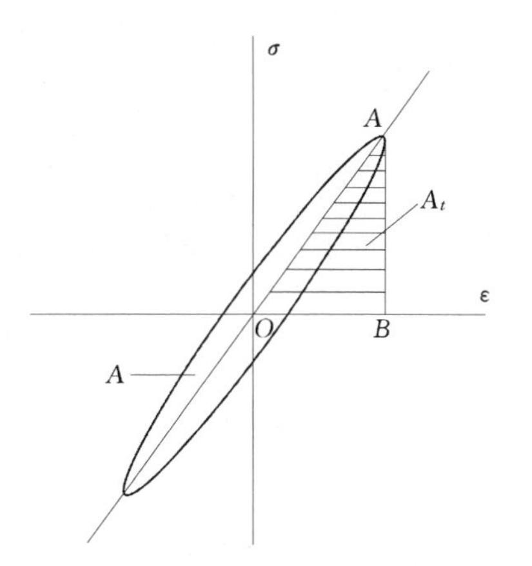

图 5.1.1　滞回曲线及三角形面积示意图
A—应力—应变滞回线内的面积即一个周期动应变之内的总能量耗散；
A_t—图 5.1.1 中三角形 OAB 的面积即等效振动系统中的最大能量输入

（2）动强度试验。动强度试验采用 1 个密度、2 个固结比、3 个周围压力。每个周围压力下对 3～4 个试样施加高低不同的动荷载，当试样固结完成后关闭排水阀门，保持周围压力不变在试样的上部施加循环往复的动荷载，使试样的轴向变形随振动次数的增加而增加，以轴向变形最终达到破坏标准停止试验，即轴向应变达到5%。记录试验过程中动应力、动应变和动孔隙水压力的变化过程，根据试验结果整理，得到动应力比值和动强度指标。

1）动应力比值$\frac{\sigma_d}{2\sigma_3}$—破坏振次 N_f 关系。根据试验结果，在双对数坐标上画出以$\frac{\sigma_d}{2\sigma_3}$为纵坐标、$N_f$ 为横坐标的关系曲线，同一周围压力下其关系基本是一直线关系，可用式（5.1.15）表示，进而确定 A、B 两个试验常数：

$$\alpha_d=\frac{\sigma_d}{2\sigma_3}=AN_f^{-B} \tag{5.1.15}$$

式中 α_d——动应力比值；

σ_d——轴向振动应力；

N_f——不同振动应力下的破坏振动周次；

A、B——试验常数。

当试验常数确定后就可求出任一破坏振次下的动应力比值，在同一破坏振次下，其动应力比值随固结比的增大而有所增大。

2）动剪强度和动总剪强度指标。在动三轴试验中，常用试样某一个面上的应力条件来模拟实际土体中的应力状态。在资料整理时，对于等压固结，初始剪应力比和振前试样45°面上的剪应力均为零，对于偏压固结（即 $K_c\neq1$）的试样，求其动剪应力的基本方法是取破坏面为与主应力成 $45°+\frac{\varphi'}{2}$的斜面，其应力分量分别如下：

$$\sigma'_0=\frac{\sigma'_3}{2}[(K_c+1)-(K_c-1)\sin\varphi'] \tag{5.1.16}$$

$$\tau_0=\frac{\sigma'_3}{2}[(K_c-1)\cos\varphi'] \tag{5.1.17}$$

$$\alpha=\frac{\tau_0}{\sigma'_0}=\frac{(K_c-1)\cos\varphi'}{(K_c+1)-(K_c-1)\sin\varphi'} \tag{5.1.18}$$

式中 σ'_0——试样 $45°+\frac{\varphi'}{2}$面上的初始法向有效应力，kPa；

τ_0——试样 $45°+\frac{\varphi'}{2}$面上的初始剪应力，kPa；

α——初始剪应力比；

φ'——试样的有效内摩擦角，(°)。

在$\frac{\sigma_d}{2\sigma_3}\sim N_f$ 关系曲线中找出10次、20次、30次时的动应力比值，以破坏面上的动剪应力 τ_d、动总剪应力 $\tau_{sd}=(\tau_0+\tau_d)$ 为纵坐标，破坏面上的有效法向应力 σ'_0为横坐标，分别绘制出振次为10次、20次、30次时不同初始剪应力比时的 $\tau_d\sim\sigma'_0$、$\tau_{sd}\sim\sigma'_0$关系曲线。从以上关系图中分别可得到：

动剪强度方程：
$$\tau_d=C_d+\sigma'_0\tan\varphi_d \tag{5.1.19}$$

动总剪强度方程：　$$\tau_{sd}=C_{sd}+\sigma'_0\tan\varphi_{sd} \tag{5.1.20}$$

式中　C_d、φ_d——动剪强度指标；

C_{sd}、φ_{sd}——动总剪强度指标。

5.2　试验成果

5.2.1　主堆石料

（1）三轴压缩试验。主堆石料静力强度指标及 $E—B$ 模型参数见表 5.2.1，相关试验整理曲线如图 5.2.1～图 5.2.4 所示。

表 5.2.1　　主堆石料的 $E—B$ 模型试验参数

参数名称 / 料种	K	n	K_b	m	R_f	C_d /kPa	φ_d /(°)	φ_0 /(°)	$\Delta\varphi$ /(°)
主堆石料	1237	0.466	567	0.231	0.903	78.6	42.2	50.7	7.0

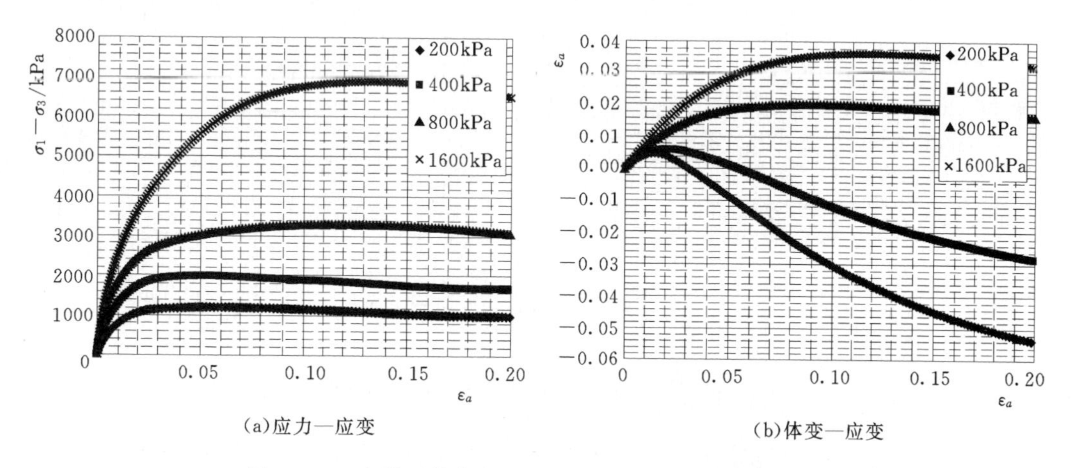

图 5.2.1　主堆石料应力—应变曲线和体变—应变曲线图

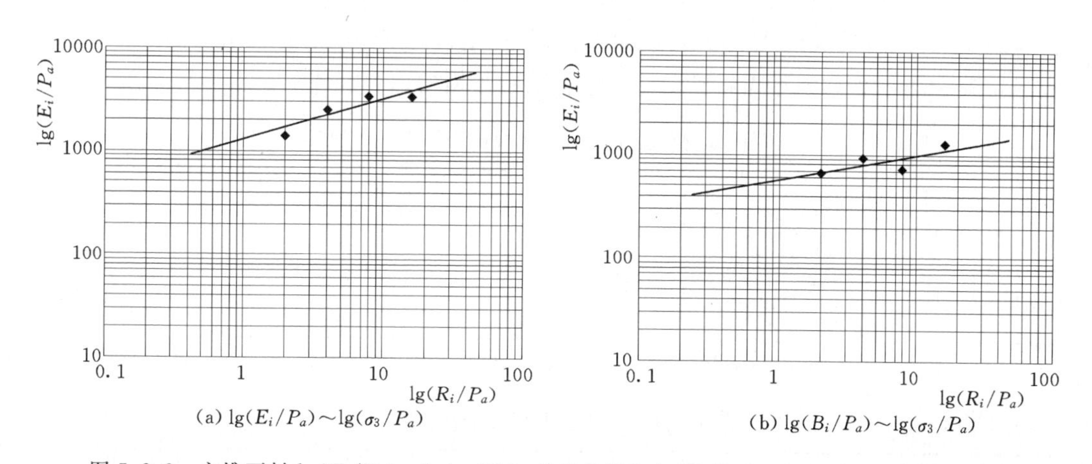

图 5.2.2　主堆石料 $\lg(E_i/P_a)\sim\lg(\sigma_3/P_a)$ 关系曲线和 $\lg(B_i/P_a)\sim\lg(\sigma_3/P_a)$ 关系曲线图

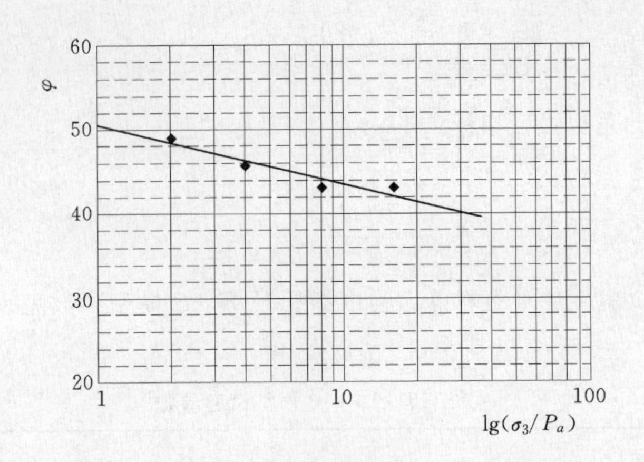

图 5.2.3　主堆石料 $\varphi \sim \lg(\sigma_3/P_a)$ 关系曲线图

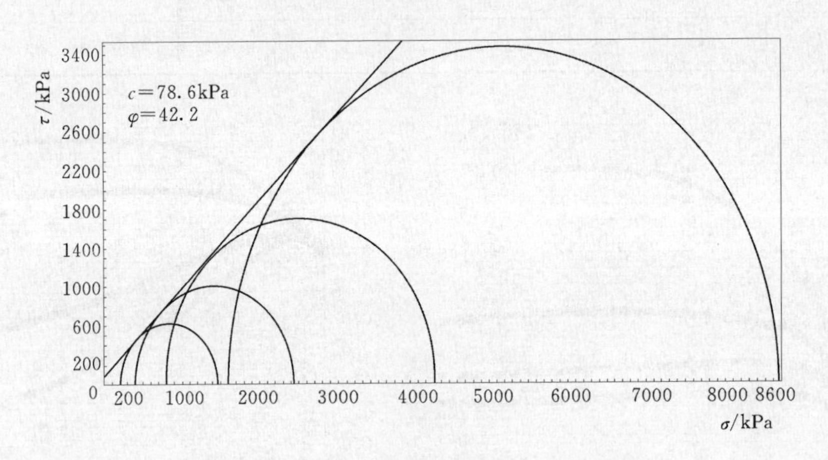

图 5.2.4　主堆石料固结排水剪强度包线图

(2) 动模量—阻尼试验。由相关试验数据进行拟合得到的不同动剪应变下的动剪切模量比值和阻尼比值见表 5.2.2，拟合得出的 K、n 值及拟合参数见表 5.2.3，$G_d/G_{d\max} \sim \gamma_d$、$\lambda_d \sim \gamma_d$ 关系曲线及最大动剪切模量 $G_{d\max}$ 与有效固结应力 σ'_m 的关系见图 5.2.5 和图 5.2.6，其中图 5.2.6 为不同试验围压下所有试验数据的拟合。

表 5.2.2　不同动剪应变下的动剪切模量比和阻尼比值

土样名称	固结比 K_c	参数	动剪应变 γ_d							
			5×10^{-6}	1×10^{-5}	5×10^{-5}	1×10^{-4}	5×10^{-4}	1×10^{-3}	5×10^{-3}	1×10^{-2}
主堆石料	1.5	$G_d/G_{d\max}$	0.995	0.990	0.952	0.909	0.666	0.499	0.166	0.091
		λ_d	0.003	0.005	0.022	0.039	0.096	0.116	0.143	0.147

注　应变范围 $5\times10^{-6}\sim5\times10^{-5}$ 内的动剪切模量比和阻尼比的数值是对试验曲线进行拟合后得出的，为参考值。

表 5.2.3　K、n 值结果表及相关拟合参数

土样名称	K	n	w	a	b
主堆石料	2953.0	0.54	0.000996	0.147236	0.000170

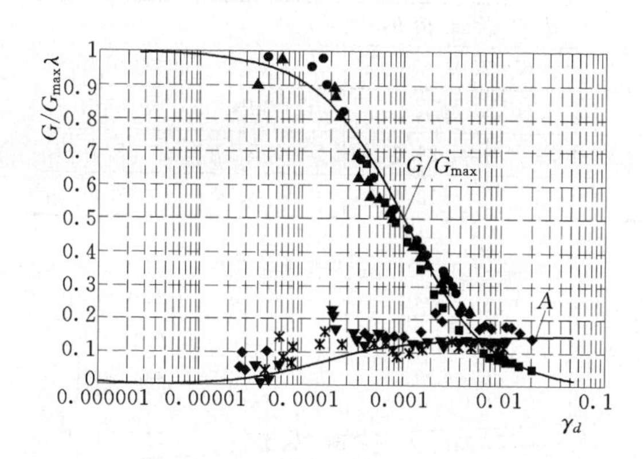

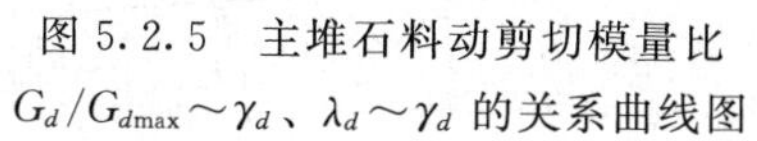
图 5.2.5　主堆石料动剪切模量比 $G_d/G_{d\max}\sim\gamma_d$、$\lambda_d\sim\gamma_d$ 的关系曲线图

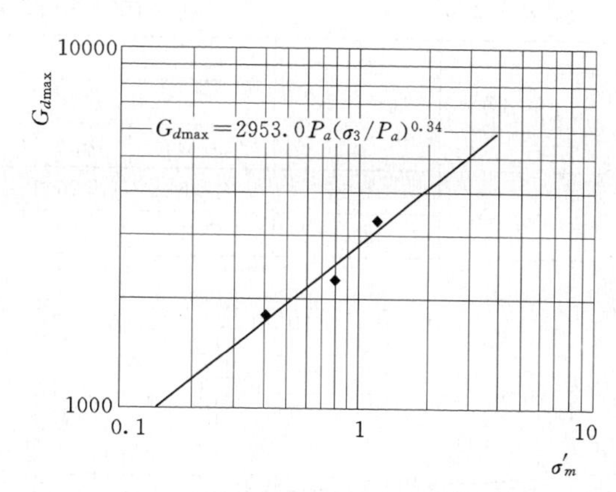

图 5.2.6　主堆石料最大动剪切模量 $G_{d\max}$与有效固结应力 σ'_m 的关系曲线图

(3) 动强度试验。主堆石料不同振次时的动应力比值及相关参数见表 5.2.4，其 $\sigma_d/2\sigma_3\sim N_f$ 的关系曲线见图 5.2.7；不同振次时的动剪应力和总剪应力及动总剪强度指标分别见表 5.2.5 和表 5.2.6，总剪应力 τ_{sd} 与有效法向应力 σ'_0 的关系曲线见图 5.2.8。

表 5.2.4　　不同振次时的动应力比值及相关参数

土样名称	固结比 K_c	围压 σ_3 /kPa	动应力比值 ($\sigma_d/2\sigma_3$)			计算参数	
			10	20	30	A	B
主堆石料	1.5	200	0.868	0.828	0.804	0.993	0.055
		400	0.733	0.707	0.692	0.859	0.051
		800	0.635	0.608	0.587	0.765	0.053
	2.0	200	1.060	1.004	0.972	1.248	0.081
		400	0.920	0.887	0.854	1.102	0.074
		800	0.800	0.752	0.725	0.950	0.066

表 5.2.5　　不同振次时的动剪应力和总剪应力

土样名称	固结比 K_c	围压 σ_3 /kPa	动剪应力 τ_d/kPa			总剪应力 τ_{sd}/kPa		
			10 次	20 次	30 次	10 次	20 次	30 次
主堆石料	1.5	200	173.6	165.6	160.8	223.6	215.6	210.8
		400	293.0	282.6	276.8	393.0	382.6	376.8
		800	508.0	486.4	469.6	708.0	686.4	669.6
	2.0	200	212.0	200.8	194.4	312.0	300.8	294.4
		400	367.9	354.6	341.6	567.9	554.6	541.6
		800	640.0	601.6	580.0	1040.0	1001.6	980.0

表 5.2.6　　不同振次时的动总剪强度指标

土样名称	固结比 K_c	动总强度指标					
		N=10 次		N=20 次		N=30 次	
		C_{sd}/kPa	φ_{sd}/(°)	C_{sd}/kPa	φ_{sd}/(°)	C_{sd}/kPa	φ_{sd}/(°)
主堆石料	1.5	41.6	26.5	40.3	26.0	40.5	25.6
	2.0	41.1	33.2	41.3	32.6	41.7	32.1

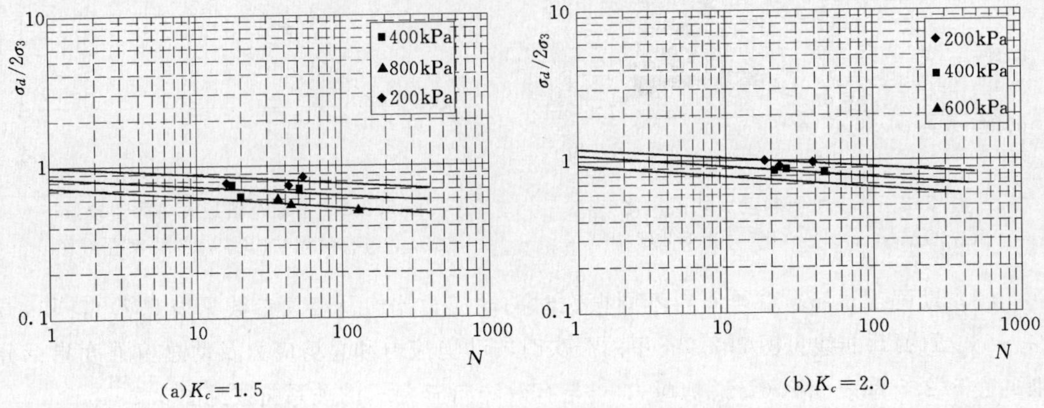

图 5.2.7　主堆石料固结比 K_c=1.5 和 K_c=2.0 时动应力比值 $\sigma_d/2\sigma_3$ 与振次 N_f 的关系曲线图

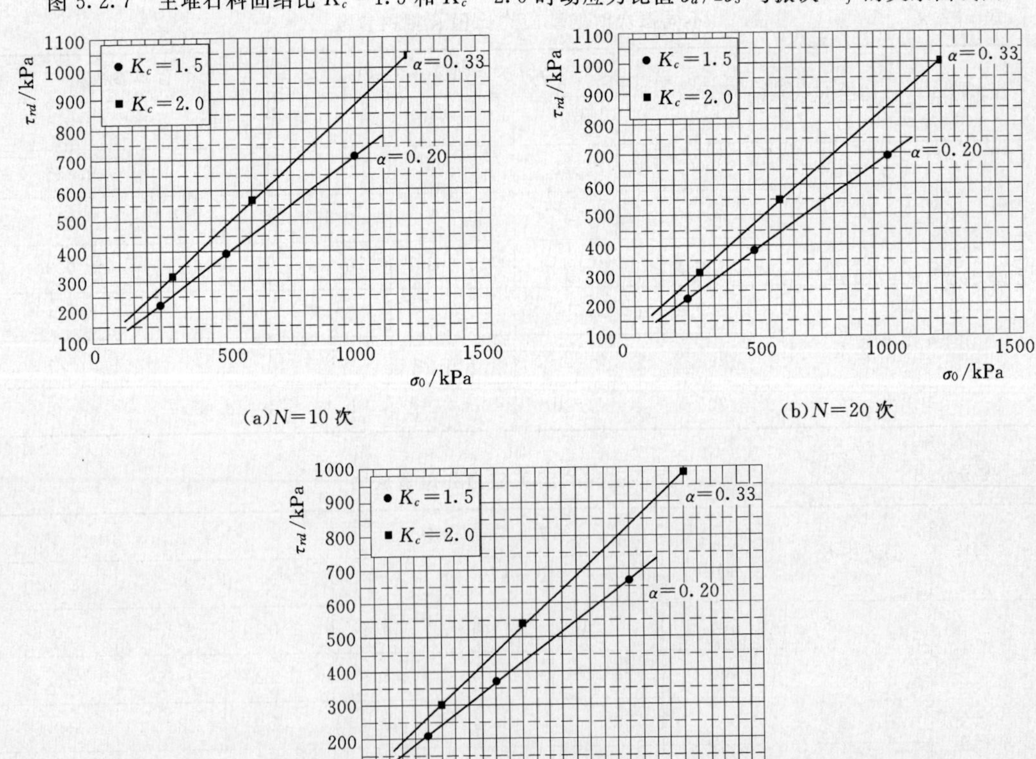

图 5.2.8　主堆石料振次 10 次、20 次和 30 次时动总剪应力与有效法向应力关系曲线图

5.2.2 次堆石料

（1）料场石料。

1）三轴压缩试验。料场石料静力强度指标及 $E—B$ 模型参数见表 5.2.7，相关试验整理曲线如图 5.2.9～图 5.2.12 所示。

表 5.2.7 料场石料的 $E—B$ 模型试验参数

参数名称 料种	K	n	K_b	m	R_f	C_d /kPa	φ_d /(°)	φ_0 /(°)	$\Delta\varphi$ /(°)
料场石料	913	0.326	225	0.291	0.845	38.6	41.4	43.5	1.2

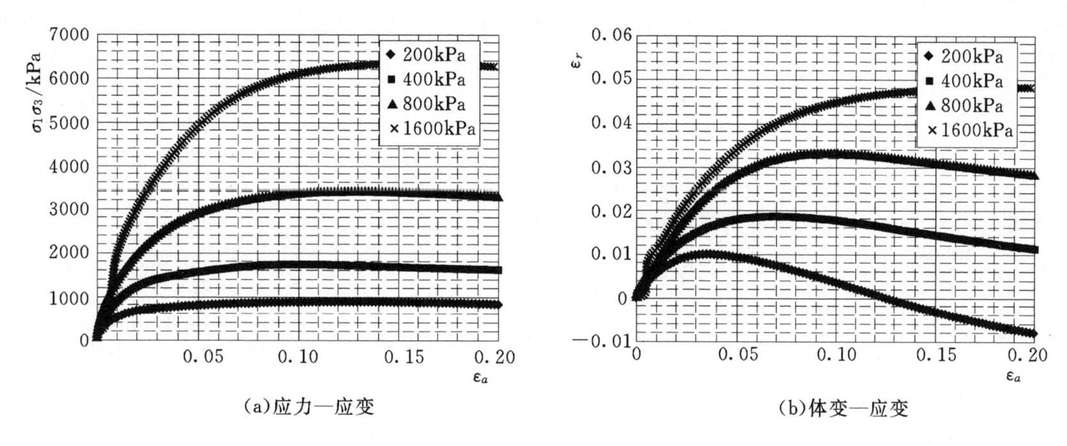

图 5.2.9 料场石料应力—应变曲线和体变—应变曲线图

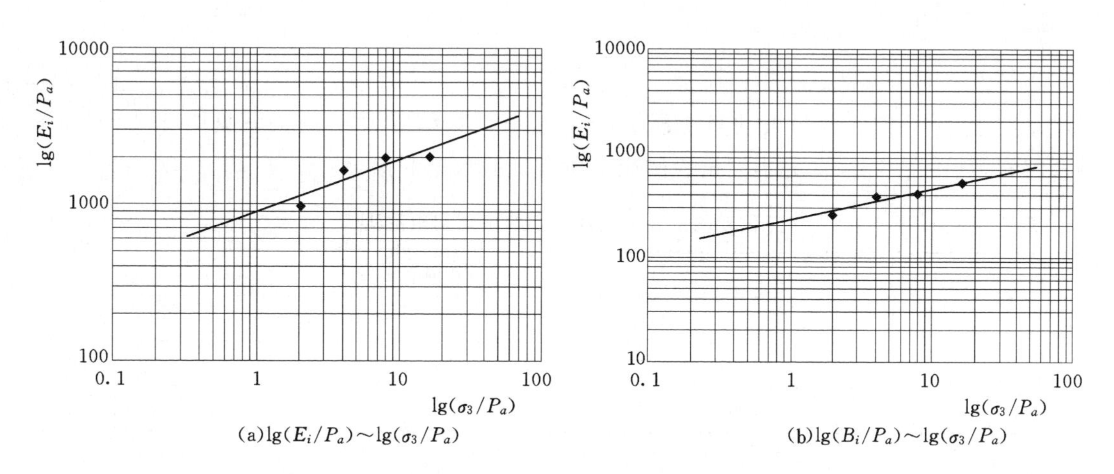

图 5.2.10 料场石料 $\lg(E_i/P_a)\sim\lg(\sigma_3/P_a)$ 关系曲线和 $\lg(B_i/P_a)\sim\lg(\sigma_3/P_a)$ 关系曲线图

2）动模量—阻尼试验。由相关试验数据进行拟合得到的不同动剪应变下的动剪切模量比值和阻尼比值见表 5.2.8，拟合得出的 K、n 值及拟合参数见表 5.2.9，$G_d/G_{d\max}$～

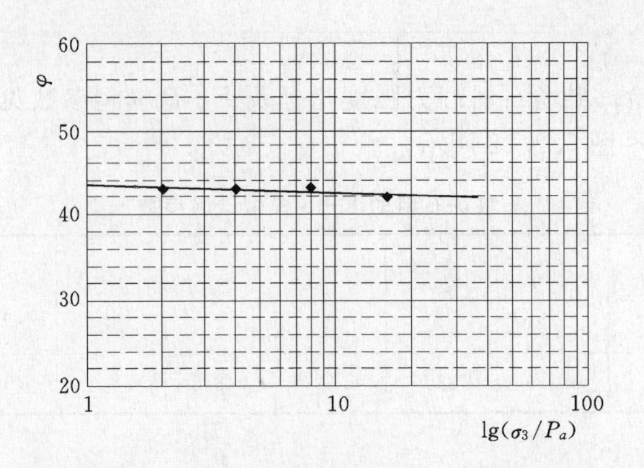

图 5.2.11　料场石料 $\varphi\sim\lg(\sigma_3/P_a)$ 关系曲线图

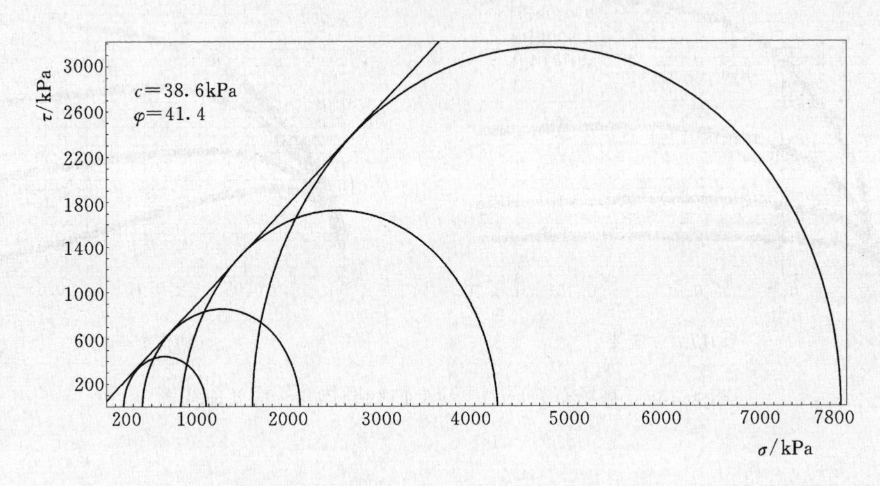

图 5.2.12　料场石料固结排水剪强度包线图

γ_d、$\lambda_d\sim\gamma_d$ 关系曲线及最大动剪切模量 $G_{d\max}$ 与有效固结应力 σ'_m 的关系见图 5.2.13 和图 5.2.14，其中图 5.2.13 为不同试验围压下所有试验数据的拟合。

表 5.2.8　　不同动剪应变下的动剪切模量比和阻尼比值

土样名称	固结比 K_c	参数	动剪应变 γ_d							
			5×10^{-6}	1×10^{-5}	5×10^{-5}	1×10^{-4}	5×10^{-4}	1×10^{-3}	5×10^{-3}	1×10^{-2}
料场石料	1.5	$G_d/G_{d\max}$	0.994	0.988	0.942	0.890	0.618	0.447	0.139	0.075
		λ_d	0.006	0.012	0.044	0.069	0.122	0.136	0.149	0.150

注　应变范围 $5\times10^{-6}\sim5\times10^{-5}$ 内的动剪切模量比和阻尼比的数值是对试验曲线进行拟合后得出的，为参考值。

表 5.2.9　　K、n 值结果表及相关拟合参数

土样名称	K	n	w	a	b
料场石料	2830.0	0.54	0.000807	0.152205	0.000122

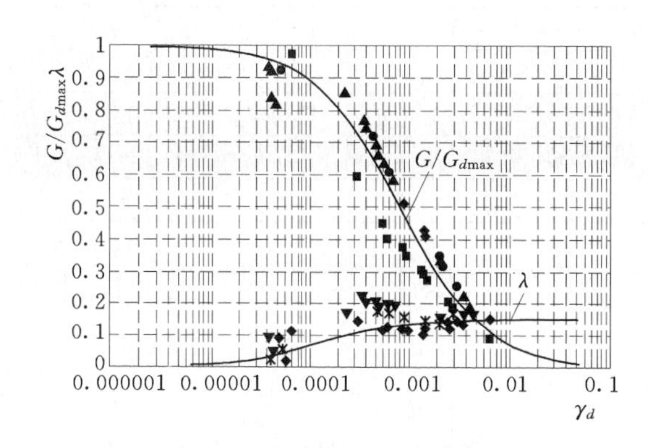

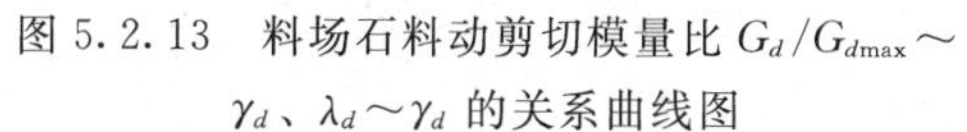

图 5.2.13　料场石料动剪切模量比 $G_d/G_{d\max}$～γ_d、λ_d～γ_d 的关系曲线图

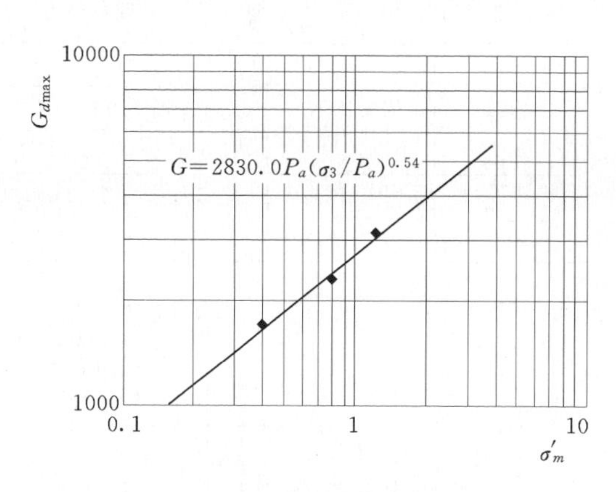

图 5.2.14　料场石料最大动剪切模量 $G_{d\max}$ 与有效固结应力 σ'_m 的关系曲线图

3）动强度试验。料场石料不同振次时的动应力比值及相关参数见表 5.2.10，其 $\sigma_d/2\sigma_3$～N_f 的关系曲线见图 5.2.15；不同振次时的动剪应力和总剪应力及动总剪强度指标分别见表 5.2.11 和表 5.2.12，总剪应力 τ_{sd} 与有效法向应力 σ'_0 的关系曲线见图 5.2.16。

表 5.2.10　　不同振次时的动应力比值及相关参数

土样名称	固结比 K_c	围压 σ_3 /kPa	动应力比值（$\sigma_d/2\sigma_3$）			计算参数	
			10	20	30	A	B
料场石料	1.5	200	0.800	0.766	0.734	0.937	0.059
		400	0.658	0.630	0.614	0.781	0.050
		800	0.574	0.547	0.535	0.670	0.040
	2.0	200	0.943	0.877	0.843	1.174	0.098
		400	0.851	0.806	0.794	1.019	0.069
		800	0.697	0.685	0.656	0.811	0.044

表 5.2.11　　不同振次时的动剪应力和总剪应力

土样名称	固结比 K_c	围压 σ_3 /kPa	动剪应力 τ_d/kPa			总剪应力 τ_{sd}/kPa		
			10 次	20 次	30 次	10 次	20 次	30 次
料场石料	1.5	200	160.0	153.3	146.9	210.0	203.3	196.9
		400	263.2	252.0	245.5	363.2	352.0	345.5
		800	459.2	437.6	428.0	659.2	637.6	628.0
	2.0	200	188.6	175.4	168.6	288.6	275.4	268.6
		400	340.2	322.2	317.5	540.2	522.2	517.5
		800	557.6	548.0	524.8	957.6	948.0	924.8

表 5.2.12　　不同振次时的动总剪强度指标

土样名称	固结比 K_c	动总强度指标					
		N=10 次		N=20 次		N=30 次	
		C_{sd}/kPa	φ_{sd}/(°)	C_{sd}/kPa	φ_{sd}/(°)	C_{sd}/kPa	φ_{sd}/(°)
料场石料	1.5	38.6	25.4	38.4	24.8	36.0	24.7
	2.0	43.8	31.7	33.8	31.9	35.5	31.4

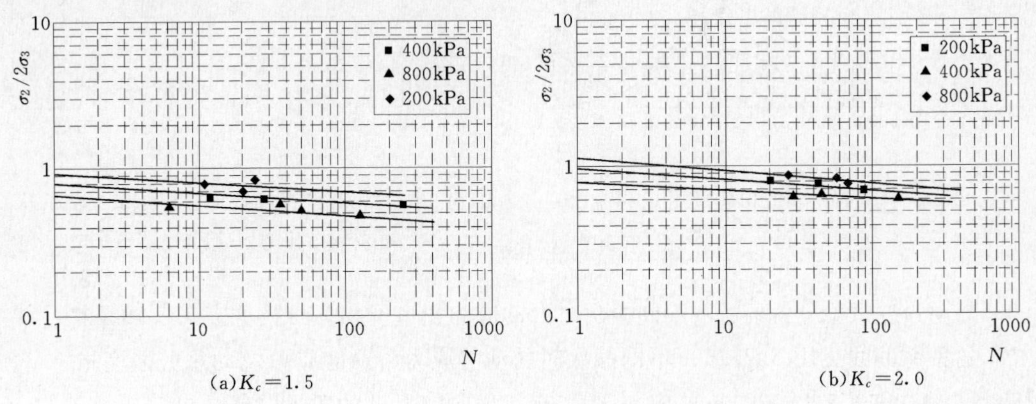

图 5.2.15　料场石料固结比 K_c=1.5 和 K_c=2.0 时动应力比值 $\sigma_d/2\sigma_3$ 与振次 N_f 的关系曲线图

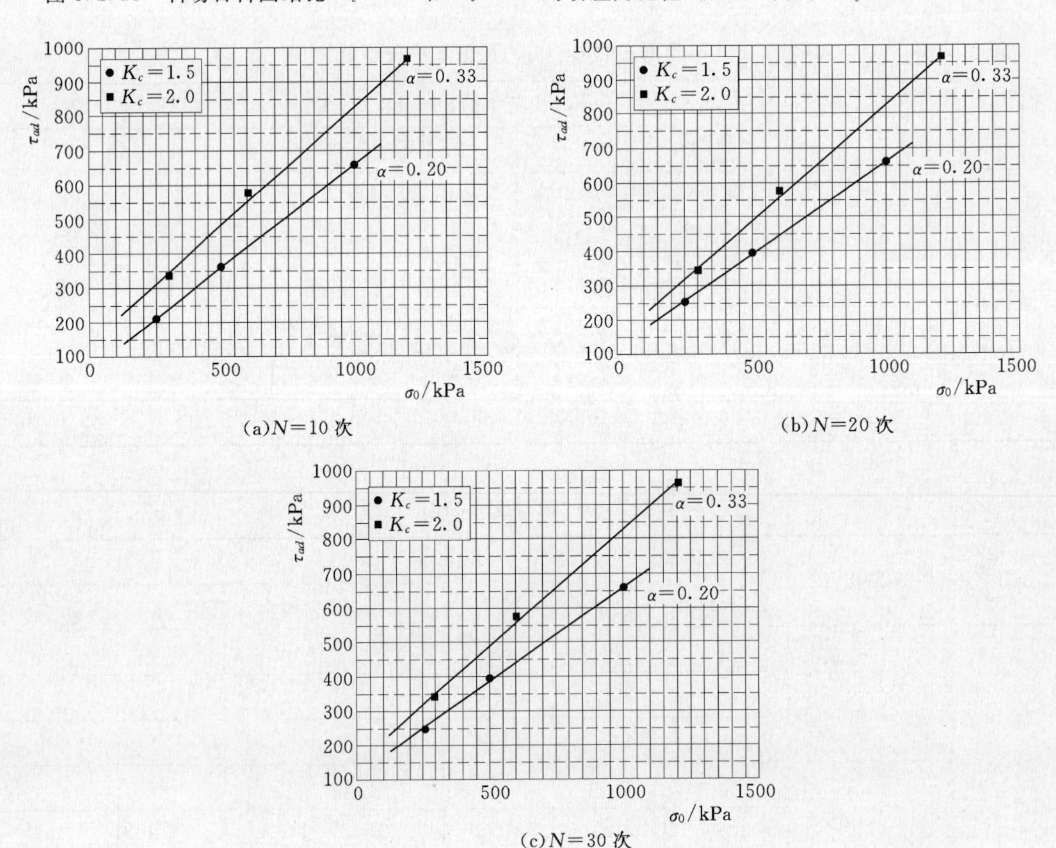

图 5.2.16　料场石料振次 10 次、20 次和 30 次时动总剪应力与有效法向应力关系曲线图

(2) 渣场石料。

1) 三轴压缩试验。渣场石料静力强度指标及 E—B 模型参数见表 5.2.13，相关试验整理曲线如图 5.2.17～图 5.2.20 所示。

表 5.2.13　　　　渣场石料的 E—B 模型试验参数

料种 \ 参数名称	K	n	K_b	m	R_f	C_d /kPa	φ_d /(°)	φ_0 /(°)	$\Delta\varphi$ /(°)
渣场石料	477	0.483	124	0.544	0.712	29.8	38.9	42.0	2.5

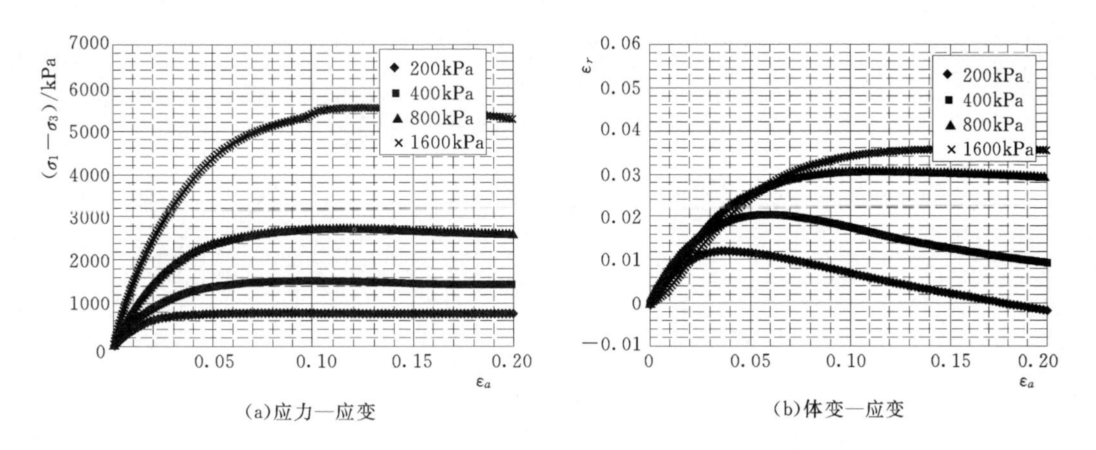

图 5.2.17　渣场石料应力—应变曲线和体变—应变曲线图

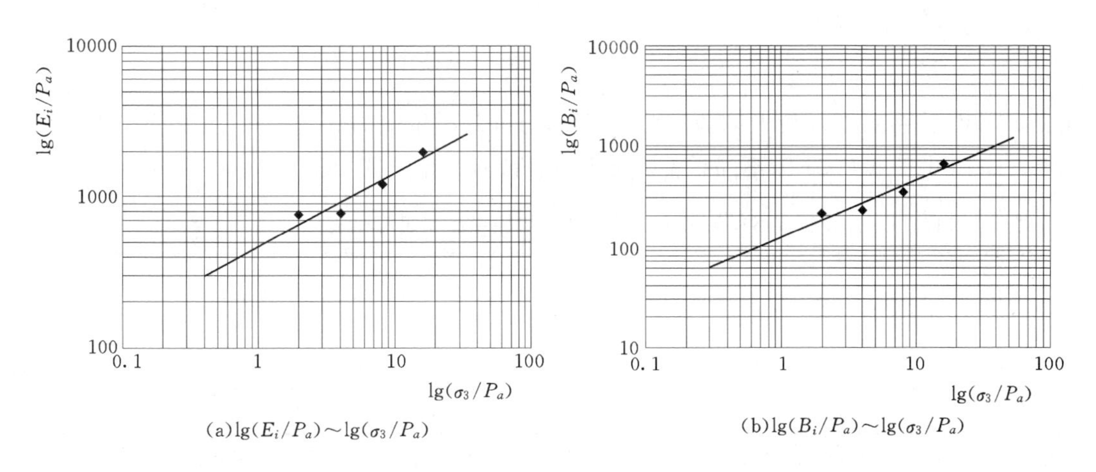

图 5.2.18　渣场石料 $\lg(E_i/P_a)\sim\lg(\sigma_3/P_a)$ 关系曲线和 $\lg(B_i/P_a)\sim\lg(\sigma_3/P_a)$ 关系曲线图

2) 动模量—阻尼试验。由相关试验数据进行拟合得到的不同动剪应变下的动剪切模量比值和阻尼比值见表 5.2.14，拟合得出的 K、n 值及拟合参数见表 5.2.15，$G_d/G_{d\max}$～

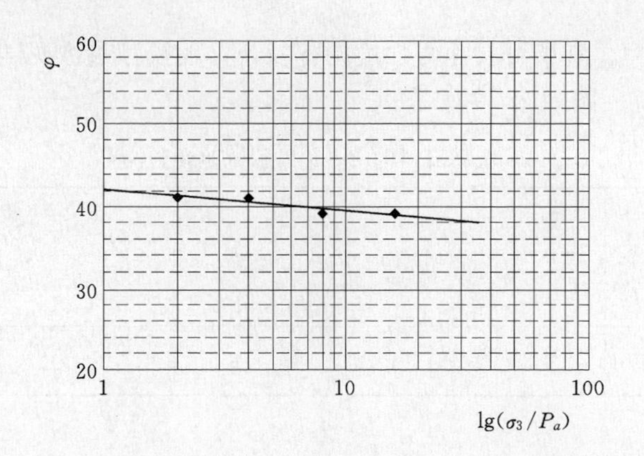

图 5.2.19　渣场石料 $\varphi \sim \lg(\sigma_3/P_a)$ 关系曲线图

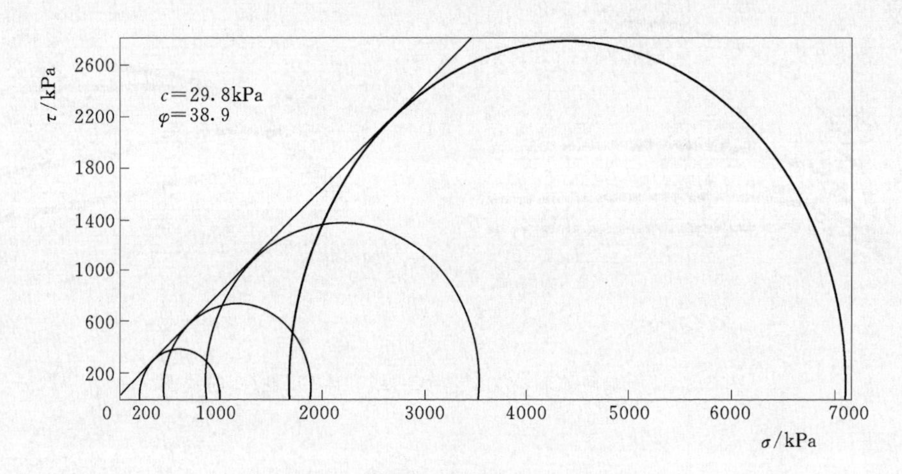

图 5.2.20　渣场石料固结排水剪强度包线图

γ_d、$\lambda_d \sim \gamma_d$ 关系曲线及最大动剪切模量 $G_{d\max}$ 与有效固结应力 σ'_m 的关系见图 5.2.21 和图 5.2.22，其中图 5.2.21 为不同试验围压下所有试验数据的拟合。

表 5.2.14　　不同动剪应变下的动剪切模量比和阻尼比值

土样名称	固结比 K_c	参数	动剪应变 γ_d							
			5×10^{-6}	1×10^{-5}	5×10^{-5}	1×10^{-4}	5×10^{-4}	1×10^{-3}	5×10^{-3}	1×10^{-2}
渣场石料	1.5	$G_d/G_{d\max}$	0.995	0.989	0.948	0.900	0.644	0.475	0.153	0.083
		λ_d	0.021	0.036	0.090	0.111	0.136	0.140	0.143	0.144

注　应变范围 $5\times10^{-6}\sim5\times10^{-5}$ 内的动剪切模量比和阻尼比的数值是对试验曲线进行拟合后得出的，为参考值。

表 5.2.15　　K、n 值结果表及相关拟合参数

土样名称	K	n	w	a	b
渣场石料	2294.8	0.54	0.000904	0.144346	0.000030

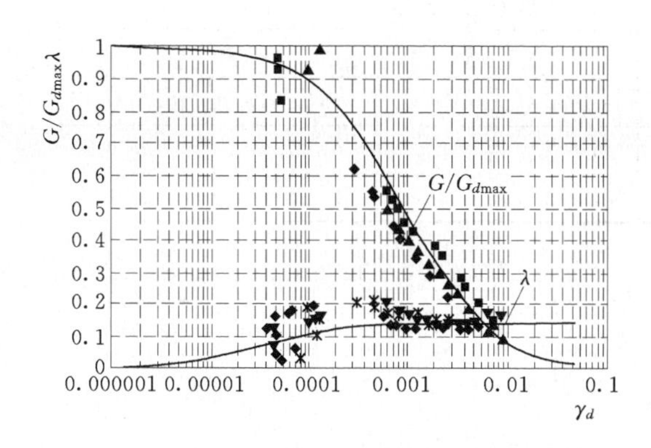

图 5.2.21　渣场石料动剪切模量比 $G_d/G_{d\max}\sim\gamma_d$、$\lambda_d\sim\gamma_d$ 的关系曲线图

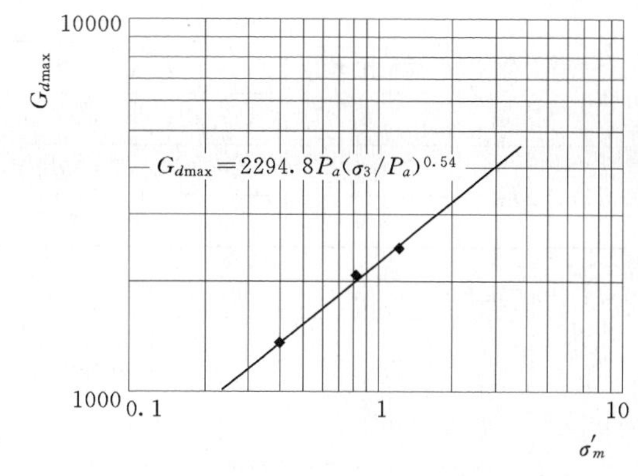

图 5.2.22　渣场石料最大动剪切模量 $G_{d\max}$ 与有效固结应力 σ'_m 的关系曲线图

3）动强度试验。渣场石料不同振次时的动应力比值及相关参数见表 5.2.16，其 $\sigma_d/2\sigma_3\sim N_f$ 的关系曲线见图 5.2.23；不同振次时的动剪应力和总剪应力及动总剪强度指标分别见表 5.2.17 和表 5.2.18，总剪应力 τ_{sd} 与有效法向应力 σ'_0 的关系曲线见图 5.2.24。

表 5.2.16　　不同振次时的动应力比值及相关参数

土样名称	固结比 K_c	围压 σ_3 /kPa	动应力比值（$\sigma_d/2\sigma_3$）			计算参数	
			10	20	30	A	B
渣场石料	1.5	200	0.716	0.701	0.698	0.795	0.031
		400	0.616	0.591	0.587	0.663	0.023
		800	0.554	0.544	0.534	0.608	0.022
	2.0	200	0.864	0.816	0.808	1.037	0.071
		400	0.738	0.705	0.681	0.873	0.057
		800	0.669	0.632	0.615	0.778	0.048

表 5.2.17　　不同振次时的动剪应力和总剪应力

土样名称	固结比 K_c	围压 σ_3 /kPa	动剪应力 τ_d/kPa			总剪应力 τ_{sd}/kPa		
			10 次	20 次	30 次	10 次	20 次	30 次
渣场石料	1.5	200	143.2	140.2	139.7	193.2	190.2	189.7
		400	246.2	236.4	234.8	346.2	336.4	334.8
		800	443.2	435.2	427.2	643.2	635.2	627.2
	2.0	200	172.7	163.2	161.5	272.7	263.2	261.5
		400	295.1	281.9	272.3	495.1	481.9	472.3
		800	535.2	505.6	492.0	935.2	905.6	892.0

表 5.2.18 不同振次时的动总剪强度指标

土样名称	固结比 K_c	动总强度指标					
		N=10 次		N=20 次		N=30 次	
		C_{sd}/kPa	φ_{sd}/(°)	C_{sd}/kPa	φ_{sd}/(°)	C_{sd}/kPa	φ_{sd}/(°)
渣场石料	1.5	58.8	25.3	26.4	25.2	27.4	25.0
	2.0	28.5	31.7	28.2	31.2	28.7	29.7

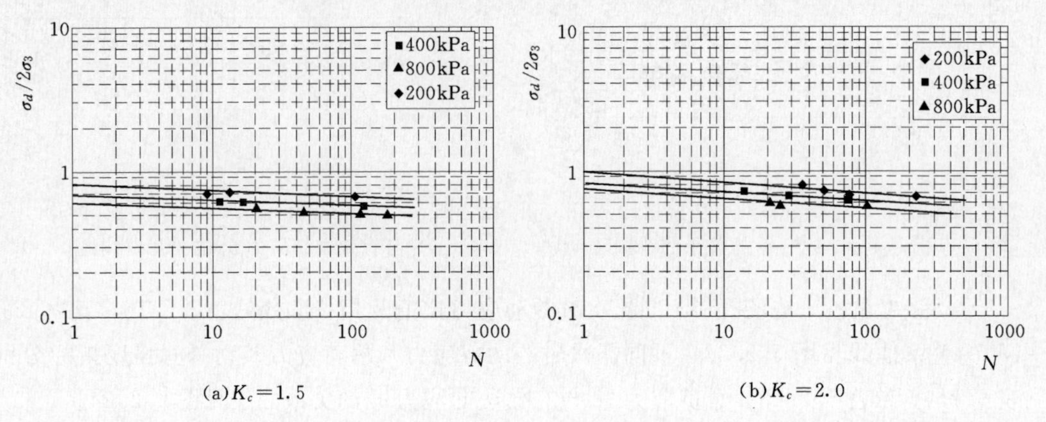

图 5.2.23 渣场石料固结比 K_c=1.5 和 K_c=2.0 时动应力比值 $\sigma_d/2\sigma_3$ 与振次 N_f 的关系曲线图

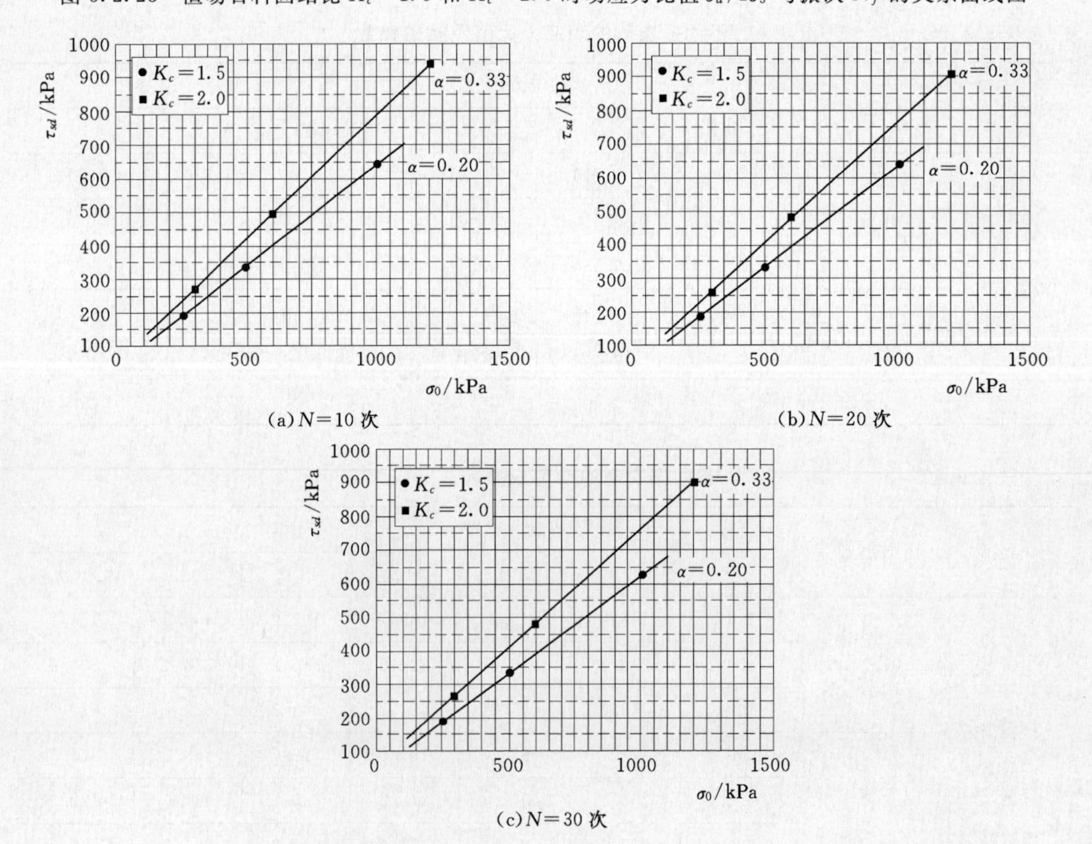

图 5.2.24 渣场石料振次 10 次、20 次和 30 次时动总剪应力与有效法向应力关系曲线图

（3）小结。两种次堆石料采用的级配和初拟密度均相同且符合设计要求，但坝料来源不同，一种坝料来自储料场（称料场石料），特点是新鲜、坚硬、软化系数高、有较低的压缩性和较高的抗剪强度，变形量小；另一种坝料来自渣场（称渣场石料），是坝基、引水及泄洪建筑物、溢洪道等开挖料的混合料，含有花岗岩、砂岩、灰岩、泥灰岩等岩石，用料要求稍低，所取石料性质不同造成同条件下的试验结果有一定程度的差别，但试验结果符合一般规律。

5.2.3 垫层石料

（1）三轴压缩试验。垫层石料静力强度指标及 E—B 模型参数见表 5.2.19，相关试验整理曲线如图 5.2.25～图 5.2.29 所示。

表 5.2.19　　垫层石料的 E—B 模型试验参数

参数名称 料种	K	n	K_b	m	R_f	C_d /kPa	φ_d /(°)	φ_0 /(°)	$\Delta\varphi$ /(°)
垫层石料	840	0.431	390	0.368	0.791	50.3	43.1	48.0	4.0

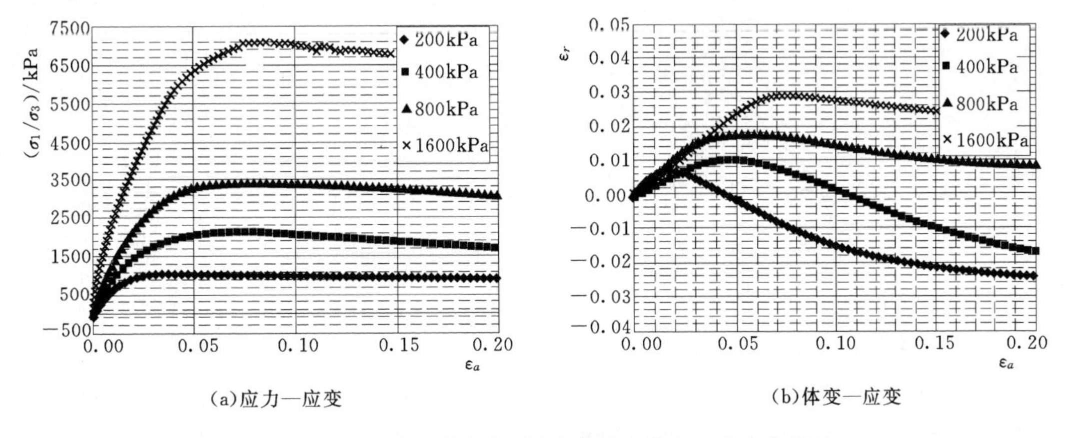

(a)应力—应变　　(b)体变—应变

图 5.2.25　垫层石料应力—应变曲线和体变—应变曲线图

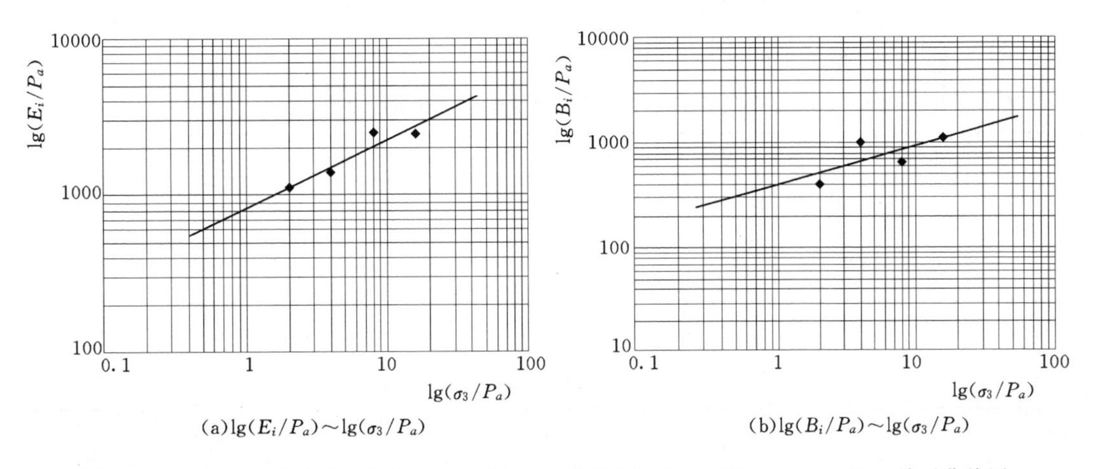

(a)$\lg(E_i/P_a)\sim\lg(\sigma_3/P_a)$　　(b)$\lg(B_i/P_a)\sim\lg(\sigma_3/P_a)$

图 5.2.26　垫层石料 $\lg(E_i/P_a)\sim\lg(\sigma_3/P_a)$ 关系曲线和 $\lg(B_i/P_a)\sim\lg(\sigma_3/P_a)$ 关系曲线图

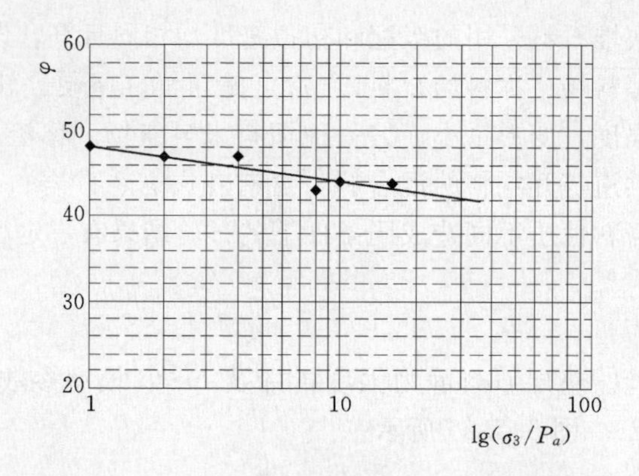

图 5.2.27　垫层石料 $\varphi \sim \lg(\sigma_3/P_a)$ 关系曲线图

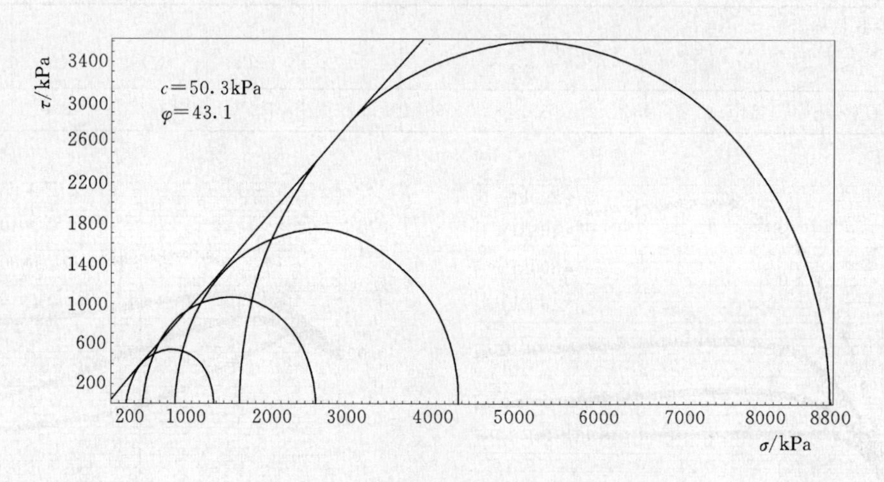

图 5.2.28　垫层石料固结排水剪强度包线图

（2）动模量—阻尼试验。由相关试验数据进行拟合得到的不同动剪应变下的动剪切模量比值和阻尼比值见表 5.2.20，拟合得出的 K、n 值及拟合参数见表 5.2.21，$G_d/G_{d\max} \sim \gamma_d$、$\lambda_d \sim \gamma_d$ 关系曲线及最大动剪切模量 $G_{d\max}$ 与有效固结应力 σ'_m 的关系见图 5.2.29 和图 5.2.30，其中图 5.2.29 为不同试验围压下所有试验数据的拟合。

表 5.2.20　不同动剪应变下的动剪切模量比和阻尼比值

土样名称	固结比 K_c	参数	动剪应变 γ_d							
			5×10^{-6}	1×10^{-5}	5×10^{-5}	1×10^{-4}	5×10^{-4}	1×10^{-3}	5×10^{-3}	1×10^{-2}
垫层石料	1.5	$G_d/G_{d\max}$	0.993	0.987	0.940	0.887	0.611	0.440	0.136	0.073
		λ_d	0.049	0.075	0.128	0.141	0.153	0.156	0.156	0.156

注　应变范围 $5\times10^{-6}\sim5\times10^{-5}$内的动剪切模量比和阻尼比的数值是对试验曲线进行拟合后得出的，为参考值。

表 5.2.21　K、n 值结果表及相关拟合参数

土样名称	K	n	w	a	b
垫层石料	2977.0	0.59	0.000785	0.156261	0.000011

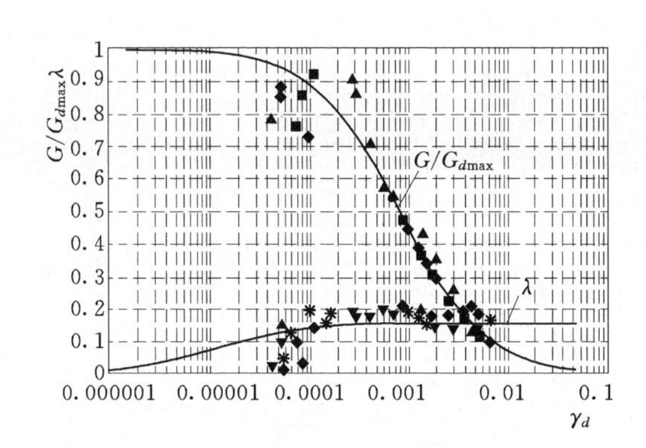

图 5.2.29　垫层石料动剪切模量比 $G_d/G_{d\max}\sim\gamma_d$、$\lambda_d\sim\gamma_d$ 的关系曲线图

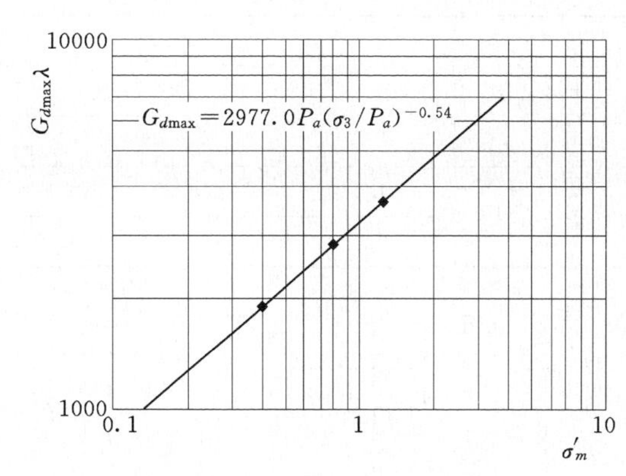

图 5.2.30　垫层石料最大动剪切模量 $G_{d\max}$ 与有效固结应力 σ'_m 的关系曲线图

(3) 动强度试验。垫层石料不同振次时的动应力比值及相关参数见表 5.2.22，其 $\sigma_d/2\sigma_3\sim N_f$ 的关系曲线见图 5.2.31；不同振次时的动剪应力和总剪应力及动总剪强度指标分别见表 5.2.23 和表 5.2.24，总剪应力 τ_{sd} 与有效法向应力 σ'_0 的关系曲线见图 5.2.32。

表 5.2.22　不同振次时的动应力比值及相关参数

土样名称	固结比 K_c	围压 σ_3 /kPa	动应力比值（$\sigma_d/2\sigma_3$）			计算参数	
			10	20	30	A	B
垫层石料	1.5	200	0.877	0.835	0.814	0.991	0.052
		400	0.771	0.745	0.710	0.890	0.051
		800	0.681	0.647	0.639	0.779	0.043
	2.0	200	0.800	0.791	0.779	0.828	0.014
		400	0.800	0.791	0.779	0. 828	0.014
		800	0.800	0.791	0.779	0. 828	0.014

表 5.2.23　不同振次时的动剪应力和总剪应力

土样名称	固结比 K_c	围压 σ_3 /kPa	动剪应力 τ_d/kPa			总剪应力 τ_{sd}/kPa		
			10 次	20 次	30 次	10 次	20 次	30 次
垫层石料	1.5	200	175.4	167.0	162.8	225.4	217.0	212.8
		400	308.4	298.0	284.0	408.4	398.0	384.0
		800	544.8	517.6	511.2	744.8	717.6	711.2
	2.0	200	160.0	158.2	155.8	260.0	258.2	255.8
		400	320.0	316.4	311.6	520.0	516.4	511.6
		800	640.0	632.8	623.2	1040.0	1032.8	1023.2

表 5.2.24　　不同振次时的动总剪强度指标

土样名称	固结比 K_c	动总强度指标					
		N=10 次		N=20 次		N=30 次	
		C_{sd}/kPa	φ_{sd}/(°)	C_{sd}/kPa	φ_{sd}/(°)	C_{sd}/kPa	φ_{sd}/(°)
垫层石料	1.5	34.6	27.6	35.0	27.0	30.4	27.0
	2.0	0	34.4	0	34.3	0	34.2

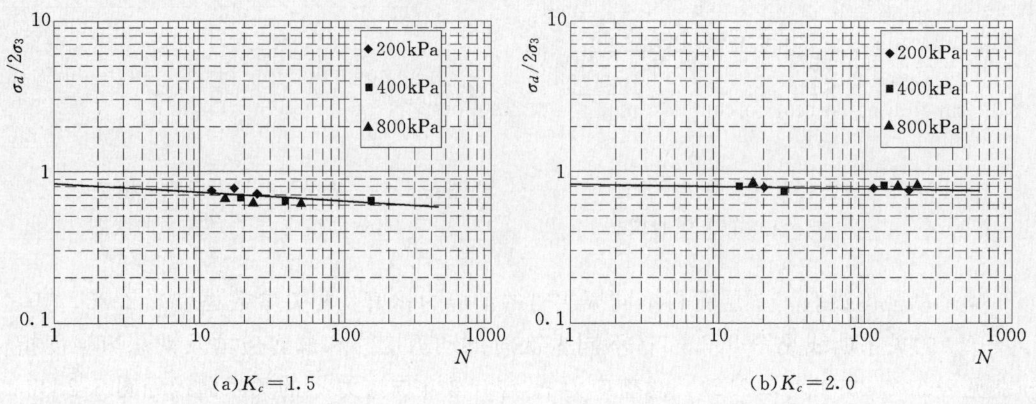

图 5.2.31　垫层石料固结比 K_c=1.5 和 K_c=2.0 时动应力比值 $\sigma_d/2\sigma_3$ 与振次 N_f 的关系曲线图

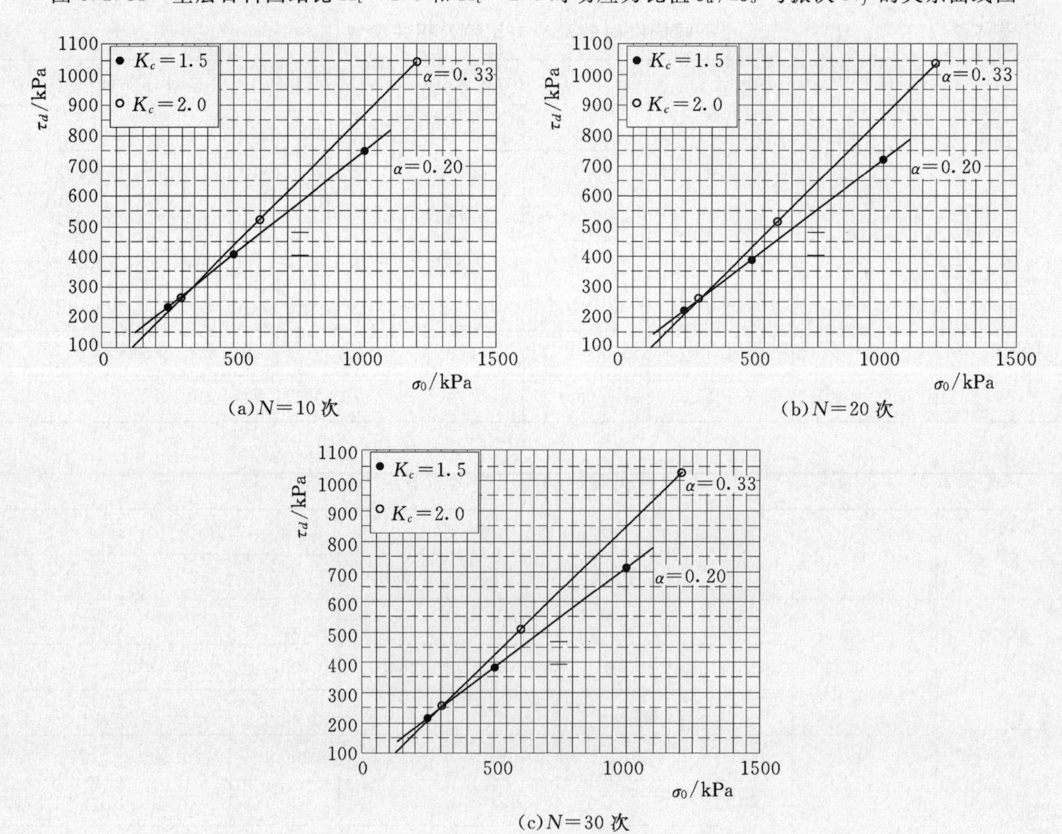

图 5.2.32　垫层石料振次 10 次、20 次和 30 次时动总剪应力与有效法向应力关系曲线图

（4）小结。垫层石料的制样控制干密度为 2.25g/cm³，但其粒径组成中细颗粒含量相对较高，均值含量达到 36.6%，加上粗细颗粒之间能较好的相互补充，造成实际制样干密度大于控制干密度，因此其静强度并不是最高，和动强度试验结果有很好的一致性规律。

5.2.4 过渡石料

（1）三轴压缩试验。过渡石料静力强度指标及 E—B 模型参数见表 5.2.25，相关试验整理曲线如图 5.2.33～图 5.2.36 所示。

表 5.2.25 过渡石料的 E—B 模型试验参数

料种 \ 参数名称	K	n	K_b	m	R_f	C_d /kPa	φ_d /(°)	φ_0 /(°)	$\Delta\varphi$ /(°)
过渡石料	833	0.326	276	0.267	0.887	95.5	40.8	51.0	8.1

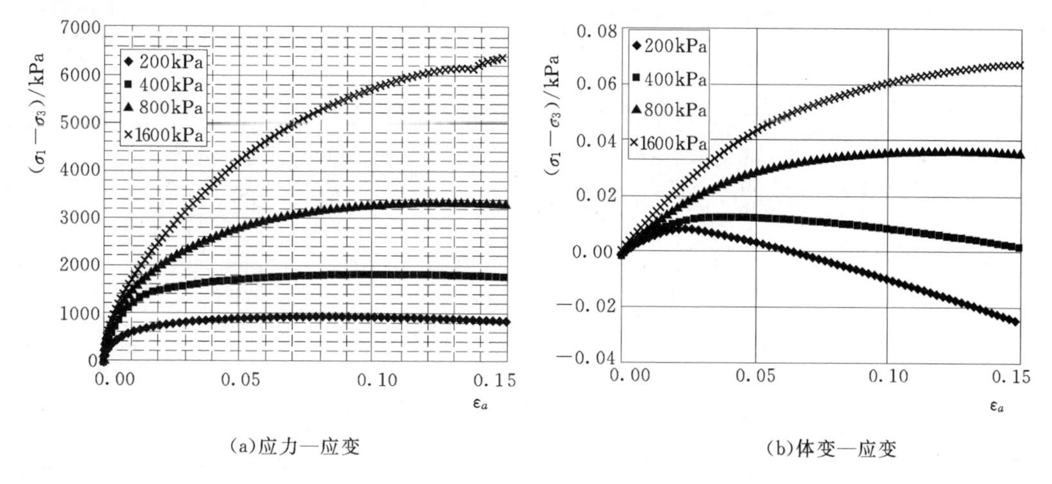

图 5.2.33 过渡石料应力—应变曲线和体变—应变曲线图

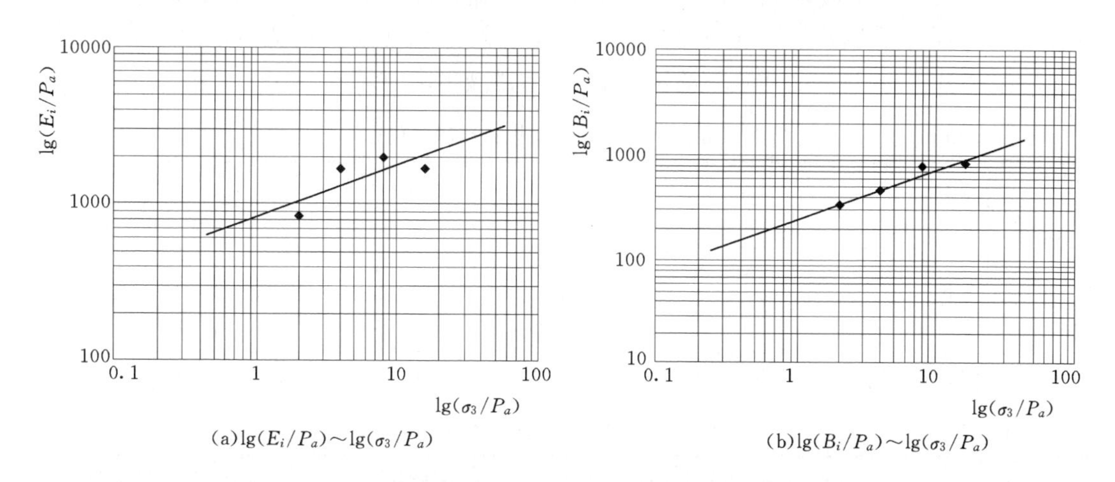

图 5.2.34 过渡石料 $\lg(E_i/P_a)\sim\lg(\sigma_3/P_a)$ 关系曲线和 $\lg(B_i/P_a)\sim\lg(\sigma_3/P_a)$ 关系曲线图

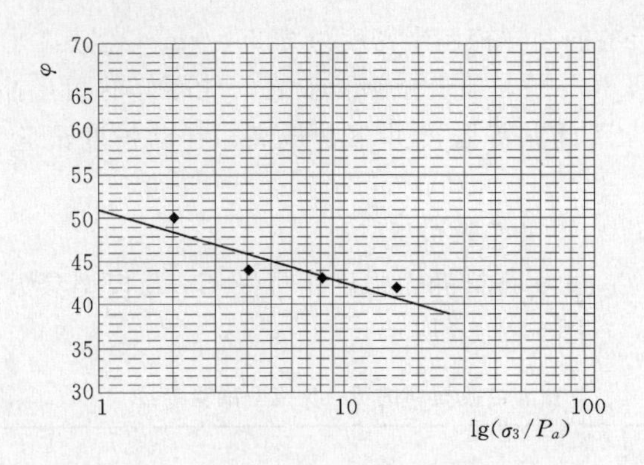

图 5.2.35　过渡石料 $\varphi \sim \lg(\sigma_3/P_a)$ 曲线图

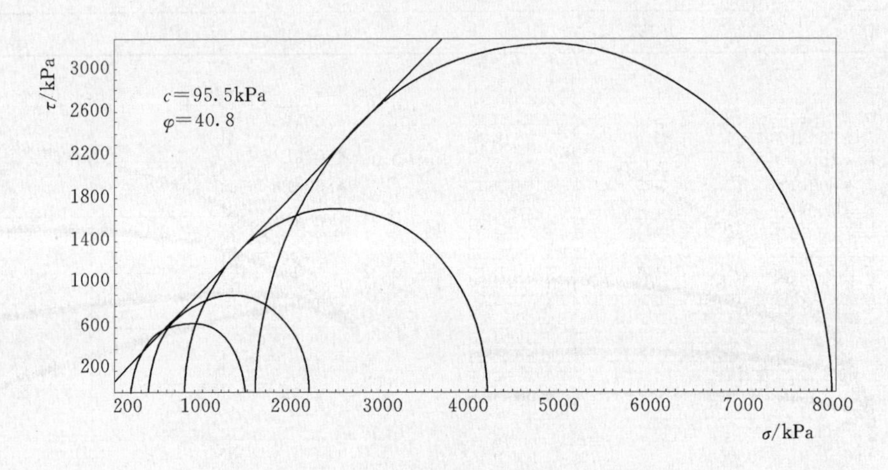

图 5.2.36　过渡石料固结排水剪强度包线

(2) 动模量—阻尼试验。由相关试验数据进行拟合得到的不同动剪应变下的动剪切模量比值和阻尼比值见表 5.2.26，拟合得出的 K、n 值及拟合参数见表 5.2.27，$G_d/G_{d\max} \sim \gamma_d$、$\lambda_d \sim \gamma_d$ 关系曲线及最大动剪切模量 $G_{d\max}$ 与有效固结应力 σ'_m 的关系见图 5.2.37、图 5.2.38，其中图 5.2.37 为不同试验围压下所有试验数据的拟合。

表 5.2.26　不同动剪应变下的动剪切模量比和阻尼比值

土样名称	固结比 K_c	参数	动剪应变 γ_d							
			5×10^{-6}	1×10^{-5}	5×10^{-5}	1×10^{-4}	5×10^{-4}	1×10^{-3}	5×10^{-3}	1×10^{-2}
过渡石料	1.5	$G_d/G_{d\max}$	0.993	0.987	0.936	0.880	0.595	0.423	0.128	0.068
		λ_d	0.003	0.006	0.026	0.044	0.109	0.133	0.162	0.167

注　应变范围 $5\times10^{-6} \sim 5\times10^{-5}$ 内的动剪切模量比和阻尼比的数值是对试验曲线进行拟合后得出的，为参考值。

表 5.2.27　K、n 值结果表及相关拟合参数

土样名称	K	n	w	a	b
过渡石料	2714.4	0.55	0.000734	0.171762	0.000286

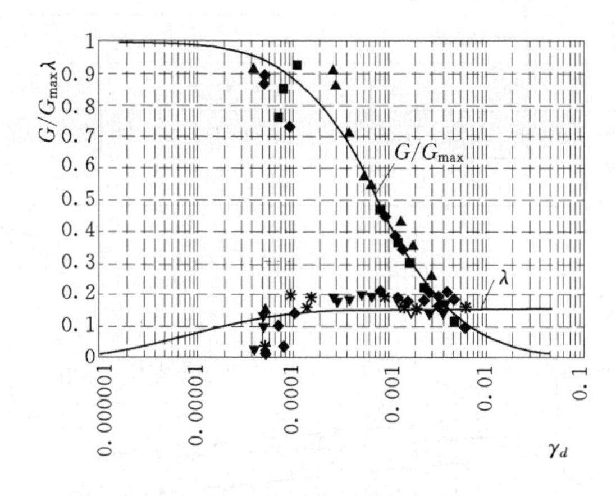

图 5.2.37 过渡石料动剪切模量比 $G_d/G_{d\max}$～γ_d、λ_d～γ_d 的关系曲线图

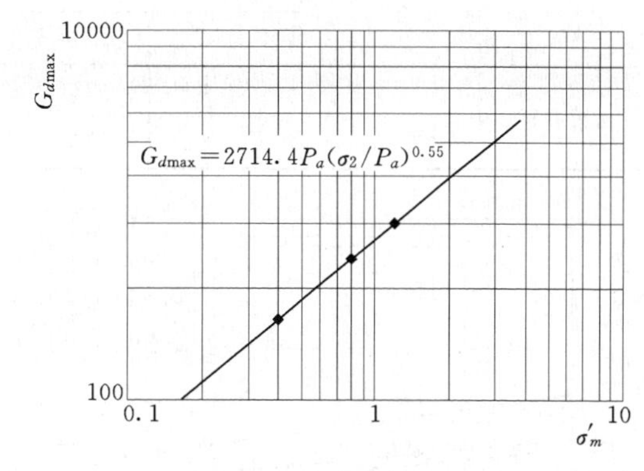

图 5.2.38 过渡石料最大动剪切模量 $G_{d\max}$ 与有效固结应力 σ'_m 的关系曲线图

（3）动强度试验。过渡石料不同振次时的动应力比值及相关参数见表 5.2.28，其 $\sigma_d/2\sigma_3$～N_f 的关系曲线见图 5.2.39；不同振次时的动剪应力和总剪应力及动总剪强度指标分别见表 5.2.29 和表 5.2.30，总剪应力 τ_{sd} 与有效法向应力 σ'_0 的关系曲线见图 5.2.40。

表 5.2.28　　不同振次时的动应力比值及相关参数

土样名称	固结比 K_c	围压 σ_3 /kPa	动应力比值（$\sigma_d/2\sigma_3$）			计算参数	
			10	20	30	A	B
过渡石料	1.5	200	0.810	0.745	0.705	1.132	0.121
		400	0.511	0.488	0.471	0.647	0.051
		800	0.457	0.429	0.400	0.566	0.041
	2.0	200	0.931	0.869	0.851	1.188	0.101
		400	0.729	0.700	0.678	0.870	0.051
		800	0.519	0.495	0.474	0.669	0.051

表 5.2.29　　不同振次时的动剪应力和总剪应力

土样名称	固结比 K_c	围压 σ_3 /kPa	动剪应力 τ_d/kPa			总剪应力 τ_{sd}/kPa		
			10 次	20 次	30 次	10 次	20 次	30 次
过渡石料	1.5	200	162.0	149.0	141.0	212.0	199.0	191.0
		400	204.4	195.2	188.4	304.4	295.2	288.4
		800	365.6	343.2	320.0	565.6	543.2	520.0
	2.0	200	186.2	173.8	170.2	286.2	273.8	270.2
		400	291.6	280.0	271.2	491.6	480.0	471.2
		800	415.2	396.0	379.2	815.2	796.0	779.2

表 5.2.30　　不同振次时的动总剪强度指标

土样名称	固结比 K_c	动总强度指标					
		N=10 次		N=20 次		N=30 次	
		C_{sd}/kPa	φ_{sd}/(°)	C_{sd}/kPa	φ_{sd}/(°)	C_{sd}/kPa	φ_{sd}/(°)
过渡石料	1.5	54.4	22.0	50.9	21.6	52.4	20.8
	2.0	74.8	27.8	69.1	27.6	69.8	27.2

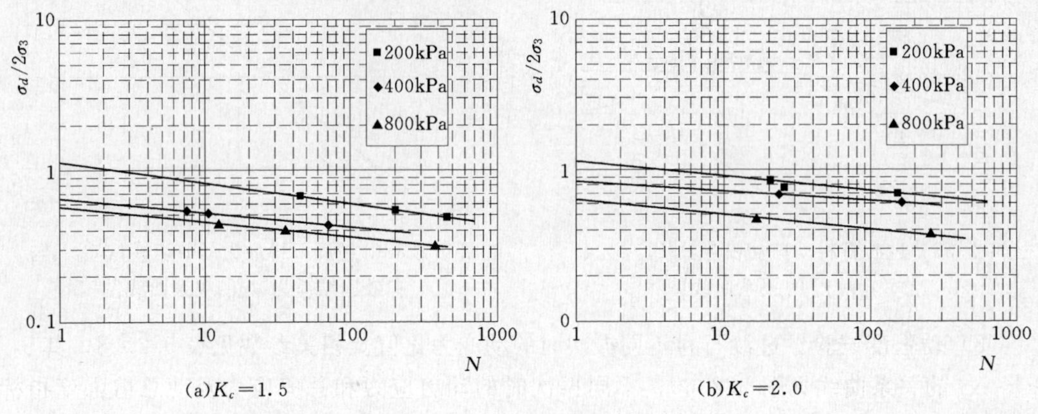

图 5.2.39　过渡石料固结比 K_c=1.5 和 K_c=2.0 时动应力比值 $\sigma_d/2\sigma_3$ 与振次 N_f 的关系曲线图

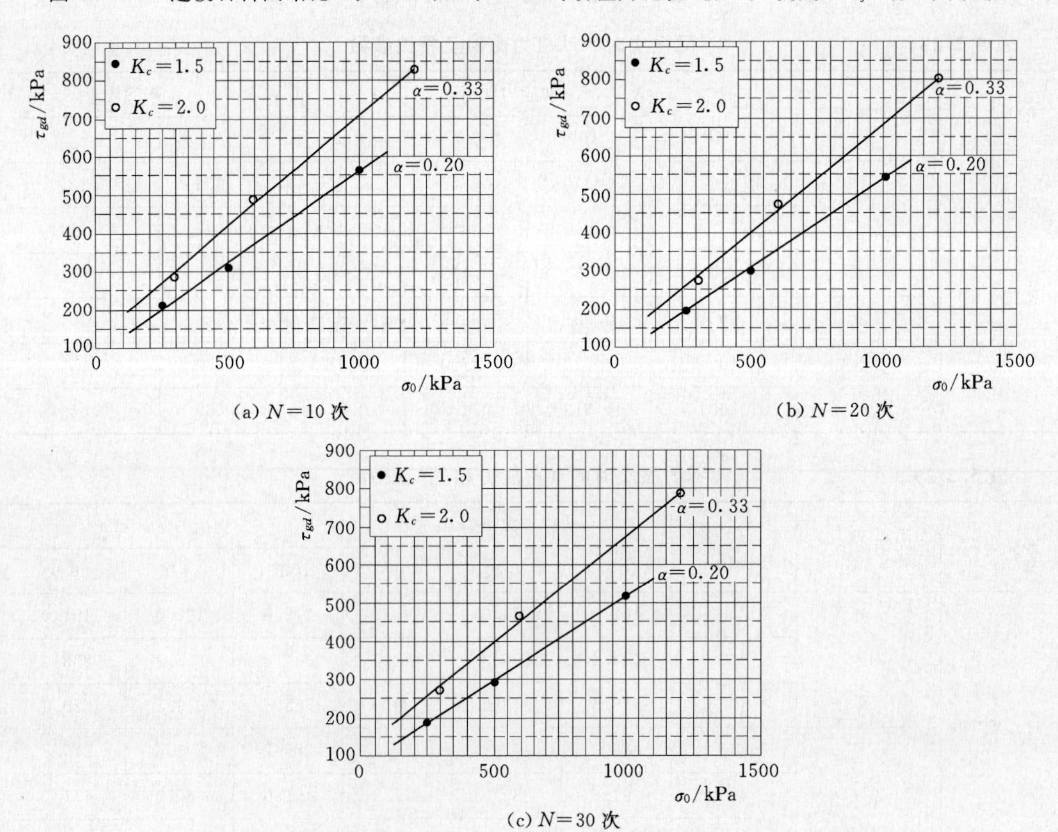

图 5.2.40　过渡石料振次 10 次、20 次和 30 次时动总剪应力与有效法向应力关系曲线图

5.2.5 坝基覆盖层料

(1) 三轴压缩试验。坝基覆盖层料静力强度指标及 $E—B$ 模型参数见表 5.2.31，相关试验整理曲线如图 5.2.41～图 5.2.44 所示。

表 5.2.31　　坝基覆盖层料的 $E—B$ 模型试验参数

参数名称 料种	K	n	K_b	m	R_f	C_d /kPa	φ_d /(°)	φ_0 /(°)	$\Delta\varphi$ /(°)
坝基覆盖层料	449	0.541	117	0.479	0.824	34.1	41.6	44.0	1.7

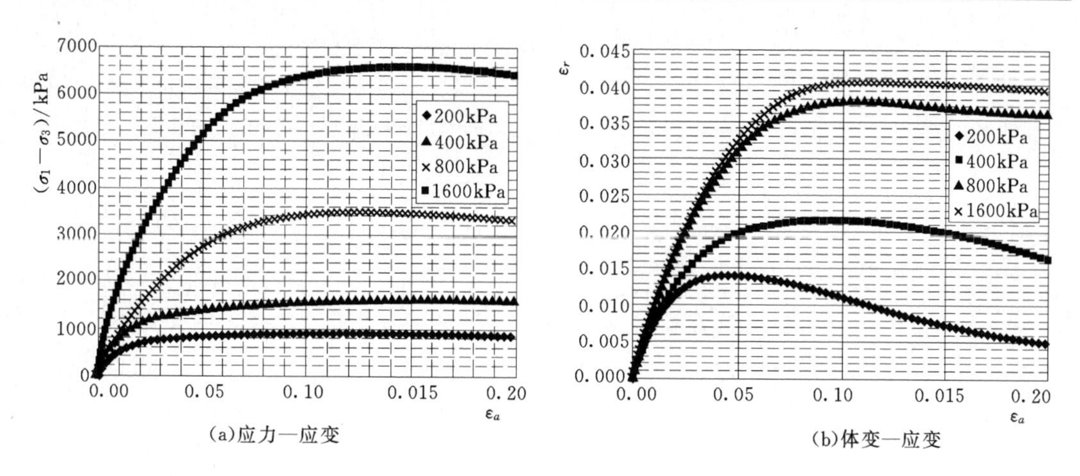

图 5.2.41　坝基覆盖层料应力—应变曲线和体变—应变曲线图

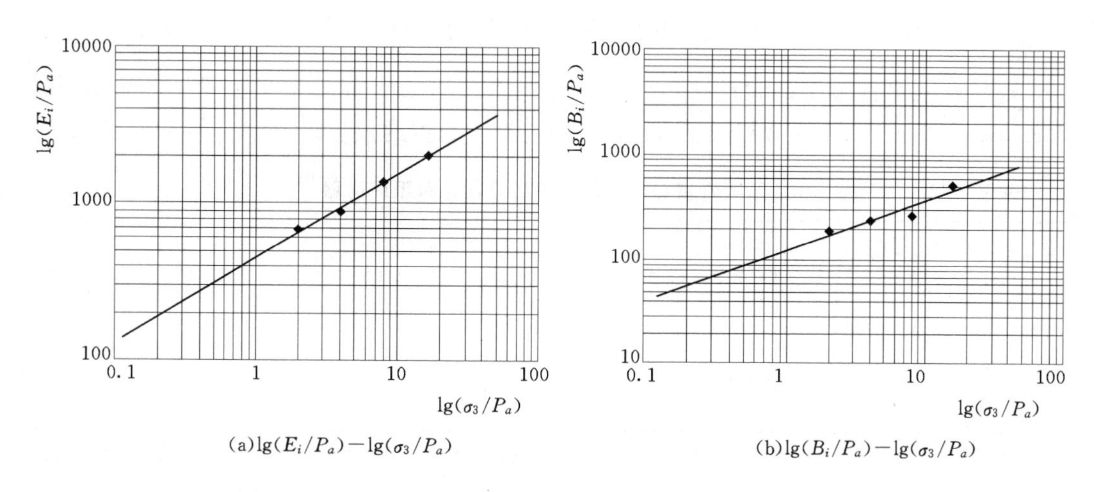

图 5.2.42　坝基覆盖层料 $\lg(E_i/P_a)$～$\lg(\sigma_3/P_a)$ 关系曲线和 $\lg(B_i/P_a)$～$\lg(\sigma_3/P_a)$ 关系曲线图

(2) 动模量—阻尼试验。由相关试验数据进行拟合得到的不同动剪应变下的动剪切模量比值和阻尼比值见表 5.2.32，拟合得出的 K、n 值及拟合参数见表 5.2.33，$G_d/G_{d\max}$～

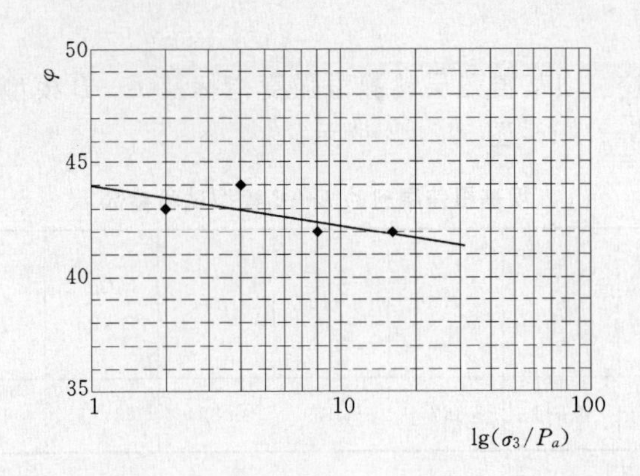

图 5.2.43　坝基覆盖层料 $\varphi \sim \lg(\sigma_3/P_a)$ 关系曲线图

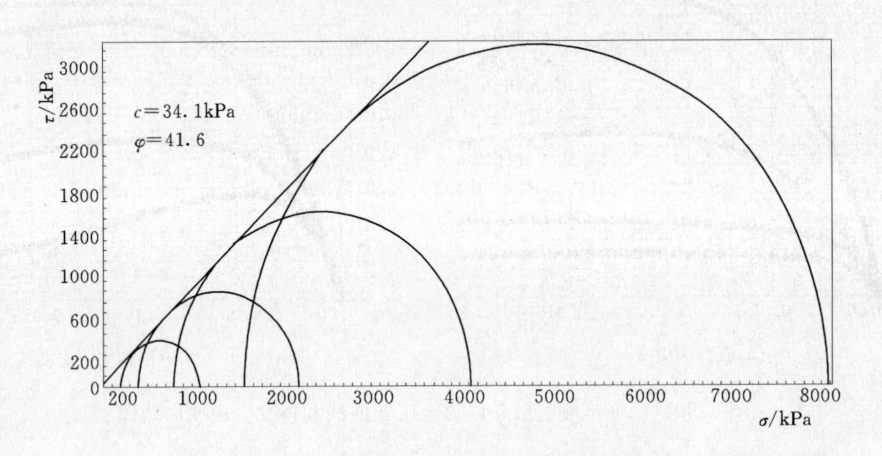

图 5.2.44　坝基覆盖层料固结排水剪强度包线图

γ_d、$\lambda_d \sim \gamma_d$ 关系曲线及最大动剪切模量 $G_{d\max}$ 与有效固结应力 σ'_m 的关系见图 5.2.45 和图 5.2.46，其中图 5.2.45 为不同试验围压下所有试验数据的拟合。

表 5.2.32　　不同动剪应变下的动剪切模量比和阻尼比值

土样名称	固结比 K_c	参数	动剪应变 γ_d							
			5×10^{-6}	1×10^{-5}	5×10^{-5}	1×10^{-4}	5×10^{-4}	1×10^{-3}	5×10^{-3}	1×10^{-2}
坝基覆盖层料	1.5	$G_d/G_{d\max}$	0.991	0.982	0.917	0.847	0.526	0.357	0.099	0.053
		λ_d	0.016	0.029	0.076	0.095	0.119	0.123	0.126	0.127

注　应变范围 $5\times10^{-6} \sim 5\times10^{-5}$ 内的动剪切模量比和阻尼比的数值是对试验曲线进行拟合后得出的，为参考值。

表 5.2.33　　K、n 值结果及相关拟合参数表

土样名称	K	n	w	a	b
坝基覆盖层料	2304.4	0.57	0.000555	0.127263	0.000034

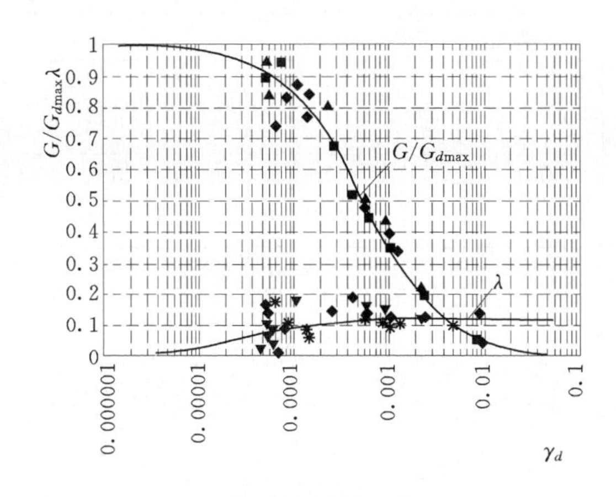

图 5.2.45 坝基覆盖层料动剪切模量比 $G_d/G_{d\max}$～γ_d、λ_d～γ_d 的关系曲线图

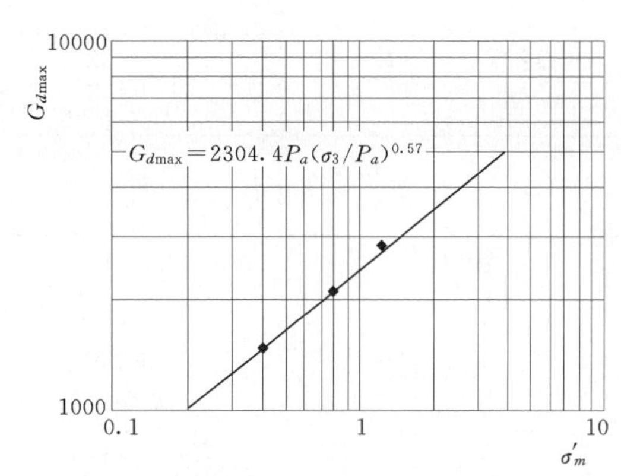

图 5.2.46 坝基覆盖层料最大动剪切模量 $G_{d\max}$ 与有效固结应力 σ'_m 的关系曲线图

(3) 动强度试验。坝基覆盖层料不同振次时的动应力比值及相关参数见表 5.2.34，其 $\sigma_d/2\sigma_3$～N_f 的关系曲线见图 5.2.47；不同振次时的动剪应力和总剪应力及动总剪强度指标分别见表 5.2.35 和表 5.2.36，总剪应力 τ_{sd} 与有效法向应力 σ'_0 的关系曲线见图 5.2.48。

表 5.2.34　　不同振次时的动应力比值及相关参数

土样名称	固结比 K_c	围压 σ_3 /kPa	动应力比值（$\sigma_d/2\sigma_3$）			计算参数	
			10	20	30	A	B
坝基覆盖层料	1.5	200	0.658	0.622	0.605	0.773	0.05
		400	0.525	0.505	0.495	0.592	0.029
		800	0.415	0.395	0.386	0.475	0.026
	2.0	200	0.709	0.691	0.682	0.778	0.029
		400	0.614	0.581	0.569	0.681	0.032
		800	0.465	0.459	0.450	0.516	0.020

表 5.2.35　　不同振次时的动剪应力和总剪应力

土样名称	固结比 K_c	围压 σ_3 /kPa	动剪应力 τ_d/kPa			总剪应力 τ_{sd}/kPa		
			10 次	20 次	30 次	10 次	20 次	30 次
坝基覆盖层料	1.5	200	131.6	124.4	121.0	181.6	174.4	171.0
		400	210.0	202.0	198.0	310.0	302.0	298.0
		800	332.0	316.0	308.8	532.0	516.0	508.8
	2.0	200	141.8	138.2	136.4	241.8	238.2	236.4
		400	245.5	232.6	227.5	445.5	432.6	427.5
		800	372.0	367.2	360.0	772.0	767.2	760.0

表 5.2.36　　不同振次时的动总剪强度指标

土样名称	固结比 K_c	动总强度指标					
		N=10 次		N=20 次		N=30 次	
		C_{sd}/kPa	φ_{sd}/(°)	C_{sd}/kPa	φ_{sd}/(°)	C_{sd}/kPa	φ_{sd}/(°)
坝基覆盖层料	1.5	48.3	21.5	45.5	21.2	45.0	21.0
	2.0	47.3	27.8	43.2	27.8	42.0	27.7

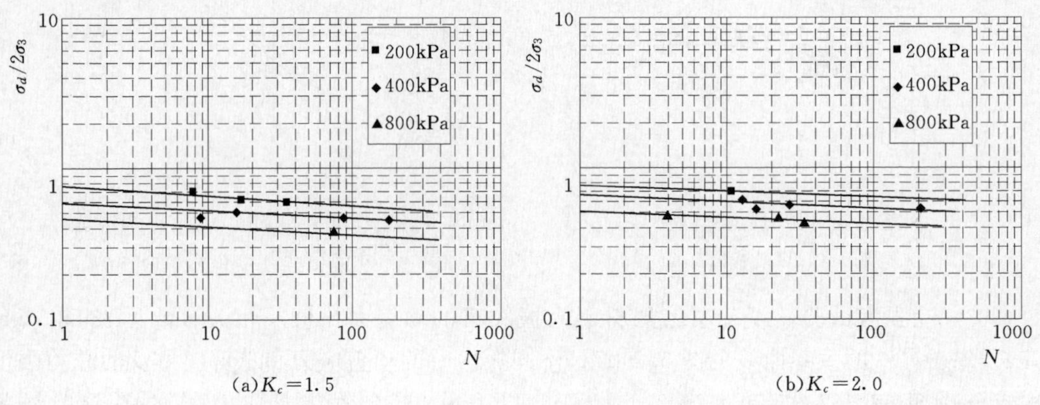

图 5.2.47　坝基覆盖层料固结比 K_c=1.5 和 K_c=2.0 时动应力比值 $\sigma_d/2\sigma_3$ 与振次 N_f 的关系曲线图

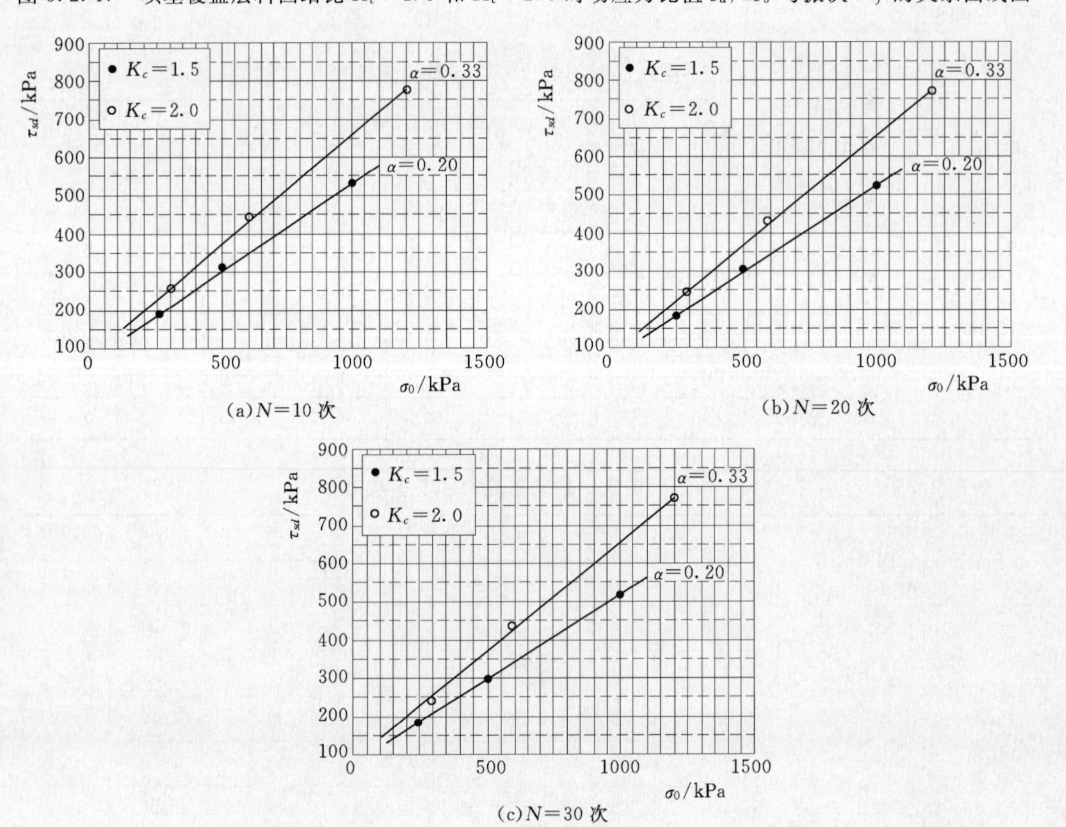

图 5.2.48　坝基覆盖层料振次 10 次、20 次和 30 次时动总剪应力与有效法向应力关系曲线图

因坝基覆盖层料提供的制样控制干密度相对较小，且试样含有一定量黏性土颗粒，造成粗粒料四周黏附有黏性土颗粒，可能会对试验结果造成一定程度的影响，从而造成坝基覆盖层料动静强度值均有所偏低。

5.2.6 黏土夹层

（1）三轴压缩试验。黏土夹层静力强度指标及 E—B 模型参数见表 5.2.37，相关试验整理曲线如图 5.2.49～图 5.2.52 所示。

表 5.2.37　　黏土夹层的 E—B 模型试验参数

参数名称 料种	K	n	K_b	m	R_f	C_d /kPa	φ_d /(°)	φ_0 /(°)	$\Delta\varphi$ /(°)
黏土夹层	76.3	0.976	52.9	0.329	0.589	43.7	25.3	25.6	8.9

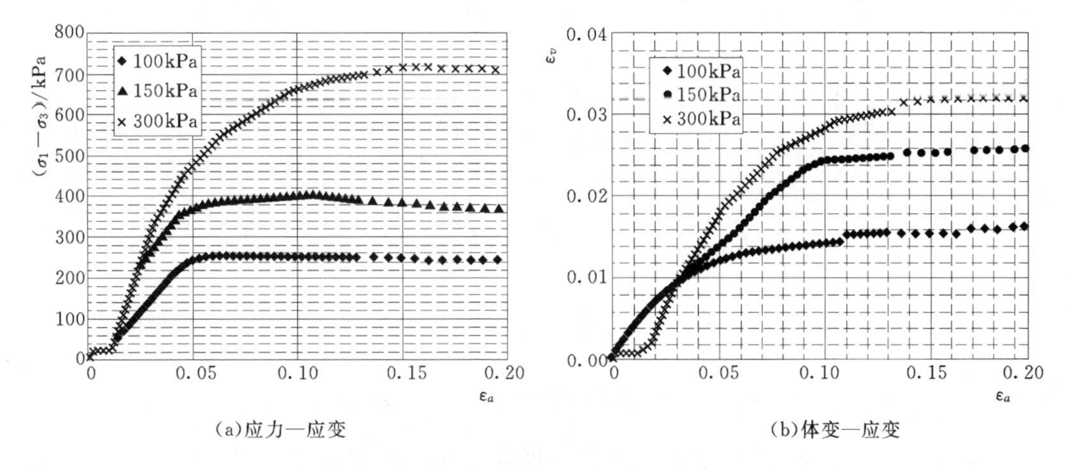

(a)应力—应变　　　　(b)体变—应变

图 5.2.49　黏土夹层应力—应变曲线和体变—应变曲线图

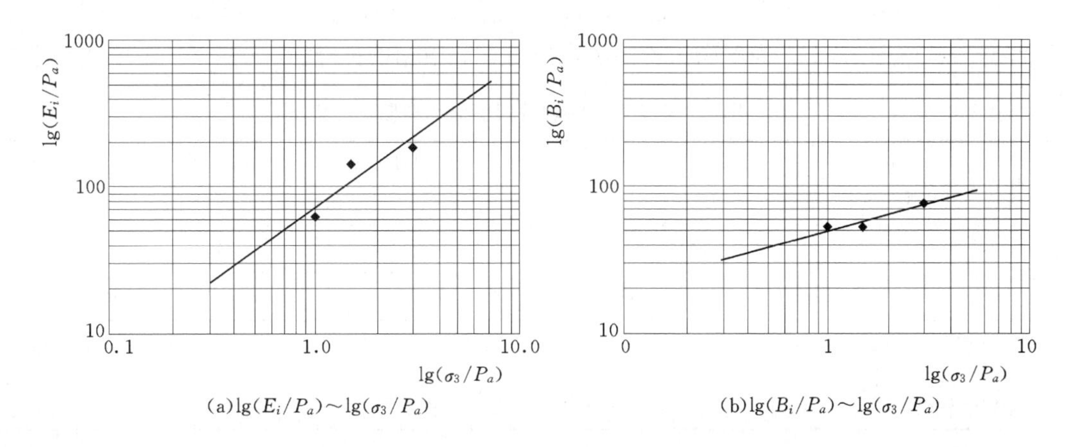

(a) $\lg(E_i/P_a)\sim\lg(\sigma_3/P_a)$　　　　(b) $\lg(B_i/P_a)\sim\lg(\sigma_3/P_a)$

图 5.2.50　黏土夹层 $\lg(E_i/P_a)\sim\lg(\sigma_3/P_a)$ 关系曲线和 $\lg(B_i/P_a)\sim\lg(\sigma_3/P_a)$ 关系曲线图

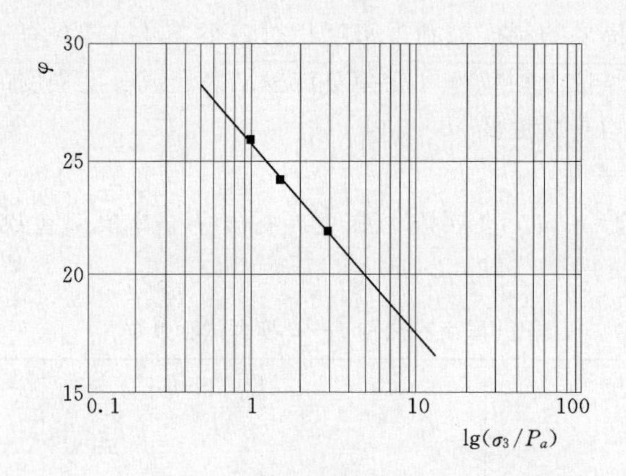

图 5.2.51 黏土夹层 $\varphi\sim\lg(\sigma_3/P_a)$ 关系曲线图

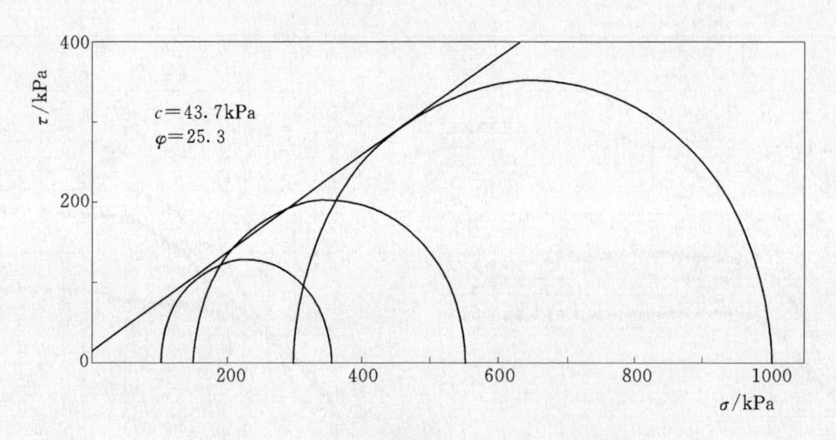

图 5.2.52 黏土夹层固结排水剪强度包线图

（2）动模量—阻尼试验。由相关试验数据进行拟合得到的不同动剪应变下的动剪切模量比值和阻尼比值见表 5.2.38，拟合得出的 K、n 值及拟合参数见表 5.2.39，$G_d/G_{d\max}\sim\gamma_d$、$\lambda_d\sim\gamma_d$ 关系曲线及最大动剪切模量 $G_{d\max}$ 与有效固结应力 σ_m' 的关系见图 5.2.53 和图 5.2.54，其中图 5.2.53 为不同试验围压下所有试验数据的拟合。

表 5.2.38　　不同动剪应变下的动剪切模量比和阻尼比值

土样名称	固结比 K_c	参数	动剪应变 γ_d							
			5×10^{-6}	1×10^{-5}	5×10^{-5}	1×10^{-4}	5×10^{-4}	1×10^{-3}	5×10^{-3}	1×10^{-2}
黏土夹层	1.5	$G_d/G_{d\max}$	0.998	0.997	0.984	0.969	0.863	0.760	0.387	0.240
		λ_d	0.001	0.002	0.008	0.016	0.057	0.085	0.140	0.153

注　应变范围 $5\times10^{-6}\sim5\times10^{-5}$ 内的动剪切模量比和阻尼比的数值是对试验曲线进行拟合后得出的，为参考值。

表 5.2.39　　K、n 值结果表及相关拟合参数

土样名称	K	n	w	a	b
黏土夹层	318.24	0.55	0.003161	0.167755	0.000970

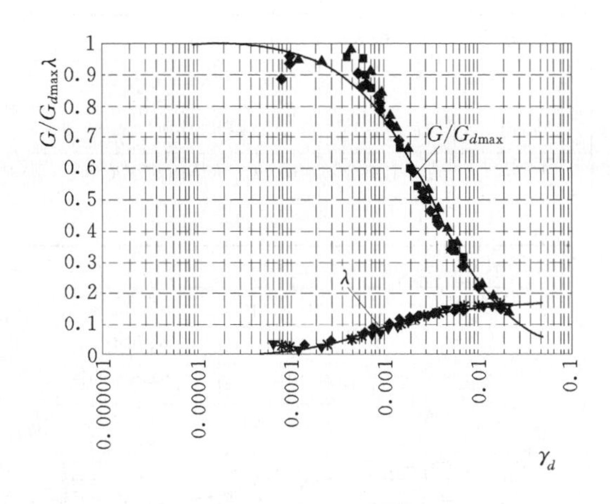

图 5.2.53 黏土夹层动剪切模量比 $G_d/G_{d\max}\sim\gamma_d$、$\lambda_d\sim\gamma_d$ 的关系曲线图

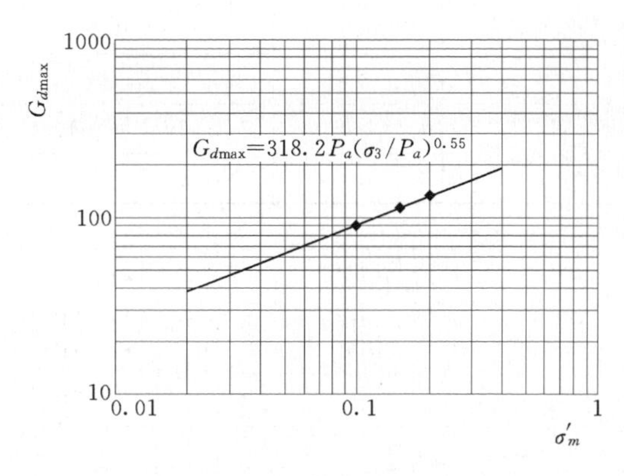

图 5.2.54 黏土夹层最大动剪切模量 $G_{d\max}$ 与有效固结应力 σ'_m 的关系曲线图

（3）动强度试验。黏土夹层不同振次时的动应力比值及相关参数见表 5.2.40，其 $\sigma_d/2\sigma_3\sim N_f$ 的关系曲线见图 5.2.55；不同振次时的动剪应力和总剪应力及动总剪强度指标分别见表 5.2.41 和表 5.2.42，总剪应力 τ_{sd} 与有效法向应力 σ'_0 的关系曲线见图 5.2.56。

表 5.2.40　　不同振次时的动应力比值及相关参数

土样名称	固结比 K_c	围压 σ_3 /kPa	动应力比值（$\sigma_d/2\sigma_3$）			计算参数	
			10	20	30	A	B
黏土夹层	1.5	100	0.567	0.527	0.508	0.721	0.064
		150	0.467	0.431	0.416	0.575	0.047
		200	0.395	0.361	0.351	0.489	0.041
	2.0	100	0.801	0.735	0.700	1.105	0.121
		150	0.801	0.735	0.700	1.105	0.121
		200	0.477	0.445	0.418	0.641	0.066

表 5.2.41　　不同振次时的动剪应力和总剪应力

土样名称	固结比 K_c	围压 σ_3 /kPa	动剪应力 τ_d/kPa			总剪应力 τ_{sd}/kPa		
			10 次	20 次	30 次	10 次	20 次	30 次
黏土夹层	1.5	100	30.6	28.5	27.4	30.6	28.5	27.4
		150	37.8	34.9	33.7	37.8	34.9	33.7
		200	42.7	39.0	37.9	42.7	39.0	37.9
	2.0	100	80.1	73.5	70.0	105.1	98.5	95.0
		150	120.2	110.3	105.0	157.7	147.8	142.5
		200	95.4	89.0	83.6	145.4	139.0	133.6

表 5.2.42　不同振次时的动总剪强度指标

土样名称	固结比 K_c	动总强度指标					
		N=10 次		N=20 次		N=30 次	
		C_{sd}/kPa	φ_{sd}/(°)	C_{sd}/kPa	φ_{sd}/(°)	C_{sd}/kPa	φ_{sd}/(°)
黏土夹层	1.0	29.5	10.4	28.6	9.4	27.2	9.4
	1.5	42.8	19.6	37.0	19.9	39.0	18.5

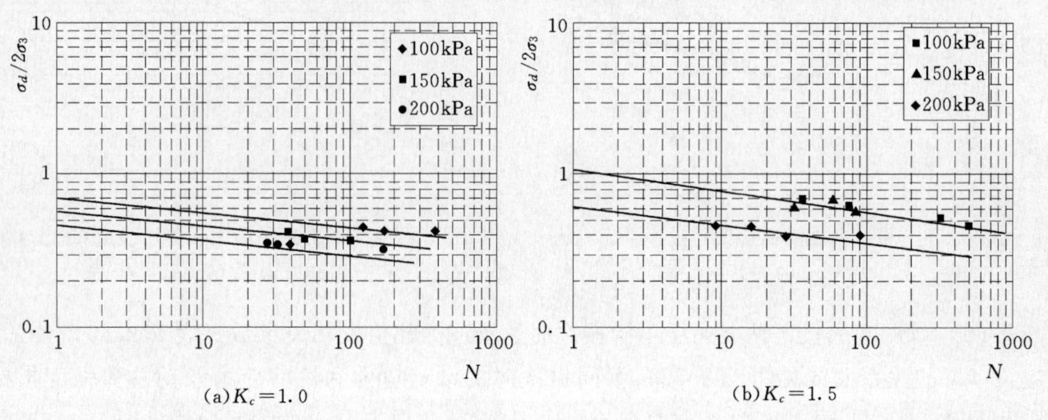

图 5.2.55　黏土夹层固结比 K_c=1.0 和 K_c=1.5 时动应力比值 $\sigma_d/2\sigma_3$ 与振次 N_f 的关系曲线图

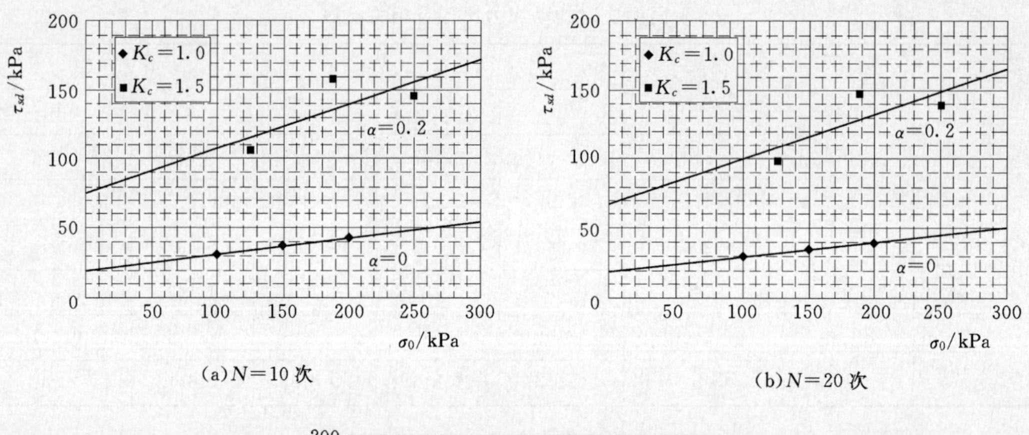

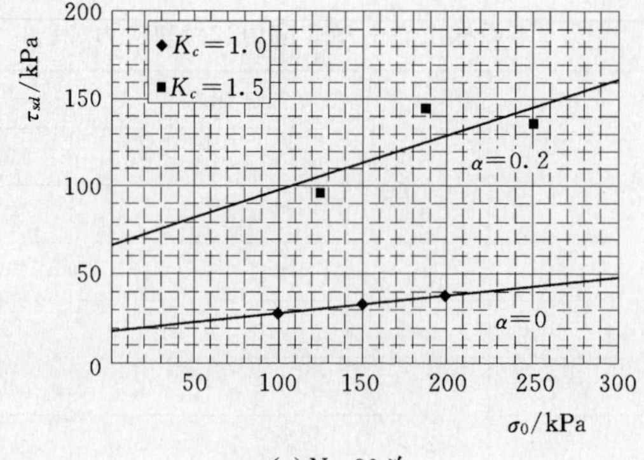

图 5.2.56　黏土夹层振次 10 次、20 次和 30 次时动总剪应力与有效法向应力关系曲线图

5.3 试验成果汇总

根据工程总进度和设计要求，黄科院项目组人员前后两次到河口村水库施工现场进行取样，然后根据技术服务合同委托内容进行室内试验，受工程进度等各种因素影响试验历时较长，到目前为止已完成全部试验工作内容，各种坝料试验结果汇总如下。

5.3.1 三轴压缩试验成果汇总

所做坝料静力强度指标及 E—B 模型参数见表 5.3.1。

表 5.3.1　筑坝坝料的 E—B 模型试验参数结果表

参数名称 料种	K	n	K_b	m	R_f	C_d /kPa	φ_d /(°)	φ_0 /(°)	$\Delta\varphi$ /(°)
主堆石料	1237	0.466	567	0.231	0.903	78.6	42.2	50.7	7.0
次堆石料（料场石料）	913	0.326	225	0.291	0.845	38.6	41.4	43.5	1.2
次堆石料（渣场石料）	477	0.483	124	0.544	0.712	29.8	38.9	42.0	2.5
垫层石料	840	0.431	390	0.368	0.791	50.3	43.1	48.0	4.0
过渡石料	833	0.326	276	0.267	0.887	95.5	40.8	51.0	8.1
坝基覆盖层料	449	0.541	117	0.479	0.824	34.1	41.6	44.0	1.7
黏土夹层	76.3	0.976	52.9	0.329	0.589	43.7	25.3	25.6	8.9

5.3.2 动模量—阻尼试验成果汇总

所做坝料在不同动剪应变下的动剪切模量比值和阻尼比值见表 5.3.2，拟合得出的 K、n 值及拟合参数见表 5.3.3。

表 5.3.2　坝料在不同动剪应变下的动剪切模量比和阻尼比值

土样名称	固结比 K_c	参数	动剪应变 γ_d							
			5×10^{-6}	1×10^{-5}	5×10^{-5}	1×10^{-4}	5×10^{-4}	1×10^{-3}	5×10^{-3}	1×10^{-2}
主堆石料	1.5	$G_d/G_{d\max}$	0.995	0.990	0.952	0.909	0.666	0.499	0.166	0.091
		λ_d	0.003	0.005	0.022	0.039	0.096	0.116	0.143	0.147
次堆石料（料场石料）	1.5	$G_d/G_{d\max}$	0.994	0.988	0.942	0.890	0.618	0.447	0.139	0.075
		λ_d	0.006	0.012	0.044	0.069	0.122	0.136	0.149	0.150
次堆石料（渣场石料）	1.5	$G_d/G_{d\max}$	0.995	0.989	0.948	0.900	0.644	0.475	0.153	0.083
		λ_d	0.021	0.036	0.090	0.111	0.136	0.140	0.143	0.144
垫层石料	1.5	$G_d/G_{d\max}$	0.993	0.987	0.940	0.887	0.611	0.440	0.136	0.073
		λ_d	0.049	0.075	0.128	0.141	0.153	0.156	0.156	0.156
过渡石料	1.5	$G_d/G_{d\max}$	0.993	0.987	0.936	0.880	0.595	0.423	0.128	0.068
		λ_d	0.003	0.006	0.026	0.044	0.109	0.133	0.162	0.167

续表

土样名称	固结比 K_c	参数	动剪应变 γ_d							
			5×10^{-6}	1×10^{-5}	5×10^{-5}	1×10^{-4}	5×10^{-4}	1×10^{-3}	5×10^{-3}	1×10^{-2}
坝基覆盖层料	1.5	$G_d/G_{d\max}$	0.991	0.982	0.917	0.847	0.526	0.357	0.099	0.053
		λ_d	0.016	0.029	0.076	0.095	0.119	0.123	0.126	0.127
黏土夹层	1.5	$G_d/G_{d\max}$	0.998	0.997	0.984	0.969	0.863	0.760	0.387	0.240
		λ_d	0.001	0.002	0.008	0.016	0.057	0.085	0.140	0.153

注 应变范围 $5\times10^{-6}\sim5\times10^{-5}$ 内的动剪切模量比和阻尼比的数值是对试验曲线进行拟合后得出的，为参考值。

表 5.3.3　　坝料的 *K*、*n* 值结果表及相关拟合参数

土样名称	K	n	w	a	b
主堆石料	2953.0	0.54	0.000996	0.147236	0.000170
次堆石料（料场石料）	2830.0	0.54	0.000807	0.152205	0.000122
次堆石料（渣场石料）	2294.8	0.54	0.000904	0.144346	0.000030
垫层石料	2977.0	0.59	0.000785	0.156261	0.000011
过渡石料	2714.4	0.55	0.000734	0.171762	0.000286
坝基覆盖层料	2304.4	0.57	0.000555	0.127263	0.000034
黏土夹层	318.2	0.55	0.003161	0.167755	0.000970

5.3.3 动强度试验成果汇总

所做坝料不同振次时的动应力比值及相关参数见表 5.3.4，不同振次时的动剪应力和总剪应力及动总剪强度指标分别见表 5.3.5 和表 5.3.6。

表 5.3.4　　坝料不同振次时的动应力比值及相关参数

土样名称	固结比 K_c	围压 σ_3 /kPa	动应力比值（$\sigma_d/2\sigma_3$）			计算参数	
			10	20	30	A	B
主堆石料	1.5	200	0.868	0.828	0.804	0.993	0.055
		400	0.733	0.707	0.692	0.859	0.051
		800	0.635	0.608	0.587	0.765	0.053
	2.0	200	1.060	1.004	0.972	1.248	0.081
		400	0.920	0.887	0.854	1.102	0.074
		800	0.800	0.752	0.725	0.950	0.066
次堆石料（料场石料）	1.5	200	0.800	0.766	0.734	0.937	0.059
		400	0.658	0.630	0.614	0.781	0.050
		800	0.574	0.547	0.535	0.670	0.040
	2.0	200	0.943	0.877	0.843	1.174	0.098
		400	0.851	0.806	0.794	1.019	0.069
		800	0.697	0.685	0.656	0.811	0.044

续表

土样名称	固结比 K_c	围压 σ_3 /kPa	动应力比值（$\sigma_d/2\sigma_3$）			计算参数	
			10	20	30	A	B
次堆石料（渣场石料）	1.5	200	0.716	0.701	0.698	0.795	0.031
		400	0.616	0.591	0.587	0.663	0.023
		800	0.554	0.544	0.534	0.608	0.022
	2.0	200	0.864	0.816	0.808	1.037	0.071
		400	0.738	0.705	0.681	0.873	0.057
		800	0.669	0.632	0.615	0.778	0.048
垫层石料	1.5	200	0.877	0.835	0.814	0.991	0.052
		400	0.771	0.745	0.710	0.890	0.051
		800	0.681	0.647	0.639	0.779	0.043
	2.0	200	0.800	0.791	0.779	0.828	0.014
		400	0.800	0.791	0.779	0.828	0.014
		800	0.800	0.791	0.779	0.828	0.014
过渡石料	1.5	200	0.810	0.745	0.705	1.132	0.121
		400	0.511	0.488	0.471	0.647	0.051
		800	0.457	0.429	0.400	0.566	0.041
	2.0	200	0.931	0.869	0.851	1.188	0.101
		400	0.729	0.700	0.678	0.870	0.051
		800	0.519	0.495	0.474	0.669	0.051
坝基覆盖层料	1.5	200	0.658	0.622	0.605	0.773	0.050
		400	0.525	0.505	0.495	0.592	0.029
		800	0.415	0.395	0.386	0.475	0.026
	2.0	200	0.709	0.691	0.682	0.778	0.029
		400	0.614	0.581	0.569	0.681	0.032
		800	0.465	0.459	0.450	0.516	0.020
黏土夹层	1.0	100	0.567	0.527	0.508	0.721	0.064
		150	0.467	0.431	0.416	0.575	0.047
		200	0.395	0.361	0.351	0.489	0.041
	1.5	100	0.801	0.735	0.700	1.105	0.121
		150	0.801	0.735	0.700	1.105	0.121
		200	0.477	0.445	0.418	0.641	0.066

表 5.3.5　　坝料不同振次时的动剪应力和总剪应力

土样名称	固结比 K_c	围压 σ_3 /kPa	动剪应力 τ_d/kPa			总剪应力 τ_{sd}/kPa		
			10 次	20 次	30 次	10 次	20 次	30 次
主堆石料	1.5	200	173.6	165.6	160.8	223.6	215.6	210.8
		400	293.0	282.6	276.8	393.0	382.6	376.8
		800	508.0	486.4	469.6	708.0	686.4	669.6
	2.0	200	212.0	200.8	194.4	312.0	300.8	294.4
		400	367.9	354.6	341.6	567.9	554.6	541.6
		800	640.0	601.6	580.0	1040.0	1001.6	980.0
次堆石料（料场石料）	1.5	200	160.0	153.3	146.9	210.0	203.3	196.9
		400	263.2	252.0	245.5	363.2	352.0	345.5
		800	459.2	437.6	428.0	659.2	637.6	628.0
	2.0	200	188.6	175.4	168.6	288.6	275.4	268.6
		400	340.2	322.2	317.5	540.2	522.2	517.5
		800	557.6	548.0	524.8	957.6	948.0	924.8
次堆石料（渣场石料）	1.5	200	143.2	140.2	139.7	193.2	190.2	189.7
		400	246.2	236.4	234.8	346.2	336.4	334.8
		800	443.2	435.2	427.2	643.2	635.2	627.2
	2.0	200	172.7	163.2	161.5	272.7	263.2	261.5
		400	295.1	281.9	272.3	495.1	481.9	472.3
		800	535.2	505.6	492.0	935.2	905.6	892.0
垫层石料	1.5	200	175.4	167.0	162.8	225.4	217.0	212.8
		400	308.4	298.0	284.0	408.4	398.0	384.0
		800	544.8	517.6	511.2	744.8	717.6	711.2
	2.0	200	160.0	158.2	155.8	260.0	258.2	255.8
		400	320.0	316.4	311.6	520.0	516.4	511.6
		800	640.0	632.8	623.2	1040.0	1032.8	1023.2
过渡石料	1.5	200	162.0	149.0	141.0	212.0	199.0	191.0
		400	204.4	195.2	188.4	304.4	295.2	288.4
		800	365.6	343.2	320.0	565.6	543.2	520.0
	2.0	200	186.2	173.8	170.2	286.2	273.8	270.2
		400	291.6	280.0	271.2	491.6	480.0	471.2
		800	415.2	396.0	379.2	815.2	796.0	779.2

续表

土样名称	固结比 K_c	围压 σ_3 /kPa	动剪应力 τ_d/kPa			总剪应力 τ_{sd}/kPa		
			10 次	20 次	30 次	10 次	20 次	30 次
坝基覆盖层石料	1.5	200	131.6	124.4	121.0	181.6	174.4	171.0
		400	210.0	202.0	198.0	310.0	302.0	298.0
		800	332.0	316.0	308.8	532.0	516.0	508.8
	2.0	200	141.8	138.2	136.4	241.8	238.2	236.4
		400	245.5	232.6	227.5	445.5	432.6	427.5
		800	372.0	367.2	360.0	772.0	767.2	760.0
黏土夹层	1.0	100	30.6	28.5	27.4	30.6	28.5	27.4
		150	37.8	34.9	33.7	37.8	34.9	33.7
		200	42.7	39.0	37.9	42.7	39.0	37.9
	1.5	100	80.1	73.5	70.0	105.1	98.5	95.0
		150	120.2	110.3	105.0	157.7	147.8	142.5
		200	95.4	89.0	83.6	145.4	139.0	133.6

表 5.3.6　　坝料不同振次时的动总剪强度指标

土样名称	固结比 K_c	动总强度指标					
		N=10 次		N=20 次		N=30 次	
		C_{sd}/kPa	φ_{sd}/(°)	C_{sd}/kPa	φ_{sd}/(°)	C_{sd}/kPa	φ_{sd}/(°)
主堆石料	1.5	41.6	26.5	40.3	26.0	40.5	25.6
	2.0	41.1	33.2	41.3	32.6	41.7	32.1
次堆石料（料场石料）	1.5	38.6	25.4	38.4	24.8	36.0	24.7
	2.0	43.8	31.7	33.8	31.9	35.5	31.4
次堆石料（渣场石料）	1.5	58.8	25.3	26.4	25.2	27.4	25.0
	2.0	28.5	31.7	28.2	31.2	28.7	29.7
垫层石料	1.5	34.6	27.6	35.0	27.0	30.4	27.0
	2.0	0	34.4	0	34.3	0	34.2
过渡石料	1.5	54.4	22.0	50.9	21.6	52.4	20.8
	2.0	74.8	27.8	69.1	27.6	69.8	27.2
坝基覆盖层料	1.5	48.3	21.5	45.5	21.2	45.0	21.0
	2.0	47.3	27.8	43.2	27.8	42.0	27.7
黏土夹层	1.0	29.5	10.4	28.6	9.4	27.2	9.4
	1.5	42.8	19.6	37.0	19.9	39.0	18.5

6 筑坝材料试验结论

（1）根据河口村水库混凝土面板堆石坝的工程施工进度、设计方要求及技术服务合同，筑坝坝料的力学特性试验已全部完成，包括主堆石料、过渡石料、坝基覆盖层料、黏土夹层、次堆石料（料场石料和渣场石料）和垫层石料，按照合同及设计方要求开展了静、动力特性试验，提出了相应的力学参数指标，全面完成了筑坝坝料的试验任务，根据工程类比和理论分析，试验结果符合一般规律。

（2）两种次堆石料采用的级配和初拟密度均相同且符合设计要求，但坝料来源不同，一种坝料来自储料场（称料场石料），特点是新鲜、坚硬、软化系数高、较低的压缩性和较高的抗剪强度，变形量小；另一种坝料来自渣场（称渣场石料），是坝基、引水及泄洪建筑物、溢洪道等开挖料的混合料，含有花岗岩、砂岩、灰岩、泥灰岩等岩石，用料要求稍低，所取石料性质不同造成同等条件下的试验结果有一定程度的差别，但试验结果符合一般规律。

（3）黏性土夹层试验采用的是现场原状样，受原状土不均匀性影响，个别试样中夹有微量砂，同一组试验其试样密度有所差异，且有些试样密度偏低，因此造成其试验结果具有一定的离散性，是原状样的一种体现，试验结果符合一般规律。

（4）三轴压缩试验中，筑坝坝料的静强度受坝料性质、制样密度和颗粒级配等众多因素的影响，造成不同筑坝材料的试验结果有所不同。

（5）动模量—阻尼比试验中，动剪切模量比随动剪应变增大而减小，阻尼比随动剪应变增大而增大，根据坝料、制样密度和级配不同其减小或增大的速率不同。

（6）动强度试验中，在同一固结比同一破坏振次下，同一筑坝材料的动应力比值随围压的增大有所减小，但垫层石料的粒径组成中细颗粒含量相对较高，在固结比为2.0时其动应力比值随围压的增大变化不明显，基本在一条直线上；另外，在同一固结比同一围压下，筑坝坝料的破坏振次随动应力比值的增大而减小，但在同一破坏振次下，同一坝料的动应力比值随固结比的增大而有所增大。

7 面板堆石坝动力计算分析概述

7.1 地震对面板坝应力变形性状的影响

覆盖层上面板堆石坝的面板挠度较大，地震引起的面板挠度也较大。靠近两岸的面板及面板的底部产生轴向拉应力，地震使靠近两岸的面板及面板的顶部产生顺坡向拉应力，因此覆盖层上面板堆石坝的面板宜采用双向配筋，以提高面板混凝土的抗裂性能。由于覆盖层与基岩刚性相差很大，河谷形状与河流的走向变化都会使得防渗墙、连接板、趾板、面板、防浪墙之间的接缝和面板垂直缝中的某些部位接缝的变位较大，地震又会使这些接缝的变位有所增大，因此宜根据数值计算预测的接缝三向变位情况，进行止水结构模型试验，选定能适应大变形的接缝止水结构和止水材料。

覆盖层上混凝土面板堆石坝的防渗墙—连接板—趾板—面板—防浪墙这个防渗体系的接缝和面板垂直缝，以及防渗墙与覆盖层和基岩之间的接触面等的模拟方法，是进行覆盖层上混凝土面板堆石坝应力变形计算分析的关键问题之一。在河口村面板坝工程的有限元计算中，上述防渗体系的接缝和面板垂直缝等混凝土结构之间的接缝，采用分离缝模拟，防渗墙与覆盖层和基岩之间接触面采用薄层单元模拟，可得到关于覆盖层上混凝土面板堆石坝工程防渗墙应力变形性状的一些基本规律，对工程有重要参考价值。

对于接缝的研究，接缝的模拟一直是有限元法数值计算的瓶颈和难点。不连续变形分析方法和数值流形方法是由国际计算力学专家石根华博士提出的两种新的数值计算方法。是与有限元的连续变形分析方法相平行的一种新的非连续变形分析方法。首次将现代数学中流形的概念应用于数值分析中，它用流形的覆盖技术，建立了包容有限元方法 、非连续变形分析方法和解析方法在内的一种全新的统一计算方法，有一定的发展前景和应用价值，被誉为世纪的新一代计算方法。这两种方法用于覆盖层上面板堆石坝的垂直缝、周边缝和防渗体系接缝等的变形计算，理论上是严格的，将使覆盖层上面板堆石坝接缝的模拟和计算更接近实际，但要实现这一目标尚需要做大量的工作。

按国家质量技术监督局 2001 年 2 月发布的《中国地震动参数区划图》（GB 18306—2001）确定该坝址场地地震动反应谱特征周期为 0.40s，地震动峰值加速度 0.1g，相应地震烈度为 7 度。鉴于大坝为高坝，按规定提高一级设计，为 1 级建筑物，且大坝基础比较复杂，参照《水工建筑物抗震设计规范》（SL 203—97）的规定，对 1 级壅水建筑物，工程抗震设防类别为甲类，可根据其遭受强震影响的危害性，在基本烈度基础上提高 1 度作为设计烈度，因此，确定大坝按 8 度地震进行抗震复核。根据河南省地震局所提供的坝址场地地震资料报告，设计地震工况基岩输入加速度取超越概率 100 年 2%的峰值强度为 201gal，地震动的持续时间取 24s。

坝址处河谷呈“U”形，大坝基础坐落在砂卵石深覆盖层上，覆盖层深度约10～40m，覆盖层内含有多层壤土夹层，局部含有粉细沙透镜体。坝基覆盖层黏土夹层第一层高程约在170.00m，坝轴线上游全部挖除；坝基覆盖层黏土夹层第二层高程约在165.00m，坝轴线上游全部挖除；坝基覆盖层黏土夹层第三层高程约在154.00m，坝基覆盖层黏土夹层第四层高程约在145.00m。

河口村水库工程对河床地基进行高压旋喷处理，坝基覆盖层高压旋喷处理范围约50m，分别为防渗墙下游至趾板下游约10m范围属于高压旋喷桩密集区域；趾板下游40m区域属于高压旋喷桩稀疏区域，旋喷桩达到基岩上。

7.2 立项背景

(1) 2008年10月至2009年4月。针对设计单位提出的三种初步设计方案。(方案1：设一道防渗墙，防渗墙和趾板之间设一道连接板，接缝处设止水。方案2：设一道防渗墙，防渗墙和趾板之间设两道连接板，接缝处设止水。方案3：设两道防渗墙，防渗墙之间、防渗墙和趾板之间各设一道连接板，接缝处设止水)，建立了3个三维有限元模型，进行了静力计算，对方案进行了比选。研究报告主要结论为：方案2和方案3中，增加连接板的宽度或增加一道防渗墙，对防渗墙—连接板—趾板—面板系统的变形与应力都没有实质性的改善，反而增加了系统的复杂性，建议优先方案1。

(2) 2009年7月至2009年8月底。经设计单位审核鉴定，最终采取方案1，根据2009年6月初提供的设计图，重新建立了三维有限元模型，对河口村水库混凝土面板堆石坝进行三维非线性动静力分析，验证方案1坝体结构的安全性及合理性、为进一步坝体方案选择优化设计提供依据。研究报告主要结论为：由于覆盖层变形较大，使得位于河床段的周边缝、连接板与防渗墙的接缝产生较大张开与错动变形，因此，止水结构有可能破坏，同时，连接板与趾板间压缩量过大，两者接触部位可能被挤碎，建议采取工程措施提高覆盖层的变形模量，减小防渗墙—连接板—趾板—面板之间相对变形。

(3) 2011年5月中旬至2011年5月下旬。根据设计单位初步拟定的三种地基处理方案［方案1：位于防渗墙上游7m至防渗墙下游连接趾板下关键区域宽50m范围内采用砂砾石地基固结灌浆，在其下游至大坝主堆石区（坝轴线以下60m）基础范围强夯；方案2：坝轴线以上范围内挖至高程165.00m其下部强夯，坝轴线以下70m强夯；方案3：坝轴线以上范围内挖至高程165.00m，在防渗墙到趾板区域打5排旋喷桩（20m深，间距2m），依次向下游（趾板“X”线下50m）再打12排旋喷桩（20m深，每4m一排，间距2m），其下游至坝轴线以下70m强夯］，对3种方案中的地基E—B模型参数给定不同的值，进行了静力分析，并对所有方案进行参数敏感性分析（K、K_b分别提高10%、30%、40%），共计9种计算方案进行了分析比较。研究报告主要结论为：地基处理方案1对应的坝体、面板及接缝系统的应力变形要好于其他两种方案，推荐采用地基处理方案1。

(4) 2012年1月下旬至2012年2月中旬。针对设计单位的设计修改，重新建立三维有限元模型。根据设计单位要求，研究基础局部处理（趾板及其下游50m的河床覆盖层区域）、地基采用Mohr－Coulomb参数情况下坝体应力变形。针对地基未处理及3种拟定的地基强度提高方案，均采用Mohr－Coulomb参数研究4种不同情况下大坝堆石体、面板、连接板、防渗墙及坝基的应力和变形以及周边缝、垂直缝、防渗墙与连接板缝的位移。研究发现：采用 Mohr - Coulomb 参数计算结果不甚合理。

(5) 2012 年 2 月中旬至 2012 年 2 月下旬。根据设计方提供的不同的地基处理方案对应的地基 E—B 模型参数资料，分别进行坝体的三维有限元静力分析，并进行参数敏感性分析（旋喷桩区参数分别提高 10%、40%和 100%）。计算中，模拟坝体的施工过程、蓄水过程，进行有限元计算，研究大坝堆石体、面板、连接板、防渗墙及坝基的应力和变形特性，计算并评价周边缝、垂直缝、防渗墙与连接板缝的位移以及面板、防渗墙的应力和变形，并进行安全评价。研究报告主要结论为：地基处理后，面板的位移和应力、趾板和连接板的变形和应力以及接缝的位移均有所减小，并且随着地基强度参数的提高，这些特征量有逐步减小的趋势。这说明进行地基处理后，面板、趾板和连接板的应力状态有所改善，变形有所减小，坝体的接缝位移也有所减小。

(6) 2012 年 8 月至 2012 年 12 月。根据新提供的坝体设计图，重新建立面板堆石坝的三维有限元模型，模拟坝体的施工过程、蓄水过程，进行三维静力非线性有限元应力和变形分析。该次分析采用第一次试验参数，因未给旋喷区试验参数，计算分析中未考虑旋喷区影响。

其中 2012 年 10 月根据设计方的要求，将模型的面板单元分为 5 层，重新建立模型，由于面板分多层的进行模拟的情况不多见，所以此阶段花费较长时间对多层面板缝单元的模拟进行了验证。

(7) 2012 年 12 月至 2013 年 1 月。根据此前建立面的板堆石坝的三维有限元模型，模拟坝体的施工过程、蓄水过程，进行三维静力非线性有限元应力和变形分析。坝体采用第一次试验参数，结合新提供的旋喷区试验参数，计算分析中考虑了旋喷处理的影响。

(8) 2013 年 3 月至 2013 年 5 月。根据此前建立面的板堆石坝的三维有限元模型，模拟坝体的施工过程、蓄水过程，进行三维静力非线性有限元应力和变形分析。采用第二次试验参数，并考虑了旋喷处理的影响。

(9) 2013 年 5 月至 2013 年 6 月。在静力分析的基础上，对大坝进行三维有限元非线性动力分析，根据计算结果分析坝体和面板的加速度、位移和应力的反应的规律，并分析坝体和面板的抗震稳定性。由于未提供加速度曲线，计算分析中采用人工合成的一条加速度曲线。

(10) 2013 年 7 月至 2013 年 8 月。在静力分析的基础上，对大坝进行三维有限元非线性动力分析，根据计算结果分析坝体和面板的加速度、位移和应力的反应的规律，并分析坝体和面板的抗震稳定性。本次计算分析采用黄河勘测规划设计有限公司所提供的加速度曲线。

7.3 地震动力计算的主要内容

坝轴线到防渗墙之间坝基覆盖层开挖至高程 165.00m、坝轴线至坝基下游开挖至高程 170.00m，全部挖除高程 165.00m、170.00m 坝轴线上游侧的黏土夹层；坝基覆盖层高压旋喷处理范围 50m，防渗墙下游至趾板下游约 10m 范围属于高压旋喷桩密集区域，趾板下游 40m 区域属于高压旋喷桩稀疏区域，旋喷桩达到基岩，建立二维和三维有限元模型，采用经黄河勘测规划设计有限公司审定的坝体及基础计算参数，进行二维和三维非线性有限元静力分析及静力参数敏感性分析，在静力分析的基础上，对大坝进行二维和三维有限元非线性动力分析及动力参数敏感性分析。

(1) 三维非线性静力有限元计算与分析。筑坝堆石料采用邓肯 E—B 模型，模拟施工及蓄水过程，研究坝体、面板的工作特性，分析大坝工作性态，主要有下列内容：

1）计算并分析堆石坝体的应力及位移：得出若干个典型断面和坝体纵断面（沿坝轴线）的沉降及水平、轴向位移分布情况，最大和最小主应力分布。

2）计算并分析面板的应力和变形：得出面板法向变形和水平位移分布，面板顺坡向和坝轴向应力分布情况。

3）计算并分析周边缝和垂直缝的变形：得出周边缝及面板垂直缝张开、沉降和剪切三向变形。

4）结合二维计算，分析比较狭窄河谷中堆石体拱效应对坝体和面板的变形与应力影响。

(2) 坝体二维非线性静力有限元计算与分析。根据大坝设计分区结构建立二维有限元计算模型，模拟施工及蓄水过程，计算并评价各种工况下堆石坝体和面板的应力及变形。

(3) 静力参数敏感性分析。为了考虑施工的不确定性，研究不同坝料参数对坝体工作性态的影响，对施工筑坝控制参数进行敏感性分析，即将三维模型及二维模型的坝料邓肯—张模型的主要参数 K 和 K_b 分别降低10%和20%作对比分析。

(4) 三维动力有限元计算与分析。在三维静力计算成果基础上，采用等效线性黏弹性模型，以及河南省地震局所提供的加速度曲线，进行大坝三维动力分析：

1）计算堆石体、面板最大地震加速度反应分布。

2）计算堆石体、面板最大地震动应力分布。

3）计算面板接缝最大动力变形。

4）计算大坝震后永久变形。

5）结合二维动力计算，分析比较狭窄河谷中堆石体拱效应对坝体和面板的动态响应的影响。

(5) 坝体二维动力有限元计算与分析。在二维静力计算成果基础上，采用等效线性黏弹性模型，以及河南省地震局所提供的加速度曲线，进行大坝二维动力分析：

1）计算堆石体、面板最大地震加速度反应分布。

2）计算堆石体、面板最大地震动应力分布。

3）计算大坝震后永久变形。

(6) 动力参数敏感性分析。为了考虑施工的不确定性，分别将三维模型及二维模型的坝体材料动剪切模量参数降低10%和20%进行大坝的地震反应对比分析。

8 静动力有限元计算原理和方法

8.1 单元分析

8.1.1 实体单元

坝体堆石和面板采用的基本单元是八结点等参单元，同时为了适应边界的不规则变化，还采用了六结点三棱柱单元及四面体单元。

六面体等参单元

坐标变换式：

$$\left.\begin{aligned} x &= \sum_{i=1}^{8} N_i x_i \\ y &= \sum_{i=1}^{8} N_i y_i \\ z &= \sum_{i=1}^{8} N_i z_i \end{aligned}\right\} \tag{8.1.1}$$

式中 $N_i = N_i(\xi,\eta,\zeta)$ ——单元的形函数；

ξ、η、ζ——经过几何形状规则的标准单元中心建立的坐标系，该坐标系常称为局部坐标系；

x、y、z——真实单元所在的坐标系，通常称为整体坐标系；

x_i、y_i、z_i——单元结点的整体坐标。

形函数：

$$N_i = \frac{1}{8}(1+\xi_i\xi)(1+\eta_i\eta)(1+\zeta_i\zeta) \qquad (i=1,2,\cdots,8) \tag{8.1.2}$$

六面体等参单元的位移模式：

$$U = \sum_{i=1}^{8} N_i U_i \tag{8.1.3}$$

三棱柱等参单元

坐标变换式：

$$x = \sum_{i=1}^{6} N_i x_i \tag{8.1.4}$$

三棱柱等参单元的位移模式：

$$U = \sum_{i=1}^{6} N_i U_i \tag{8.1.5}$$

形函数：

$$\left.\begin{aligned} N_i&=\frac{1}{2}(1+\xi_i\xi)\zeta \qquad (i=1,4)\\ N_i&=\frac{1}{2}(1+\xi_i\xi)\eta \qquad (i=2,5)\\ N_i&=\frac{1}{2}(1+\xi_i\xi)(1-\zeta-\eta) \quad (i=3,6)\end{aligned}\right\} \tag{8.1.6}$$

四面体单元形函数：

$$\left.\begin{aligned} N_i&=\frac{a_i+b_ix+c_iy+d_iz}{6V} \qquad (i=1,3)\\ N_i&=\frac{-(a_i+b_ix+c_iy+d_iz)}{6V} \quad (i=2,4)\end{aligned}\right\} \tag{8.1.7}$$

8.1.2 接触面单元

与实体混凝土面板单元相对应，接触单元采用无厚度八结点六面体单元与六结点五面体单元。六面体单元结点相对位移与绝对位移的关系取线性模式：

$$\{\overline{W}\}=[D]\{\delta\}^e \tag{8.1.8}$$

式中 $\{\delta\}^e=[U,V,W]^T$——三个方向位移。经推导得：

$$[D]=[A_1I \quad A_2I \quad A_3I \quad A_4I \quad -A_1I \quad -A_2I \quad -A_3I \quad -A_4I]$$

$$A_1=\left(\frac{1}{2}-\frac{x}{L}\right)\left(\frac{1}{2}-\frac{z}{B}\right)$$

$$A_2=\left(\frac{1}{2}-\frac{x}{L}\right)\left(\frac{1}{2}+\frac{z}{B}\right)$$

$$A_3=\left(\frac{1}{2}+\frac{x}{L}\right)\left(\frac{1}{2}-\frac{z}{B}\right)$$

$$A_4=\left(\frac{1}{2}+\frac{x}{L}\right)\left(\frac{1}{2}+\frac{z}{B}\right)$$

由虚功原理经计算得局部坐标下的单元劲度矩阵：

$$[K]^e=\begin{bmatrix}[K_{11}] & -[K_{11}]\\ -[K_{11}] & [K_{11}]\end{bmatrix} \tag{8.1.9}$$

其中

$$[K_{11}]=\frac{BL}{36}\begin{bmatrix}4[K_0] & & & \\ 2[K_0] & 4[K_0] & & \\ 2[K_0] & [K_0] & 4[K_0] & \\ [K_0] & 2[K_0] & 2[K_0] & 4[K_0]\end{bmatrix}$$

五面体单元结点相对位移与绝对位移关系仍取线性位移模式：

$$\{\overline{W}\}=[D]\{\delta\}^e \tag{8.1.10}$$

$$[D]=[L_iI \quad L_jI \quad L_mI \quad -L_iI \quad -L_jI \quad -L_mI]$$

$$L_i=(a_i+b_ix+c_iz)/2A \quad (i,j,m,n,o,p)$$

$$\begin{aligned} a_i&=x_jz_m-x_mz_j\\ b_i&=z_j-z_m \qquad (i,j,m,n,o,p)\\ c_i&=-x_j+x_m\end{aligned}$$

式中　A——三角形面积；

I——三阶单位矩阵。

由虚功原理得局部坐标下单元劲度矩阵：

$$[K]^e=\begin{bmatrix}[K_{22}] & -[K_{22}] \\ -[K_{22}] & [K_{22}]\end{bmatrix} \tag{8.1.11}$$

其中

$$[K_{22}]=\frac{BL}{24}\begin{bmatrix}2[K_0] & & \\ [K_0] & 2[K_0] & \\ [K_0] & [K_0] & 2[K_0]\end{bmatrix}$$

单元应力和相对位移关系可表示为：

$$\{\delta\}=[K_0]\{\overline{W}\} \tag{8.1.12}$$

其中　$\{\delta\}=\{\tau_{yx}\quad \sigma_y\quad \tau_{yz}\}^T$。

$\{\overline{W}\}=\{\overline{W}_x\quad \overline{W}_y\quad \overline{W}_z\}^T$ 为接触面三个方向的相对位移。

$$[K_0]=\begin{bmatrix}[K_{yx}] & 0 & 0 \\ 0 & [K_{yy}] & 0 \\ 0 & 0 & [K_{yz}]\end{bmatrix}$$

8.1.3　缝间连接单元

缝间连接单元采用八结点六面体单元。其受力与变形关系可表示为：

$$\{F\}^e=[K]\{\delta\}^e \tag{8.1.13}$$

$$[K]^e=\frac{1}{4}L\begin{bmatrix}[K_0] & & & \\ [K_0] & [K_0] & & \\ [K_0] & [K_0] & [K_0] & \\ [K_0] & [K_0] & [K_0] & [K_0]\end{bmatrix}$$

其中

$$[K_0]=\begin{bmatrix}K_\xi & & \\ & K_\eta & \\ & & K_\zeta\end{bmatrix}$$

以上接触面单元和缝间连接单元的局部坐标与整体坐标不一致，因而需进行坐标转换。设坐标转换矩阵为$[a]$，则整体坐标下的单元劲度矩阵$[\overline{K}]^e$与局部坐标下的单元劲度矩阵$[K]^e$有如下关系：

$$[\overline{K}]^e=[\theta]^T[K]^e[\theta] \tag{8.1.14}$$

式中　$[\theta]$——由$[a]$所组成的对角矩阵。

8.2　静力计算方法

按位移求解时，非线性有限元法的基本平衡方程为：

$$[K(u)]\{u\}=\{R\} \tag{8.2.1}$$

式中　$[K(u)]$——整体劲度矩阵；

$\{u\}$——结点位移列阵；

$\{R\}$——结点荷载列阵。

方程式（8.2.1）采用增量初应变法迭代求解，其基本平衡方程式为：

$$[K]\{\Delta u\}=\{\Delta R\}+\{\Delta R_0\} \tag{8.2.2}$$

式中 $\{\Delta u\}$——结点位移增量列阵；

$\{\Delta R\}$——结点荷载增量列阵；

$\{\Delta R_0\}$——初应变的等效结点荷载列阵。

程序中用中点增量法求解非线性方程组。坝的填筑顺序把自重荷载分为若干级，配合荷载分级进行有限元网格划分。每级自重荷载称为荷载增量，如果第 i 级荷载增量为 $\{\Delta R\}_i$，先根据上一级荷载计算终了的 $\{\sigma\}_{i-1}$ 确定弹性常数 E_{i-1} 和 v_{i-1}，并以此形成劲度矩阵 $[K]_{i-1}$，施加本级荷载增量的一半 $\{\Delta R\}_{i/2}$ 于结构，用式（8.2.3）求位移增量：

$$[K]_{i-1}\{\Delta\delta\}_{i-1/2}=\{\Delta R\}_{i/2} \tag{8.2.3}$$

再计算应变与应力增量，累加到上一级终了的应变与应力上，即得到本级中点应变 $\{\varepsilon\}_{i-1/2}$，经此确定弹性常数 $E_{i-1/2}$ 和 $v_{i-1/2}$。然后用式（8.2.4）求本级全荷载发生的位移增量：

$$[K]_{i-1/2}\{\Delta\delta\}_i=\{\Delta R\}_i \tag{8.2.4}$$

最后计算本级的应变与应力增量，累加到上一级终了的应变与应力上，即为本级的应变与应力，坝体上游面的水压力按照蓄水顺序分级加荷。

8.3 材料的静力本构关系

8.3.1 堆石料

堆石体是面板坝工程的主体，其变形性态的合理模拟决定了对整个面板坝结构变形性态预测的准确性和可靠性。筑坝堆石料是非线性材料，变形不仅随荷载的大小而变化，还与加荷的应力路径相关，应力应变关系呈现明显的非线性。邓肯—张模型公式简单，参数物理意义明确。三轴试验研究结果表明，其对土体应力应变非线性特性能较好的反映。选择邓肯—张 E—B 模型作为堆石料、垫层和过渡料等的本构模型。模型以切线弹性模量 E_t 和切线体积模量 B_t 作为计算参数，其中切线弹性模量表达式为：

$$E_t=KP_a\left(\frac{\sigma_3}{P_a}\right)^n(1-R_fS)^2 \tag{8.3.1}$$

式中 S——剪应力水平。

反映材料强度的发挥程度，表达式为：

$$S=\frac{\sigma_1-\sigma_3}{(\sigma_1-\sigma_3)_f} \tag{8.3.2}$$

式中 $(\sigma_1-\sigma_3)_f$——破坏时的偏应力。

由摩尔—库仑（Mohr - Coulomb）破坏准则得：

$$(\sigma_1-\sigma_3)_f=\frac{2c\cos\varphi+2\sigma_3\sin\varphi}{1-\sin\varphi} \tag{8.3.3}$$

切线体积变形模量：

$$B_t = K_b P_a \left(\frac{\sigma_3}{P_a}\right)^m \tag{8.3.4}$$

对于卸荷或再加荷情况，采用回弹模量 E_{ur} 进行计算：

$$E_{ur} = K_{ur} P_a \left(\frac{\sigma_3}{P_a}\right)^{n_{ur}} \tag{8.3.5}$$

常用的加载、卸载准则有两种形式：

（1）邓肯加载函数：

$$F_1 = S\left(\frac{\sigma_3}{P_a}\right)^{0.25} \tag{8.3.6}$$

设某单元历史的最大加载函数为 $F_{1\max}$，则：

当 $F_1 \geqslant F_{1\max}$，切线弹模仍按式（8.3.1）确定；

当 $F_1 \leqslant 0.75F_{1\max}$，切线弹模按式（8.3.5）确定；

当 $F_{1\max} > F_1 > 0.75F_{1\max}$，切线弹模按式（8.3.7）计算：

$$E_t' = E_t + (E_{ur} - E_t)\frac{F_1 - 0.75F_{1\max}}{0.25F_{1\max}} \tag{8.3.7}$$

（2）根据计算的单元应力水平和偏应力，规定同时满足式（8.3.8）条件时采用卸荷模量。

$$\begin{cases} S_i \leqslant 0.95S_{i-1} \quad (i\text{ 为加荷级数}) \\ (\sigma_1 - \sigma_3)_i \leqslant 0.95(\sigma_1 - \sigma_3)_{i-1} \end{cases} \tag{8.3.8}$$

由于邓肯—张 E—B 模型是针对二维问题提出的，在三维计算中，以广义剪应力 q 代替 $(\sigma_1 - \sigma_3)$，以平均主应力 p 代替 σ_3，即：

$$q = \frac{1}{\sqrt{2}}\left[(\sigma_1 - \sigma_3)^2 + (\sigma_2 - \sigma_3)^2 + (\sigma_1 - \sigma_2)^2\right]^{1/2} \tag{8.3.9}$$

$$p = \frac{1}{3}(\sigma_1 + \sigma_2 + \sigma_3) \tag{8.3.10}$$

破坏偏应力 $(\sigma_1 - \sigma_3)_f$ 则根据三维问题的摩尔—库仑准则，表示为：

$$q_f = \frac{3p\sin\varphi + 3c\cos\varphi}{\sqrt{3}\cos\varphi + \sin\theta_\sigma \sin\varphi} \tag{8.3.11}$$

式中　θ_σ——Lode 应力角，按式（8.3.12）计算：

$$\theta_\sigma = \lg^{-1}\left(-\frac{1}{\sqrt{3}}\mu_\sigma\right)$$

$$\mu_\sigma = 1 - 2\frac{\sigma_2 - \sigma_3}{\sigma_1 - \sigma_3} \tag{8.3.12}$$

堆石料的强度在一定程度上表现为非线性，以式（8.3.13）考虑粗粒料内摩擦角 φ 随围压 σ_3 的变化：

$$\varphi = \varphi_0 - \Delta\varphi \lg\left(\frac{\sigma_3}{P_a}\right) \tag{8.3.13}$$

上述各式中　P_a——单位大气压力；

c、n、K、R_f、φ_0、$\Delta\varphi$、K_b、m、K_{ur}、n_{ur}——模型参数，由常规三轴试验得到；

σ_1、σ_3——最大和最小主应力。

8.3.2　混凝土

采用线弹性模型。

8.3.3　接触面

面板堆石坝中混凝土面板与垫层料、趾板与垫层料、趾板与基础、连接板与基础、防渗墙与基础的刚度差异较大。在外荷载作用下，两种不同材料在交接部位的变形可能存在不连续现象。为模拟两种不同材料间的相互作用，进行有限元分析时，设置 Goodman 接触面单元处理这种位移不协调问题。

克劳夫和邓肯应用直剪仪对于不同材料接触面上的摩擦特性进行试验研究的结果表明，接触面上剪应力 τ 与相对位移 w_s 呈非线性关系，可近似表示成双曲线型式，其切线剪切劲度系数可表达为：

$$K_{st}=\frac{\partial\tau}{\partial w_s}=K_1\gamma_w\left(\frac{\sigma_n}{P_a}\right)^n\left(1-\frac{R'_f\tau}{\sigma_n}\right)^2 \tag{8.3.14}$$

三维非线性分析中无厚度接触面单元的两个切线方向劲度为：

$$\left.\begin{aligned}K_{yx}&=K_1\gamma_w\left(\frac{\sigma_{yy}}{P_a}\right)^n\left(1-\frac{R'_f\tau_{yx}}{\sigma_{yy}\tan\delta}\right)^2\\K_{yz}&=K_1\gamma_w\left(\frac{\sigma_{yy}}{P_a}\right)^n\left(1-\frac{R'_f\tau_{yz}}{\sigma_{yy}\tan\delta}\right)^2\end{aligned}\right\} \tag{8.3.15}$$

式中　K_1、n、R'_f——模型试验参数；

δ——接触面的摩擦角；

γ_w——水的容重；

P_a——大气压力。

法向劲度系数 K_{yy}，当接触面受压时，取较大值（如 $K_{yy}=10^8\text{kN/m}^3$）；当接触面受拉时，取 K_{yy} 为较小值（如 $K_{yy}=10\text{kN/m}^3$）。

8.3.4　连接缝

混凝土面板与面板之间、面板与趾板之间、连接板与防渗墙之间以及连接板与趾板之间的接缝，设有铜片及玛蹄脂等各种止水材料，将其相互连接起来共同组成大坝的防渗系统，并允许相对变形。连接单元劲度实验成果如表 8.3.1 所示。

表 8.3.1　　连接单元劲度表达式

受力情况 \ 材料	止水铜片	止水塑料片
拉 K_{yy}	$\dfrac{A_1}{(1-A_2\delta_{yy})^2}$	A_5（$\delta_{yy}\leqslant 11.5\text{mm}$） A_6（$\delta_{yy}>11.5\text{mm}$）
压 K_{yy}	$\dfrac{A_3}{(1-A_4\delta_{yy})^2}$	A_7（$\delta_{yy}\leqslant 11.5\text{mm}$） A_8（$\delta_{yy}>11.5\text{mm}$）
剪 K_{yx}	$\dfrac{A_9}{(1-A_{10}\delta_{yx})^2}$	0
剪 K_{yz}	A_{11}（$\delta_{yy}\leqslant 12.5\text{mm}$） A_{12}（$\delta_{yy}>12.5\text{mm}$）	A_{13}

计算时采用无厚度的连接单元模拟接缝之间的相互作用，无厚度接缝单元类似于Goodman单元，分析时不考虑接触面法向应力和剪应力与法向相对位移和切向位移之间的耦合作用，相应方向的劲度模量由接缝止水材料的试验确定。

8.4 动力计算方法

在进行动力计算分析之前，必须首先进行静力计算分析，以获得坝体的静应力状态。经过有限单元法离散后，其动力平衡方程可以写为：

$$[M]\{\ddot{\delta}\}+[C]\{\dot{\delta}\}+[K]\{\delta\}=\{F(t)\} \tag{8.4.1}$$

$$[C]=\lambda\omega[M]+\frac{\lambda}{\omega}[K]$$

式中：δ、$\dot{\delta}$ 和 $\ddot{\delta}$——结点的位移、速度和加速度；

$F(t)$——结点的动力荷载；

$[M]$——质量矩阵，用集中质量法求得，即假定单元的质量集中在结点上；

$[K]$——劲度矩阵，用常规有限元法得；

$[C]$——阻尼矩阵；

ω——第一振型自振频率；

λ——阻尼比；

t——时间。

动力平衡方程式（8.4.1）可用Wilson－θ线性加速度法进行逐步积分求解。把式（8.4.1）改写为：

$$\{\delta\}_t[\overline{K}]=\{\overline{F}\}_t \tag{8.4.2}$$

其中

$$[\overline{K}]=[K]+\frac{6[M]}{dt^2}+\frac{3[C]}{dt} \tag{8.4.3}$$

$$\{\overline{F}\}_t=\{F\}_t+[M]\{A\}_t+[C]\{B\}_t \tag{8.4.4}$$

$$\{A\}_t=\frac{6}{dt^2}\{\delta\}_{t-dt}+\frac{6}{dt}\{\dot{\delta}\}_{t-dt}+2\{\ddot{\delta}\}_{t-dt} \tag{8.4.5}$$

$$\{B\}_t=\frac{3}{dt}\{\delta\}_{t-dt}+2\{\dot{\delta}\}_{t-dt}+\frac{dt}{2}\{\ddot{\delta}\}_{t-dt} \tag{8.4.6}$$

$$\{\dot{\delta}\}_t=\frac{3}{dt}\{\delta\}_t-\{B\}_t \tag{8.4.7}$$

$$\{\ddot{\delta}\}_t=\frac{6}{dt^2}\{\delta\}_t-\{A\}_t \tag{8.4.8}$$

采用迭代解法，以便考虑每一单元的动剪切模量 G_d 及阻尼比 λ_d 随该单元的平均动剪应变 γ_d 而变。在迭代过程中，如果新的剪切模量为 G_d^i，原来的剪切模量为 G_d^{i-1}，则以下列准则作为迭代收敛的标准：

$$\left|\frac{G_d^{i-1}-G_d^i}{G_d^i}\right|<0.1 \tag{8.4.9}$$

否则，各单元采用新的剪切模量重新计算。计算中最大迭代次数为5～6。

8.5 动力计算本构模型

8.5.1 坝体土石料和地基砂砾石层的动力计算模型

本次动力计算分析采用等效线性黏弹性模型，即假定坝体土石料和地基覆盖层土为黏弹性体，采用等效剪切模量 G_d 和等效阻尼比 λ_d 这两个参数来反映土的动应力—应变关系的两个基本特征：非线性和滞后性，并表示为剪切模量和阻尼比与动剪应变幅的关系。这种模型的关键是要确定最大动剪切模量 $G_{d\max}$ 与平均有效应力 σ'_m 的关系，以及动剪切模量 G_d 与动阻尼比 λ_d 的关系。主要计算公式如下。

动剪切模量：

$$G_d=\frac{1}{1+\dfrac{\gamma_d}{\gamma_r}}G_{d\max} \tag{8.5.1}$$

动剪应变：

$$\lambda_d=\lambda_{d\max}\left(\frac{\dfrac{\gamma_d}{\gamma_r}}{1+\dfrac{\gamma_d}{\gamma_r}}\right)^{m'} \tag{8.5.2}$$

初始最大动剪切模量：

$$G_{d\max}=K'P_a\left(\frac{\sigma'_m}{P_a}\right)^n \tag{8.5.3}$$

参考剪应变：

$$\gamma_r=\frac{\tau_{d\max}}{G_{d\max}} \tag{8.5.4}$$

以上各式中　$\lambda_{d\max}$、K'、m'——参数由动三轴试验确定。

程序中还设置了两种计算模式：一是对动三轴试验成果进行抛物线回归，获得回归参数，程序采用回归系数进行计算；二是直接输入整理后的动三轴试验曲线。

8.5.2 混凝土计算模型

混凝土（含防浪墙、面板、连接板）动力计算分析时采用线性弹性模型。

8.5.3 接触面的动力计算模型

接触面单元的动力模型采用河海大学的试验成果。剪切劲度 K_c 与动剪应变 γ_d 的关系为：

$$K_c=\frac{K_{c\max}}{1+\dfrac{MK_{c\max}}{\tau_f}\gamma} \tag{8.5.5}$$

剪切劲度 K_c 与阻尼比 λ_c 的关系为：

$$\lambda_c=\left(1+\frac{K_c}{K_{c\max}}\right)\lambda_{c\max} \tag{8.5.6}$$

$$K_{c\max}=C\sigma_n^{0.7}\qquad\tau_f=\sigma_n\tan\delta$$

式中　σ_n——接触面单元的法向应力；

$\lambda_{c\max}$——最大阻尼比；

M、C——试验参数。

8.6 动水压力

地震期间，库水作用即库水的动水压力采用附加质量法进行计算，即把动水压力对坝体地震反应的影响用一等效的附加质量考虑，与坝体质量相叠加来进行动力分析。

按 Westergaard 近似计算公式，附加质量为：

$$M_0 = \frac{7}{8}\rho\sqrt{H_0 z} \tag{8.6.1}$$

式中 ρ——水的密度，kg/m^3；

H_0——坝前库水水深，m；

z——计算点到水面的水深，m。

采用有限单元法计算时，考虑坝水界面上各结点的总动水压力，即作用于某结点 i 的集中附加质量为：

$$M_{wi} = \frac{7}{8}\rho\sqrt{H_{0i} z_i} A_i \tag{8.6.2}$$

式中 H_{0i}——结点 i 所在断面的坝前库水水深，m；

z_i——计算结点 i 到水面的水深，m；

A_i——结点 i 的有效面积，m^2。

式（8.6.4）仅适用于上游迎水面为铅直的情况，当上游迎水面为倾斜的防渗面板时，库水动水压力的附加质量为：

$$M_{wi} = \frac{\psi}{90}\,\frac{7}{8}\rho\sqrt{H_{0i} z_i} A_i \tag{8.6.3}$$

式中 ψ——面板与水平面的夹角，(°)。

8.7 地震永久变形

土石坝地震永久变形分析有三类方法。一是以纽马克（Newmark，1965）提出的刚体滑动面假设和屈服加速度概念为基础建立的滑块位移计算法；二是以舍夫（Serff）和西特（Seed）等提出的应变势概念为基础建立的整体变形计算方法；三是利用弹塑性模型直接求出塑性变形，即所谓的真非线性分析方法。真非线性分析不论在计算方法还是弹塑性模型的建立以及参数的确定等方面目前均不成熟，因此，目前应用较多的仍然是第一类、第二类方法。其中第二类方法又可以分为两种：一种方法认为永久变形的计算应采用风干堆石料在排气状态下的三轴试验成果，这种方法由于试验手段的限制，目前只能考虑残余剪应变，而不能计入残余体应变；另一种方法则认为残余体应变对永久变形的贡献不能忽略，须同时计入残余剪应变和体应变，表面看来，这种方法更为合理些。但是，由于目前测定残余体应变只能在坝料浸水饱和时进行，用此参数进行计算实际上意味着坝料是全部浸水饱和的，这和坝体的实际运用情况并不符合。因此，如何考虑残余体应变仍然是工程及学术界关注的焦点。由于目前尚无一个比较通用的模型和定量标准，故各种模型的比较及判断其是否适应也很重要。这里采用整体变形计算方法，就目前应用较普遍的两个动应力—残余应变模型进行土石坝永久变形计算。

8.7.1 等效结点力

土石坝地震动力反应分析，只能计算出坝体各点在地震过程中的动位移、动应变和动应力时程，而不能直接求得地震后的永久变形。为了计算永久变形，必须结合循环三轴试验确定坝料在动应力作用下的残余剪切变形特性和残余体积变形特性。循环三轴试验可确定不同围压、不同固结比、不同振次条件下堆石料动应力和残余应变的关系，坝体的静力和动力计算可确定坝体各单元的围压、固结比、振次及动应力情况。这样，通过静力及地震动力分析和循环三轴试验，可以确定坝体各单元在地震过程中的残余应变势。但是，由于相邻单元间的互相牵制，这种应变势并不是各有限元的实际应变。为了使各有限元能产生与此应变势引起的应变相同的实际应变，就设法在有限元网格结点上施加一种等效静结点力，然后以此等效静结点力作为荷载按静力法施加于坝体，计算出坝体的变形，即地震引起的永久变形。

等效静结点力通过下述方法计算。通过静力及地震动力分析和循环三轴试验，计算出坝体各单元在地震过程中的残余应变后，首先将残余应变换算成直角坐标系下的应变分量。换算的原则是，残余应变的主轴方向与静力状态的应力主轴方向一致，也就是永久变形沿最大剪应力面发展。在此假定下，残余应变换算成直角坐标系下残余应变分量的关系式为：

$$\{\varepsilon_p\}=\begin{Bmatrix}\varepsilon_x\\ \varepsilon_y\\ \varepsilon_z\\ \gamma_{xy}\\ \gamma_{yz}\\ \gamma_{zx}\end{Bmatrix}=\frac{1}{3}\varepsilon_{pv}\begin{Bmatrix}1\\1\\1\\0\\0\\0\end{Bmatrix}+\frac{1}{2}\frac{\gamma_p}{\tau_{oct}}\begin{Bmatrix}\sigma_x-p\\ \sigma_x-p\\ \sigma_x-p\\ 2\tau_{xy}\\ 2\tau_{yz}\\ 2\tau_{xx}\end{Bmatrix} \tag{8.7.1}$$

式中 ε_{pv}——残余体应变；

γ_p——残余剪应变；

τ_{oct}——八面体剪应力；

p——平均主应力。

等效静结点力按式（8.7.2）计算：

$$\{F\}=\iiint_V [B]^T[D]\{\varepsilon_p\}\mathrm{d}V \tag{8.7.2}$$

式中 $[B]$——几何矩阵；

$[D]$——弹性矩阵。

将等效静结点力作用于坝体，就可求出坝体的地震永久变形。这种计算方法实际上是在确定坝体各单元在地震过程中的残余应变之后，把该残余应变转换为单元的等效静结点力，以此代替单元残余应变对坝体永久变形的贡献，并对所有单元累加后作用于坝体计算永久变形。

8.7.2 残余应变模式

（1）残余剪应变。残余剪应变 γ_p 与残余轴应变 ε_{pa} 的关系：

$$\gamma_p=(1+\mu_d)\varepsilon_{pa} \tag{8.7.3}$$

式中　μ_d——动泊松比。

根据试验结果，残余轴应变与动剪应力比的关系可以用幂函数按式（8.7.4）计算：

$$\varepsilon_{pa}=K_a\left(\frac{\Delta\tau}{\sigma_3'}\right)^{n_a} \tag{8.7.4}$$

式中　K_a、n_a——试验参数。

K_a、n_a 分别是以有效固结应力 σ_3'、固结比 K_c、等效振次 N 为参变数的系数和指数。残余轴应变 ε_{pa} 以百分数（%）表示，动剪应力 $\Delta\tau$ 和有效固结应力 σ_3' 采用相同的量纲。

残余剪应变 γ_p 和动剪应力 $\Delta\tau$ 的关系也可以采用谷口荣一公式（8.7.5）：

$$\Delta\tau=\frac{\gamma_p}{a+b\gamma_p} \tag{8.7.5}$$

式中　a、b——试验参数。

以有效固结应力 σ_3'、固结比 K_c、等效振次 N 为参变数。

（2）残余体应变。根据坝料体积变形特性的大型动三轴试验结果，残余体应变 ε_{pv} 和动剪应力 $\Delta\tau$ 的关系可以用式（8.7.6）计算：

$$\varepsilon_{pv}=K_v\left(\frac{\Delta\tau}{\sigma_3'}\right)^{n_v} \tag{8.7.6}$$

式中　ε_{pv}——残余体应变，为百分数，%；

$\Delta\tau$——动剪应力；

K_v、n_v——试验参数。

K_v、n_v 分别是以有效固结应力 σ_3'、固结比 K_c、等效振次 N 为参变数的系数和指数。动剪应力 $\Delta\tau$ 和有效固结应力 σ_3' 采用相同的量纲。

8.8　抗震稳定性

评价坝体在地震时的稳定性，主要有以下两种方法：一是根据地震时随着反复应力而产生的各单元的变形来评价其稳定性，这是西特（Seed）的液化判断方法的引申和进一步发展。对于采用地震时孔隙水压力不增大、强度不降低的材料堆筑成的土石坝，将作用在潜在滑动面上的质量的剩余震度加以二次积分可以得到累计变形量，此为纽马克（Newmark）扩充的考虑累计变形量的抗滑稳定评价方法。这些方法都是根据材料的变形性能来评价坝体抗震的安全度；二是求出滑动面的方向和分布，根据摩尔—库仑破坏准则把局部安全系数小于1的区域组合在一起，判断出最危险的复合滑动面，在该面上用总抗滑力和总滑动力的比值来定义安全系数，求出在地震全部持续时间内的安全系数和时间经历的关系，这样在考虑不稳定持续时间的同时，也就评价了根据应力所表明的滑动稳定性。一般地说，根据动力分析复合滑动面（包括圆弧滑动面）所求得的安全系数，比传统方法所求得的要大，这是由于应力分布和惯性力分布的不均匀性所带来的。

这里采用第二种方法评价坝体的抗震稳定性。

8.8.1　坝体单元的抗震安全性

地震时，堆石材料的动力强度不一定低于静力强度，最低限度可以假定保持有静力强度。假定以压应力为正，拉应力为负，在运用有限元法计算出坝体单元的静应力和地震时的动应力后，各单元的局部安全系数可以按式（8.8.1）计算。

饱和区域：

$$LF_s=\frac{2c\cos\varphi-(\sigma_1+\sigma_3-2u_d)\sin\varphi}{\sigma_1-\sigma_3} \tag{8.8.1}$$

干燥区：

$$LF_s=\frac{2c\cos\varphi-(\sigma_1+\sigma_3)\sin\varphi}{\sigma_1-\sigma_3} \tag{8.8.2}$$

式中 σ_1、σ_3——任意时刻的最大、最小主应力，包括静和动的应力；

u_d——动孔隙水压力的平均主应力。

为最大限度地估计 σ'_m 的影响，u_d 用斯开普顿公式（8.8.3）计算：

$$u_d=\frac{(1+\mu)(\sigma_{1d}+\sigma_{3d})}{3} \tag{8.8.3}$$

8.8.2　面板的抗震安全性

在地震作用下面板沿接触滑动的抗滑安全系数按式（8.8.4）计算：

$$F_f=\frac{\sum\sigma_i\tan\varphi_i l_i+\sum c_i l_i}{\sum\tau_i l_i} \tag{8.8.4}$$

$$\sigma_i=\sigma_{nsi}+\sigma_{ndi} \quad \tau_i=\tau_{si}+\tau_{di}$$

式中 σ_{nsi}——接触面单元的静法向应力；

σ_{ndi}——接触单元的动法向应力；

τ_{si}——接触面的静剪应力；

τ_{di}——接触面的动剪应力；

l_i——各单元沿坝坡方向的长度；

φ_i、c_i——面板和垫层之间的抗剪强度指标，可以参考垫层料的抗剪强度及其他相关试验资料进行取值。

地震会引起高面板堆石坝特别是覆盖层地基上高面板堆石坝的永久变形，面板坝上部坝高范围内的地震动力反应（加速度和动位移）较大，可能会引起局部塌滑破坏，宜采用适当的抗震防护措施。据测算，8 度地震不会引起河口村面板坝坝基中粗砂层的液化，地震时河口村面板坝整体抗滑稳定是安全的。

9 静力非线性有限元计算与分析

有限元数值模拟结果的合理性主要取决于两个因素：计算模型和计算参数。坝料的本构模型虽然还不够完善，但多年的实践经验表明，E—B 模型、沈珠江双屈服面模型等基本能够反映坝体的变形特性。目前存在的主要问题是接触面及接缝的合理模拟，以及覆盖层参数的合理确定。接触面的模拟目前运用较多的是 Goodman 无厚度单元或 Desai 无厚度单元，清华大学近年也提出了基于损伤的接触面模型；接缝模拟主要有分离缝模型和弹簧模型。不同的模型都有其适用性，关键是要合理选择，尤其是合理确定计算参数。

趾板建在冲积层上的面板坝并使其安全运行的关键是确保大坝防渗体系在变形和强度均在设计控制范围内，以保证防渗体系的安全、有效。趾板建在冲积层上的面板坝防渗体系分为上部和下部，上部防渗系统包括防浪墙、面板、趾板及接缝止水，下部（地基）防渗体系为防渗墙及灌浆帷幕，为保证防渗体系的安全，需解决如下主要技术问题：

（1）坝基变形对坝体、面板的影响，应保证蓄水后坝基不发生大的压缩变形，以保证坝体对面板的支撑。

（2）防渗墙应力及变形：防渗墙的应力变形应在结构安全和工程处理范围内。

（3）接缝位移：接缝位移不应超出止水片的容许变形范围；深厚覆盖层上直接建造面板堆石坝的关键技术是：其一是了解地基砂砾石的空间分布特性及其压缩模量；其二是通过可靠的防渗系统将坝基可动柔性的防渗系统与岸坡固定相对不变的防渗系统连接成封闭的防渗系统；其三是使其满足渗透（流）稳定、地基强度稳定与变形的要求。由于基岩的凹凸不平，为满足渗流稳定、计算与配筋的构造要求，嵌入基岩深度不小于 1m；其四是防渗墙需要有一定的刚度，满足变位与大坝加载引起的应力。

对于采用混凝土防渗墙方案的深覆盖层上面板堆石坝，防渗墙与上部坝体防渗体（面板）的连接将是整个防渗体系的关键部位，同时，它也是大坝—地基整个防渗系统的最薄弱环节。针对不同的坝址地形、地质条件，如何选择合理的防渗结构形式，如何保证防渗结构的各个部分在自重和外荷作用下，能够满足变形协调、应力适当的要求，这是深覆盖层上面板堆石坝设计中的重要问题。围绕上述问题，结合河口村面板堆石坝工程，通过对坝体和坝基整体结构在不同工况下的数值分析，深入研究覆盖层上面板堆石坝的应力变形特性、深覆盖层对上部坝体变形的影响以及坝体—面板—趾板—连接板—防渗墙—覆盖层之间的静力相互作用关系，还需要研究如下主要技术问题：

1）坝体填筑对防渗墙应力变形性状的影响。坝体填筑引起覆盖层的沉降，增加了防渗墙的水平荷载，这是影响坝基防渗墙应力变形性状的主要因素。河口村水库工程防渗墙采用普通混凝土，坝体填筑到高程再建造防渗墙，竣工期防渗墙大主应力会减小，小主应力的拉应力也有所减小，因而先填筑部分坝体再建造防渗墙，会改善防渗墙的应力变形性状。

2）防渗墙施工顺序对面板坝坝体和面板的应力变形性状的影响。坝基混凝土防渗墙施工顺序的变化对于坝体和坝基的变形和应力状况的影响很小，对面板的挠度和应力的影响也不大。

3）蓄泄水对面板坝应力变形性状的影响。河口村面板坝在坝体填筑到高程、一期面板浇筑到高程以后，增加一次蓄水和泄水过程，即水库蓄水至高程，又泄水至高程，对于坝基防渗墙的变形和应力性状影响不大。因此，若为了发挥该工程在施工期的效益，施工过程中增加一次蓄水和泄水过程的方案是可行的。

4）连接板最优长度的选取。坝体与趾板和防渗墙是质量与刚度相差很大的两类结构物，施工时和蓄水时各自的变形相差较大，用连接板将坝体、趾板与防渗墙连接起来，可以改善防渗墙和趾板的应力状态。

5）防渗墙材料对防渗墙应力变形性状的影响。深覆盖层处理是高土石坝和高面板坝的关键技术问题。而作为基础处理技术之一的混凝土防渗墙，由于具有建造速度快、防渗可靠及经济性高等优点，逐渐取代了早年采用的覆盖层灌浆，成为深厚覆盖层防渗处理的重要手段。混凝土防渗墙材料主要分两大类：一类是刚性混凝土防渗墙；另一类是柔性混凝土防渗墙。

河口村面板坝防渗墙材料可采用常规混凝土或低弹性模量的塑性混凝土。若采用塑性混凝土作为防渗墙材料，可以大大改善防渗墙应力状态，大主应力和垂直应力的最大值不大于比采用常规混凝土的应力最大值要减小，因而在条件许可时，防渗墙墙体材料可以考虑采用低弹性模量的塑性混凝土。

9.1 坝体有限元模型

9.1.1 坝体三维有限元模型

根据设计单位提供的最终设计图、大坝填筑和蓄水计划，以及开挖和基础处理说明，考虑坝体分区、施工程序及加载过程，并考虑到防渗墙的连接型式，对坝体及坝基进行剖分，建立三维有限元模型。总共剖分 9862 个单元，11489 个结点，其中防渗墙 64 个单元，连接板 20 个单元，防渗墙与基础间的接触单元 160 个，连接板与基础接触单元 20 个，连接板与防渗墙和趾板的接缝单元 20 个，周边缝 215 个单元，竖缝单元 1530 个，其余接触单元 392 个。坝体的三维有限元模型见图 9.1.1，桩号见图 9.1.2，坝体的典型剖面分别见图 9.1.3～图 9.1.5。

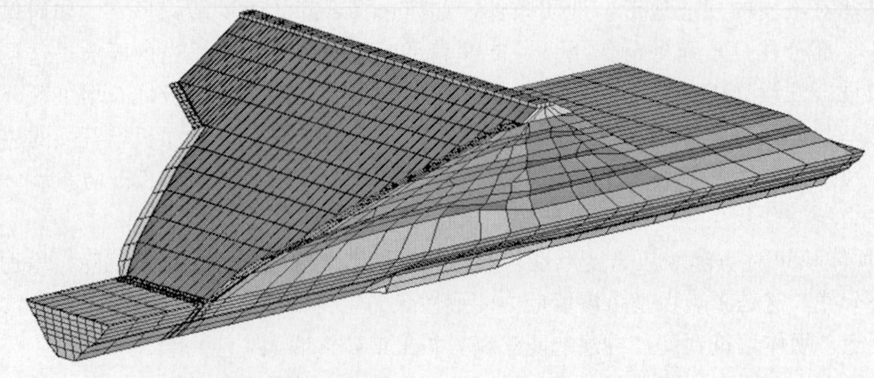

图 9.1.1 河口村面板堆石坝三维有限元模型示意图

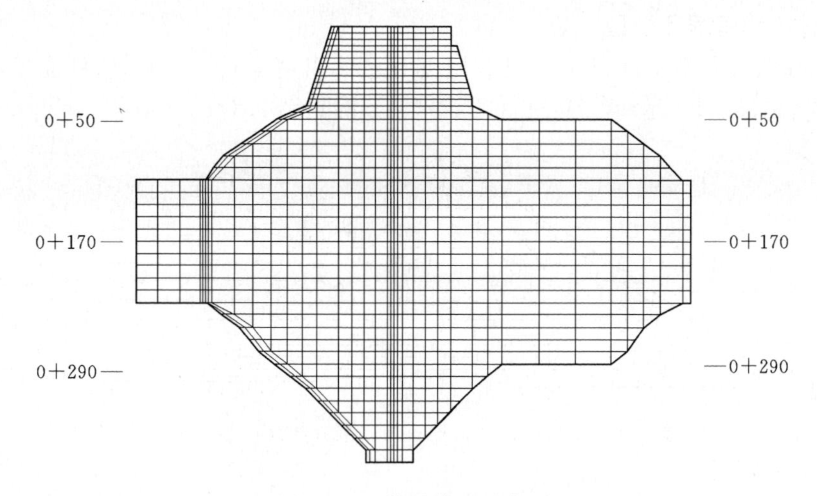

图 9.1.2 桩号位置示意图

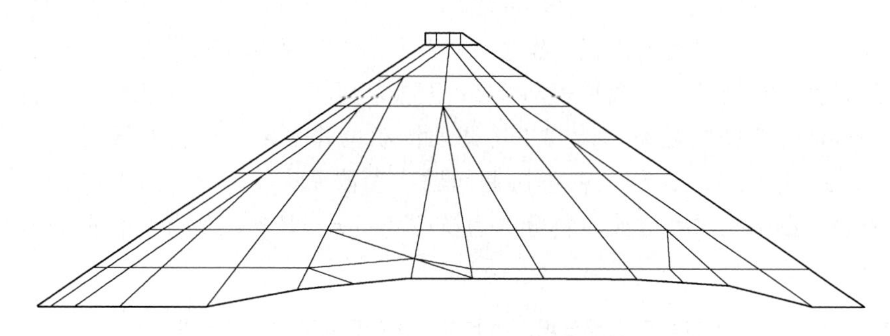

图 9.1.3 0+50 号桩典型断面示意图

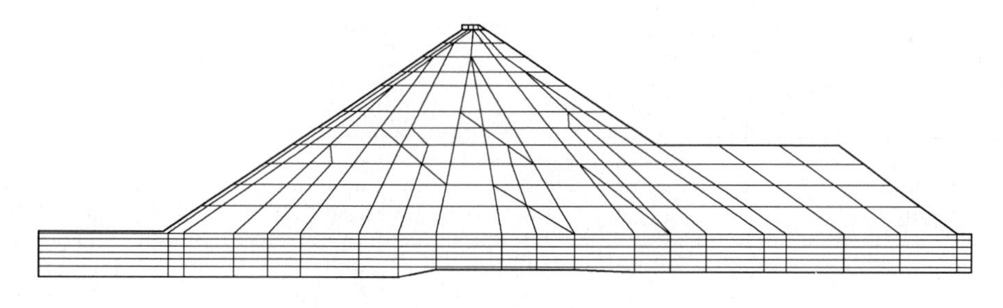

图 9.1.4 0+170 号桩典型断面示意图

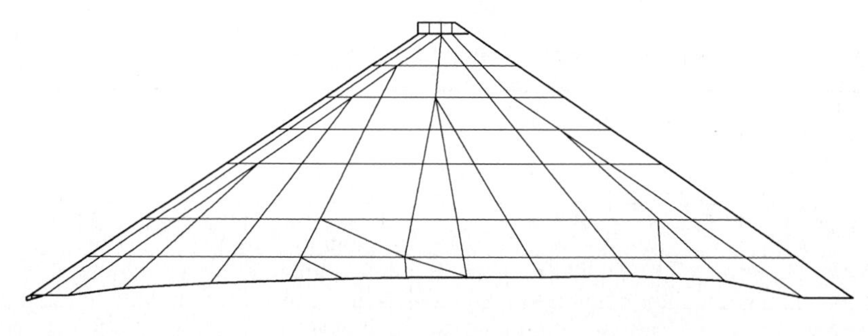

图 9.1.5 0+290 号桩典型断面示意图

9.1.2 坝体二维有限元模型

选取河床最大典型剖面进行二维有限元计算。采用 Hypermesh 软件完成网格剖分，得到总结点数 1581 个，总单元数 973 个，网格划分见图 9.1.6。

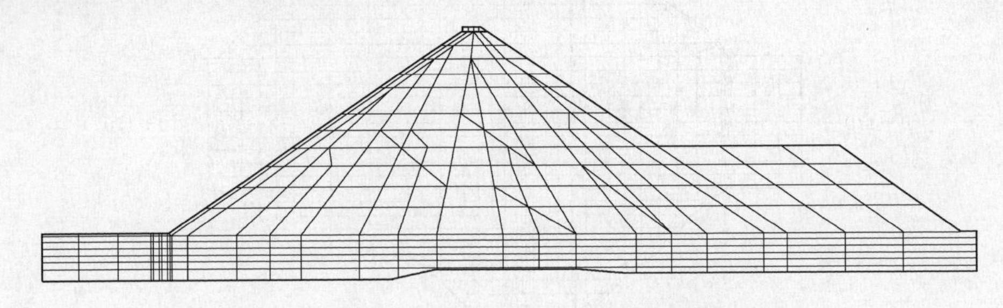

图 9.1.6 河口村面板堆石坝二维有限元模型示意图

9.2 静力计算参数

在本项目计算中，混凝土面板、趾板、连接板等在达到破坏强度之前线性关系一般较好，故按线弹性材料处理，参数见表 9.2.1；面板堆石坝中混凝土面板与垫层料、趾板与垫层料、防渗墙与覆盖层之间可能有不协调的错动位移发生，进行有限元分析时，设置 Goodman 接触面单元处理这种位移不协调问题，参数见表 9.2.2。面板堆石坝中主堆石料、次堆石料、黏土夹层和过渡石料等本构模型采用 $E—B$ 非线性弹性模型进行有限元计算，参数见表 9.2.3。

表 9.2.1　河口村面板堆石坝三维有限元计算采用弹性材料参数

参数 材料	ρ/(g/cm³)	E/MPa	ν
面板	2.500	30000	0.167
趾板	2.500	28000	0.167
连接板	2.500	28000	0.167
防渗墙	2.500	28000	0.167
薄层	2.000	2000	0.250

表 9.2.2　河口村面板堆石坝三维有限元计算采用接触面参数

参数 材料	φ	c/(t/m²)	R_f	K	n
面板与垫层	32	0.2	0.8	21000	1.25
趾板与垫层	32	0.2	0.8	21000	1.25
防渗墙与泥皮	11	0	0.86	1400	0.66

表 9.2.3　河口村面板堆石坝三维有限元计算坝料的邓肯一张模型（E—B）参数

参数 料种	容重/（kN/m^3）	K	n	K_b	m	R_f	K_{ur}	φ_0 /(°)	$\Delta\varphi$ /(°)	c /kPa
主堆石料	22	1428	0.425	381	0.369	0.825	2200	50.7	7	0
次堆料上部（料场石料）	21.2	913	0.326	225	0.291	0.845	1826	43.5	1.2	0
次堆料下部（渣场石料）	21.2	477	0.483	124	0.544	0.712	1000	42	2.5	0
垫层料	22.9	786	0.451	371	0.399	0.667	1650	48	4	0
过渡石料	22.1	598	0.431	280	0.215	0.789	1196	51	3.6	0
河床砂卵石料（天然）	21.2	913	0.326	225	0.291	0.845	1826	44	0.7	0
河床砂卵石层（旋喷桩区—密孔）	21.5	1150	0.42	550	0.28	0.85	2300	44	1	
砂卵石层（旋喷桩区—疏孔）	21.5	1100	0.42	500	0.28	0.85	2200	44	1	
黏土夹层	16.5	76.1	0.818	52.9	0.329	0.589	152.2	25	0	5
夹砂层	16.3	100	0.5	150	0.25	0.85	200	28	0	0

9.3　坝体填筑加载过程

考虑到坝体施工分层填筑的特点和堆石体的非线性特性，荷载采用逐级施加的方式，按照面板堆石坝施工进度和蓄水计划，先后将荷载分为24级模拟，具体顺序如下：

（1）地基自重。

（2）一期坝体填筑至184m，同时浇筑防渗墙及河床部位趾板。

（3）一期坝体填筑至208m。

（4）一期坝体填筑至225.5m。

（5）二期坝体填筑至184m。

（6）二期坝体填筑至208m。

（7）二期坝体填筑至225.5m。

（8）二期坝体填筑至245m。

（9）浇筑一期面板到高程225.00m，同时浇筑连接板。

（10）利用面板挡水（汛期库水位为218.90m）。

（11）面板前退水。

（12）三期坝体填筑至245m。

（13）三期坝体填筑至253m。

（14）三期坝体填筑至266m。

（15）三期坝体填筑至286m。

（16）三期坝体填筑至288.5m。

(17) 浇筑二期面板。

(18) 水库蓄水至184m。

(19) 水库蓄水至208m。

(20) 水库蓄水至225.5m。

(21) 水库蓄水至241m。

(22) 水库蓄水至263m。

(23) 水库蓄水至275m。

(24) 水库蓄水至285.43m。

9.4 三维非线性静力计算成果与分析

首先加载地基覆盖层，并在分级加载坝体之前将结点位移初始化为零，仅保留单元应力，从而获得地基初始应力场。据此，位移均是指开始填筑坝体以后的位移。整个有限元模型的坐标系为：x 轴从上游指向下游；y 轴垂直向上；z 轴从左岸指向右岸。在以下的计算分析中，按照土力学的习惯，应力以压应力为正，拉应力为负。

9.4.1 坝体变形

主要整理了桩号0+50.00、0+170.00、0+290.00三个断面以及主坝轴向断面共四个剖面的位移和应力分布成果。不同桩号断面竣工期坝体的位移统计见表9.4.1。

表9.4.1 竣工期堆石体的位移统计表

剖面	向上游		向下游		竖向	
	大小/cm	位置/m	大小/cm	位置/m	大小/cm	位置/m
0+50.00	3	1/3坝高	7	1/3坝高	40	1/2坝高
0+170.00	9	1/4坝高	23	1/3坝高	96	1/3坝高
0+290.00	3	1/3坝高	9	1/3坝高	42	1/2坝高
轴向剖面	—	—	10	2/3坝高	90	1/3坝高

(1) 竣工期坝体变形。竣工期三个剖面的坝体水平位移及竖向位移分布的等值线见图图9.4.1～图9.4.6。由于堆石体的泊松效应，使得横向剖面上水平位移分布规律基本上是上游堆石区位移指向上游，下游堆石区位移指向下游，这符合竣工期面板堆石坝上下游方向位移分布的一般规律，工程竣工时已蓄过水，这对坝体上游面变形有一定影响。

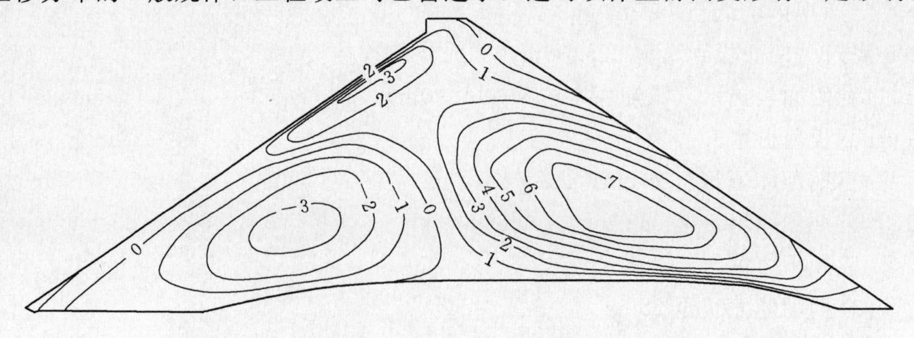

图9.4.1 竣工期0+50.00剖面水平位移等值线图（三维模型）（单位：cm）

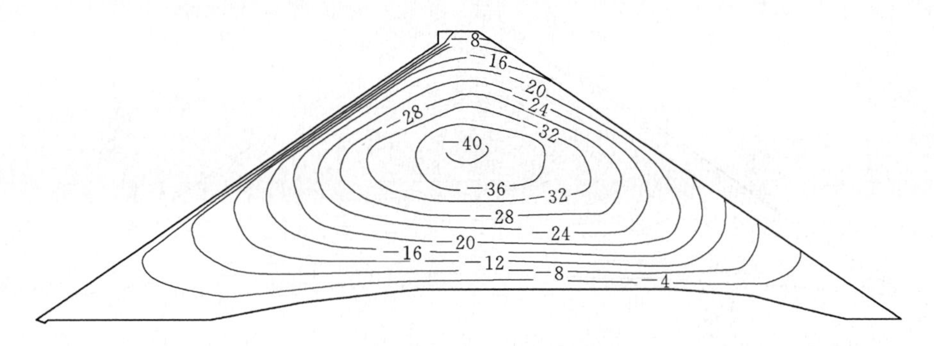

图 9.4.2　竣工期 0+50.00 剖面竖直方向位移等值线图（三维模型）（单位：cm）

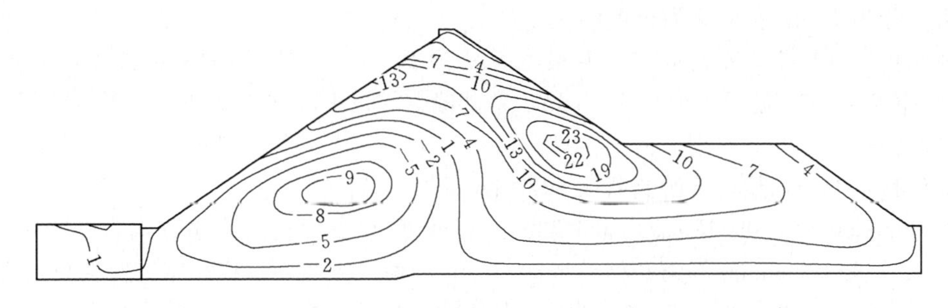

图 9.4.3　竣工期 0+170.00 剖面水平位移等值线图（三维模型）（单位：cm）

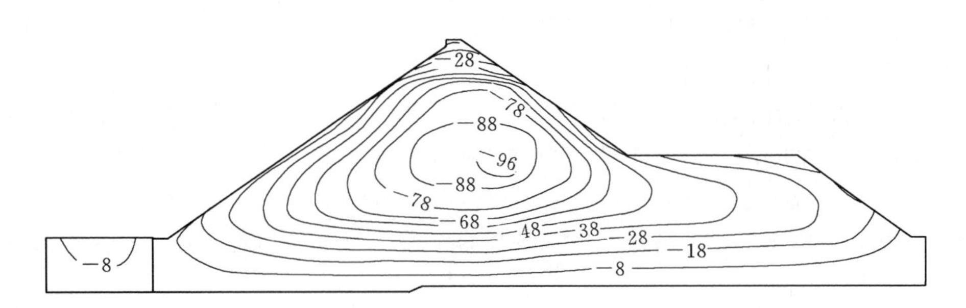

图 9.4.4　竣工期 0+170.00 剖面竖直方向位移等值线图（三维模型）（单位：cm）

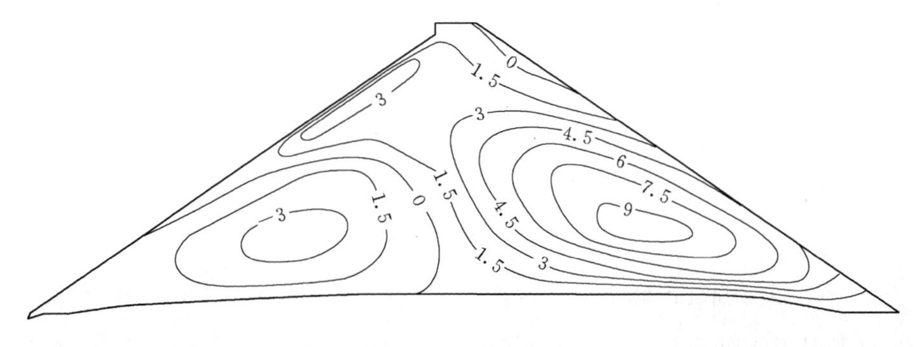

图 9.4.5　竣工期 0+290.00 剖面水平位移等值线图（三维模型）（单位：cm）

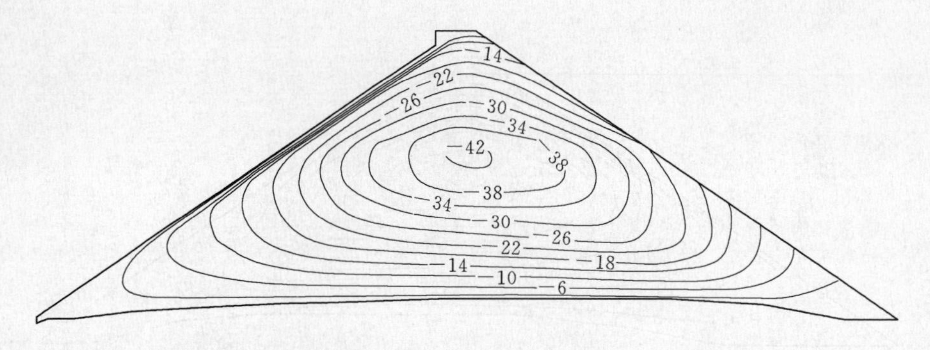

图 9.4.6　竣工期 0+290.00 剖面竖直方向位移等值线图（三维模型）（单位：cm）

左岸桩号 0+50.00 剖面向上游最大位移为 3cm，位于上游侧断面 1/3 坝高处；向下游最大位移为 7cm，位于下游侧断面 1/3 坝高处。

河床桩号 0+170.00 剖面向上游最大位移为 9cm，位于上游侧基础覆盖层以上坝体 1/4 坝高位置，向下游最大位移为 23cm，基础覆盖层以上坝体 1/3 坝高位置。

右岸桩号 0+290.00 剖面向上游最大位移为 3cm，位于上游侧断面 1/3 坝高处；向下游最大位移为 9cm，位于下游侧断面 1/3 坝高处。

桩号 0+50.00、0+170.00、0+290.00 三个断面最大竖向位移分别为 40cm、96cm 和 42cm。桩号 0+50.00 剖面和桩号 0+290.00 剖面最大竖向位移大体上发生在各自剖面的 1/2 坝高处，而桩号 0+170.00 剖面最大竖向位移发生在 1/3 坝高处，而且最大值位置偏向下游，原因在于次堆石下部材料参数较弱，故此处沉降值较大，从而沉降变形的极值就发生在次堆石下部附近，河床中央有较厚砂砾石覆盖层，相对于岩基上的面板堆石坝，其竖向位移的最大值出现的位置有一定的下移。

沿坝轴线的纵断面上竣工期坝体的坝轴线顺河向水平位移、沉降和坝轴向水平位移等值线见图 9.4.7～图 9.4.9。竣工期，坝体的坝轴线顺河向水平方向位移基本指向下游，最大值为 10cm，位于 2/3 坝高处；竖向位移分布规律较好，由两岸向河谷方向逐渐增大，最大值为 90cm，位于 1/3 坝高处；坝轴向有两岸向河谷挤压的趋势，水平位移最大值为 14cm，位于 1/2 坝高处。

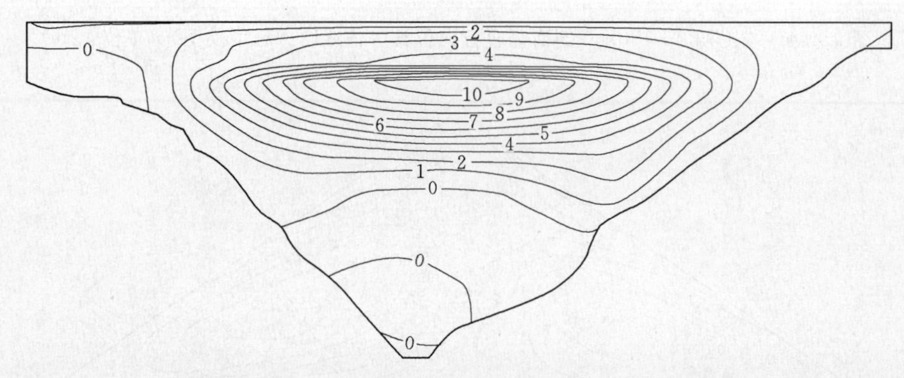

图 9.4.7　竣工期坝轴线剖面（顺河向）水平位移等值线图（三维模型）（单位：cm）

（2）满蓄时坝体变形。为各剖面坝体水平位移及竖向位移分布等值线见图 9.4.10～图 9.4.15。不同桩号剖面蓄水期堆石体的位移统计见表 9.4.2。

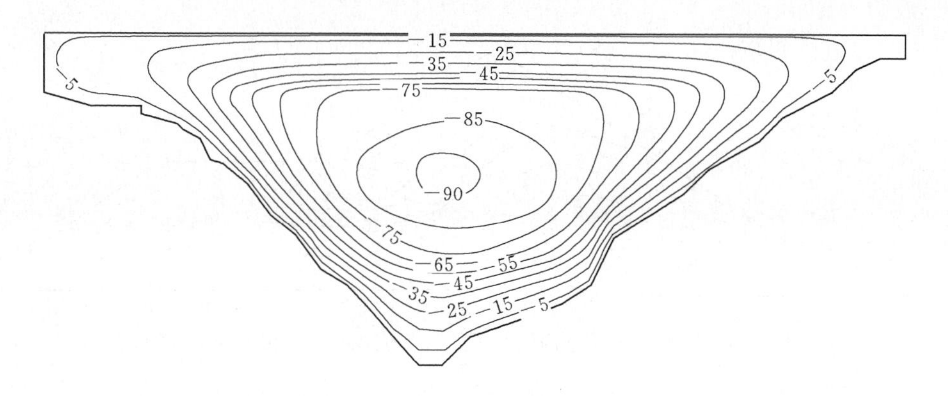

图 9.4.8　竣工期坝轴线剖面竖直方向位移等值线图（三维模型）（单位：cm）

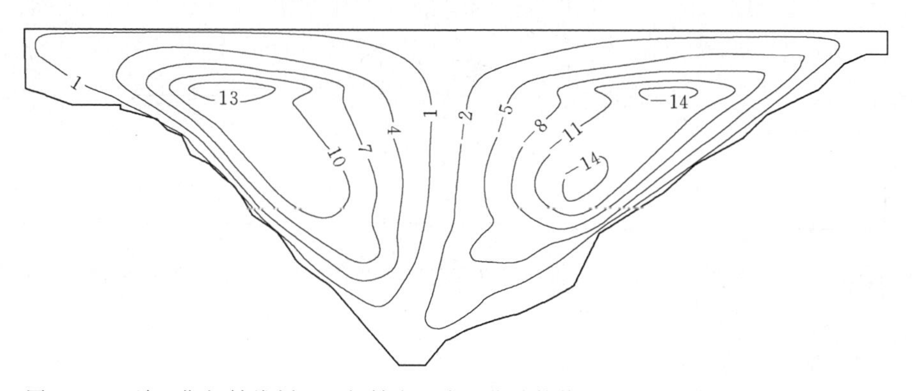

图 9.4.9　竣工期坝轴线剖面（坝轴向）水平位移等值线图（三维模型）（单位：cm）

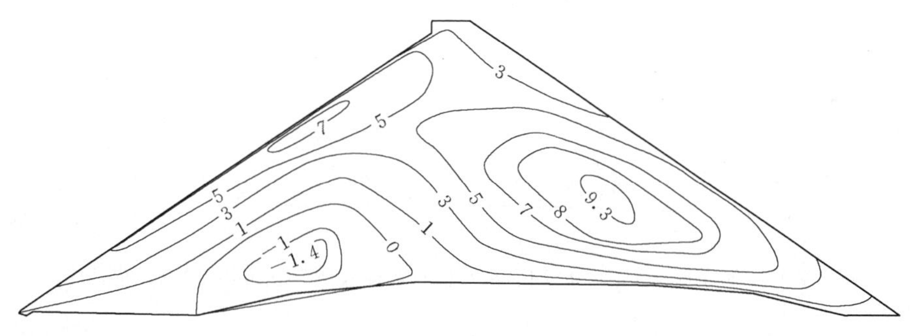

图 9.4.10　满蓄时 0+50.00 剖面水平位移等值线图（三维模型）（单位：cm）

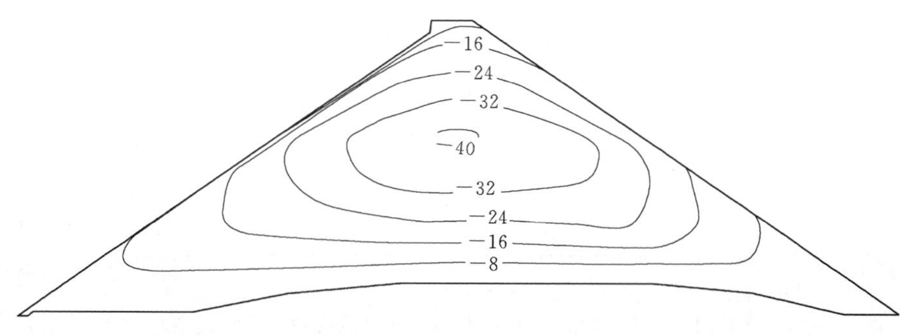

图 9.4.11　满蓄时 0+50.00 剖面竖直方向位移等值线图（三维模型）（单位：cm）

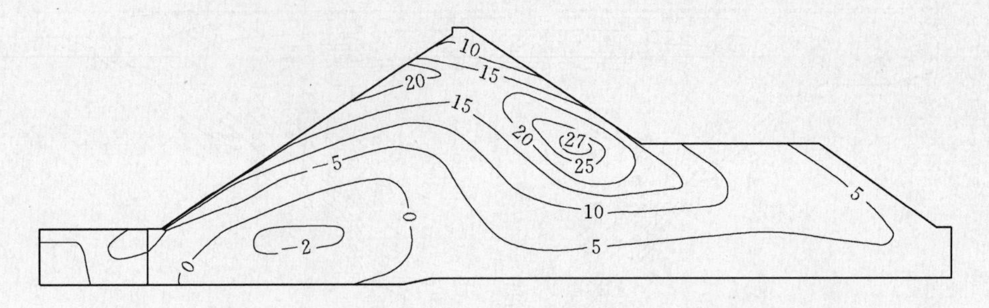

图 9.4.12　满蓄时 0+170.00 剖面水平位移等值线图（三维模型）（单位：cm）

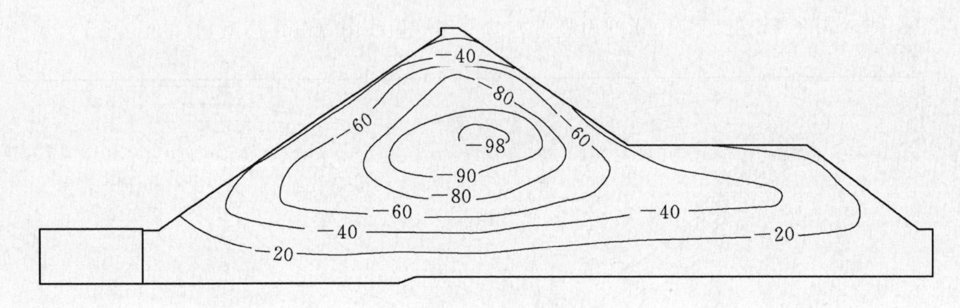

图 9.4.13　满蓄时 0+170.00 剖面竖直方向位移等值线图（三维模型）（单位：cm）

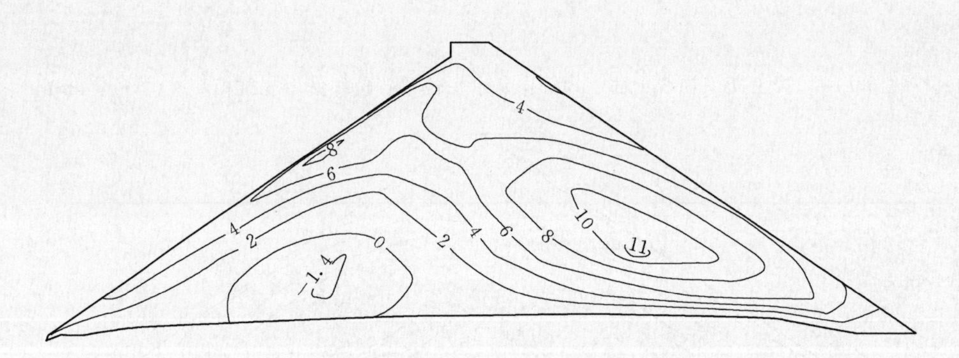

图 9.4.14　满蓄时 0+290.00 剖面水平位移等值线图（三维模型）（单位：cm）

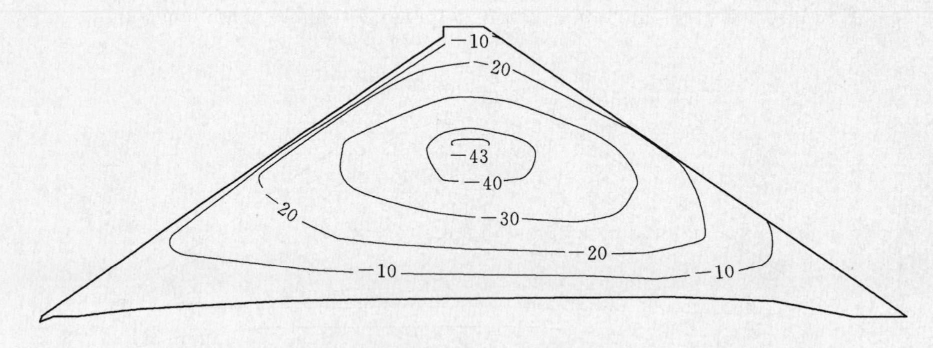

图 9.4.15　满蓄时 0+290.00 剖面竖直方向位移等值线图（三维模型）（单位：cm）

表 9.4.2　　蓄水期堆石体的位移统计表

剖面	向上游		向下游		竖向	
	大小/cm	位置	大小/cm	位置	大小/cm	位置
0+50.00	1.4	断面底部	9.3	1/3 坝高	40	1/2 坝高
0+170.00	2	断面底部	27	1/4 坝高	98	1/3 坝高
0+290.00	1.4	断面底部	11	1/3 坝高	43	1/2 坝高
轴向剖面	—	—	18	2/3 坝高	90	1/3 坝高

由表 9.4.2 可以看出，水库蓄水后，在水荷载的作用下，三个剖面上游侧堆石向上游的位移减小，下游侧堆石向下游的位移增大。

左岸 0+50.00 剖面向上游最大位移为 1.4cm，位于坝底部附近；向下游最大位移为 9.3cm，位于断面下游 1/3 坝高处。

河床 0+170.00 剖面向上游最大位移为 2cm，位于上游堆石区坝底部位置，向下游最大位移为 27cm，位于下游次堆石区坝底部附近，此断面也是整个坝体水平位移最大的断面。

右岸 0+290.00 剖面向上游最大位移为 1.4cm，位于坝底部附近；向下游最大位移为 11cm，位于断面下游 1/3 坝高处。

三个剖面的竖向位移最大值分别为 40cm、98cm 和 43cm，分别发生在 1/2 坝高、1/3 坝高和 1/2 坝高附近。

沿坝轴线的纵断面上蓄水期坝体的坝轴线顺河向水平位移、沉降和坝轴向水平位移等值线见图 9.4.16～图 9.4.18。水库蓄水后，坝体的坝轴线顺河向水平位移均指向下游，最大值为 18cm，较竣工期增大了 8.0cm，位于 1/3 坝高处；竖向位移最大值为 90cm，位于 1/3 坝高处；坝轴向两岸向河谷挤压的趋势增加，水平位移最大值为 15cm，位于 2/3 坝高处。

9.4.2　坝体应力

0+50.00、0+170.00、0+290.00 三个断面和轴向纵断面竣工时的第一、第三主应力分布等值线见图 9.4.19～图 9.4.26。不同时期坝体应力极值见表 9.4.3。

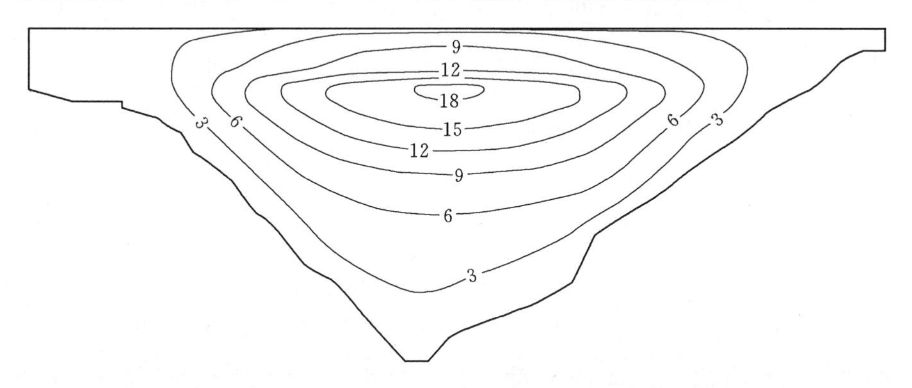

图 9.4.16　满蓄时坝轴线剖面（顺河向）水平位移等值线图（三维模型）（单位：cm）

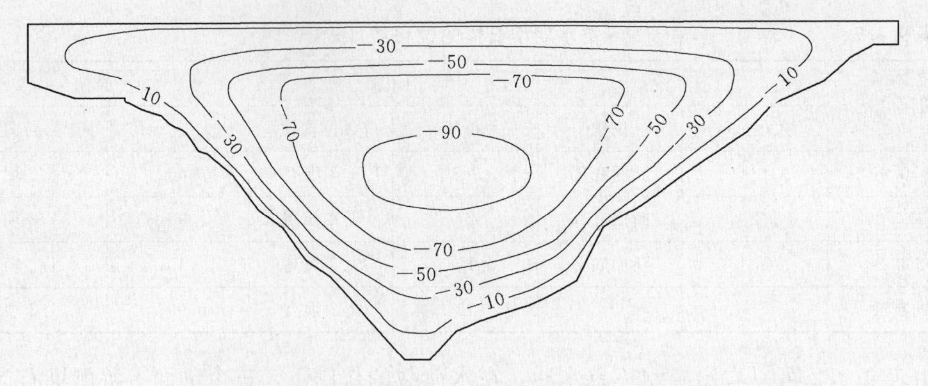

图 9.4.17　满蓄时坝轴线剖面竖直方向位移等值线图（三维模型）（单位：cm）

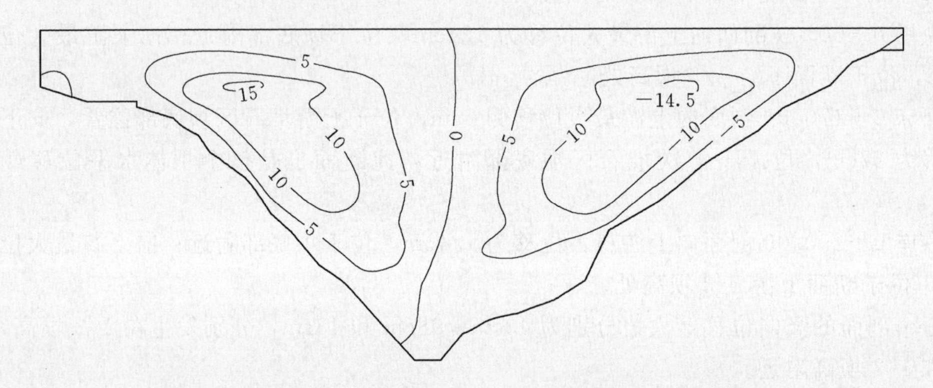

图 9.4.18　满蓄时坝轴线剖面（坝轴线向）水平位移等值线图（三维模型）（单位：cm）

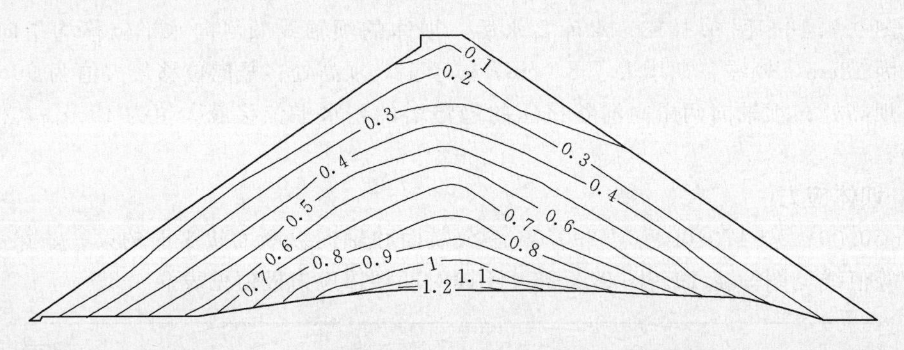

图 9.4.19　竣工期 0+50.00 剖面第一主应力等值线图（三维模型）（单位：MPa）

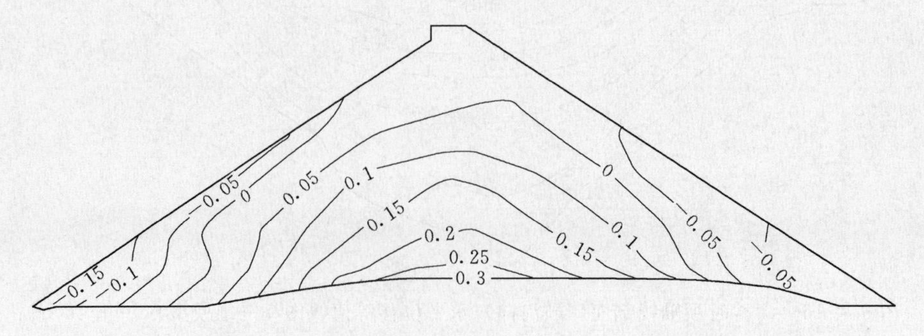

图 9.4.20　竣工期 0+50.00 剖面第三主应力等值线图（三维模型）（单位：MPa）

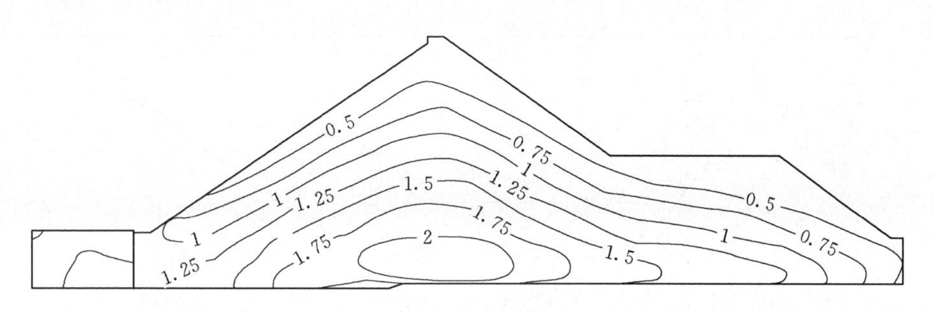

图 9.4.21 竣工期 0+170.00 剖面第一主应力等值线图（三维模型）（单位：MPa）

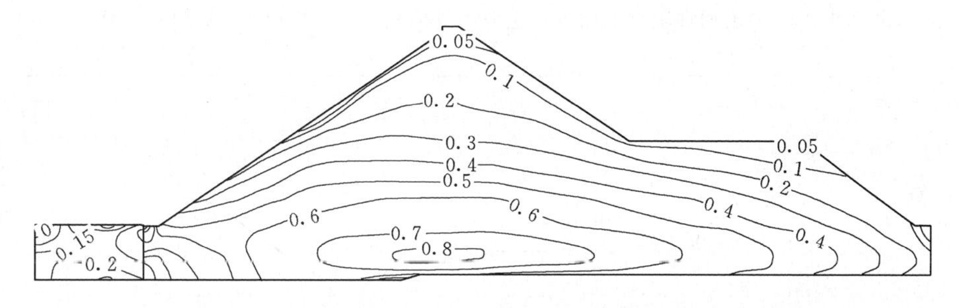

图 9.4.22 竣工期 0+170.00 剖面第三主应力等值线图（三维模型）（单位：MPa）

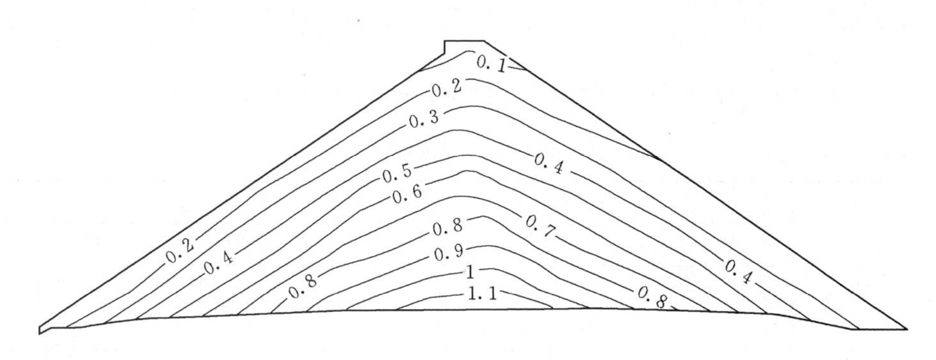

图 9.4.23 竣工期 0+290.00 剖面第一主应力等值线图（三维模型）（单位：MPa）

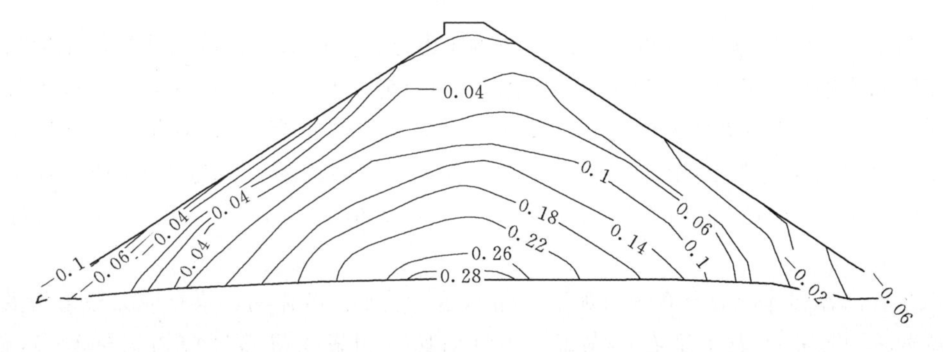

图 9.4.24 竣工期 0+290.00 剖面第三主应力等值线图（三维模型）（单位：MPa）

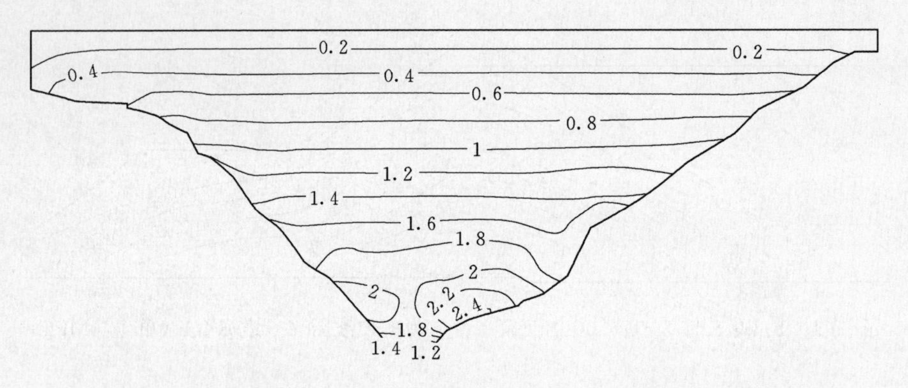

图 9.4.25　竣工期坝轴线剖面第一主应力等值线图（三维模型）（单位：MPa）

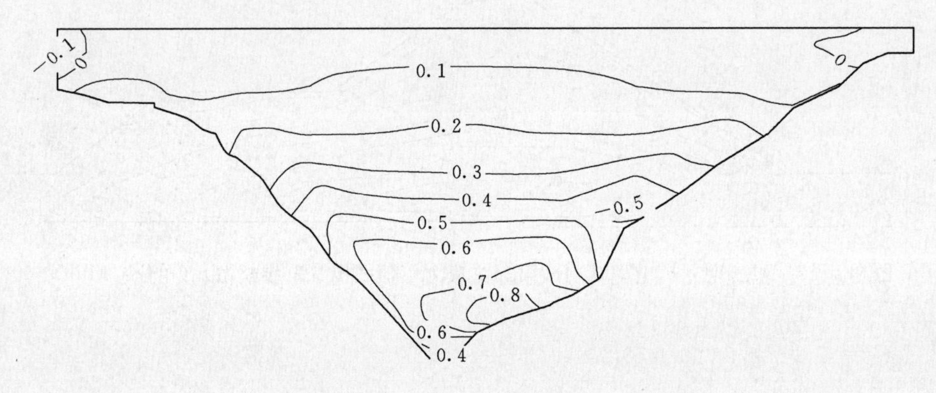

图 9.4.26　竣工期坝轴线剖面第三主应力等值线图（三维模型）（单位：MPa）

表 9.4.3　　堆石体的应力极值统计表　　单位：MPa

时段／剖面	竣工期		蓄水期	
	第一主应力	第三主应力	第一主应力	第三主应力
0＋50.00	1.2	0.3	1.3	0.3
0＋170.00	2	0.8	2	0.85
0＋290.00	1.1	0.28	1.2	0.3
轴向剖面	2.4	0.8	2.4	0.86

由图 9.4.19～图 9.4.26 可以看出，坝体应力分布规律如下：竣工期坝体主应力等值线与坝坡基本平行，从坝顶向坝基呈逐渐加大的趋势。0＋50.00 剖面第一主应力最大值为 1.2MPa，第三主应力最大值为 0.3MPa；0＋170.00 剖面第一主应力最大值为 2MPa，第三主应力最大值为 0.8MPa；0＋290.00 剖面第一主应力最大值为 1.1MPa，第三主应力最大值为 0.28MPa；轴向纵断面第一主应力最大值为 2.4MPa，第三主应力最大值为 0.8MPa。

可以看出，坝体应力分布规律如下：蓄水后，受水荷载作用，堆石应力极值增大，所处的位置进一步向上游主堆石区靠近，主堆石区应力较次堆石区应力增加较多，见图 9.4.27～图 9.4.34。0＋50.00 剖面第一主应力最大值为 1.3MPa，第三主应力最大值为

0.3MPa；0+170.00 剖面第一主应力最大值为 2MPa，第三主应力最大值为 0.85MPa；0+290.00 剖面第一主应力最大值为 1.2MPa，第三主应力最大值为 0.3MPa；轴向断面第一主应力最大值为 2.4MPa，第三主应力最大值为 0.85MPa。

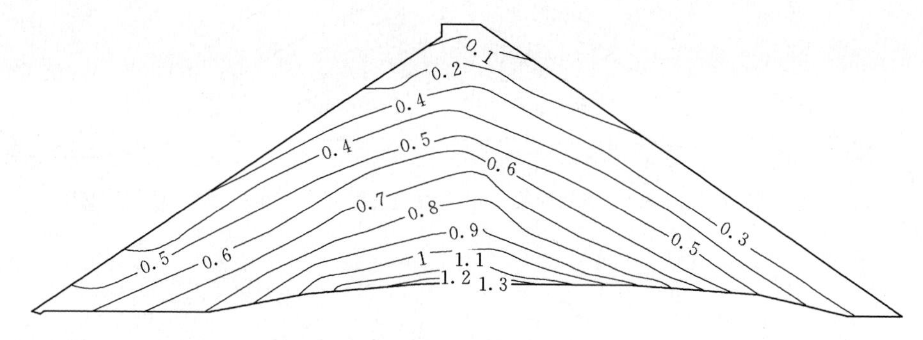

图 9.4.27 满蓄时 0+50.00 剖面第一主应力等值线图（三维模型）（单位：MPa）

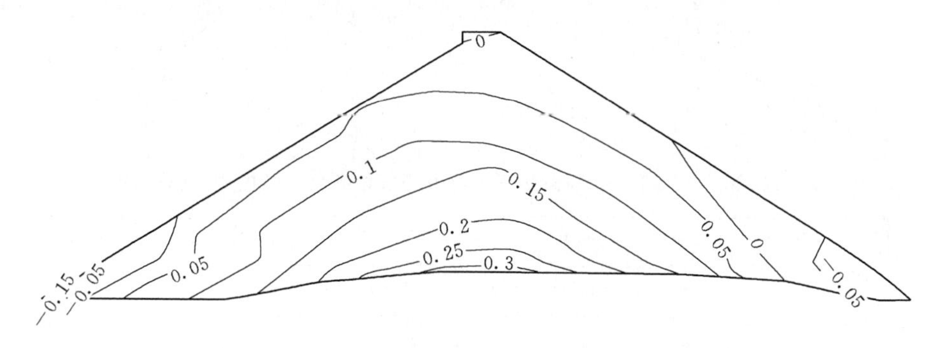

图 9.4.28 满蓄时 0+50.00 剖面第三主应力等值线图（三维模型）（单位：MPa）

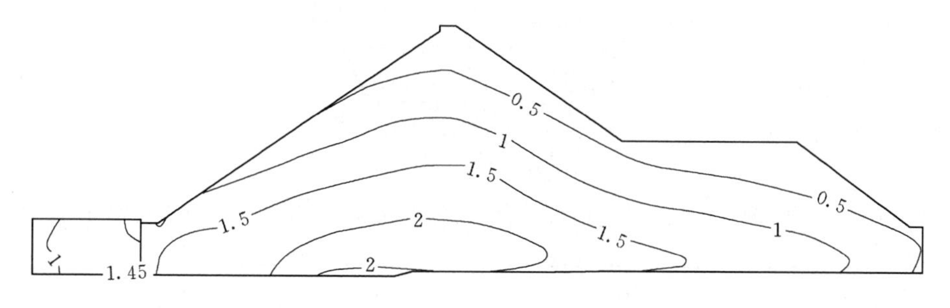

图 9.4.29 满蓄时 0+170.00 剖面第一主应力等值线图（三维模型）（单位：MPa）

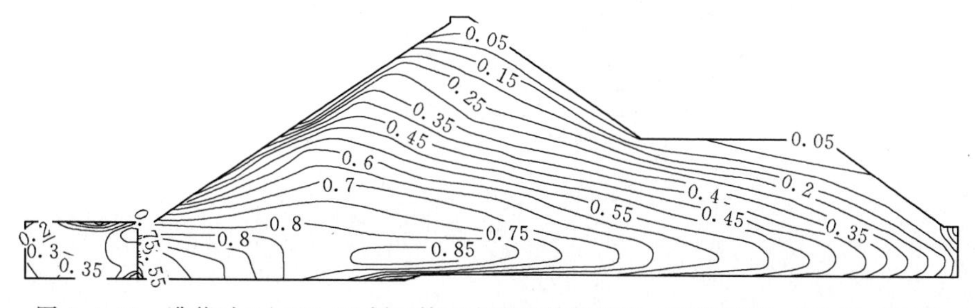

图 9.4.30 满蓄时 0+170.00 剖面第三主应力等值线图（三维模型）（单位：MPa）

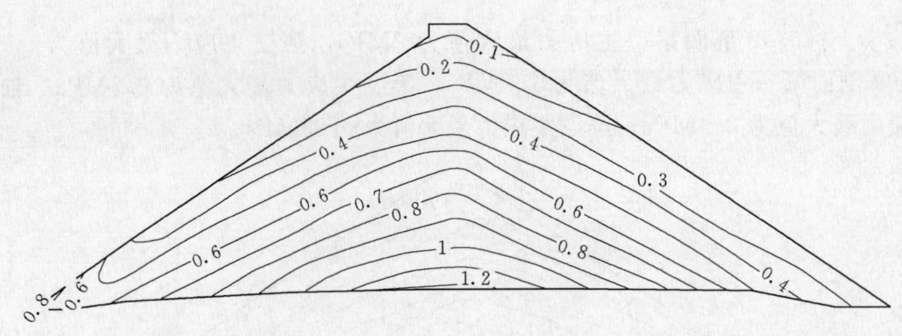

图 9.4.31　满蓄时 0+290.00 剖面第一主应力等值线图（三维模型）（单位：MPa）

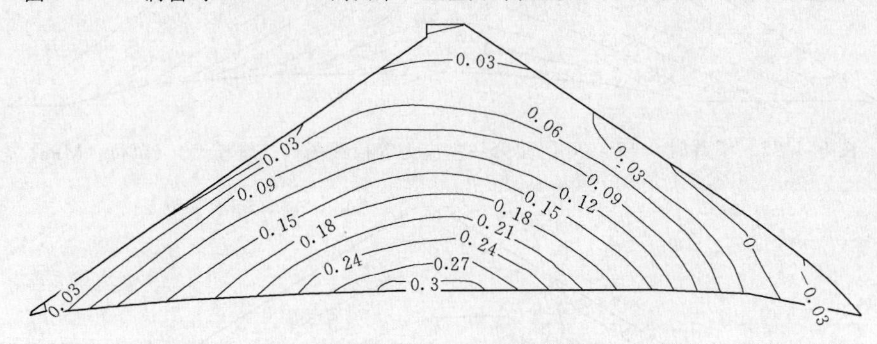

图 9.4.32　满蓄时 0+290.00 剖面第三主应力等值线图（三维模型）（单位：MPa）

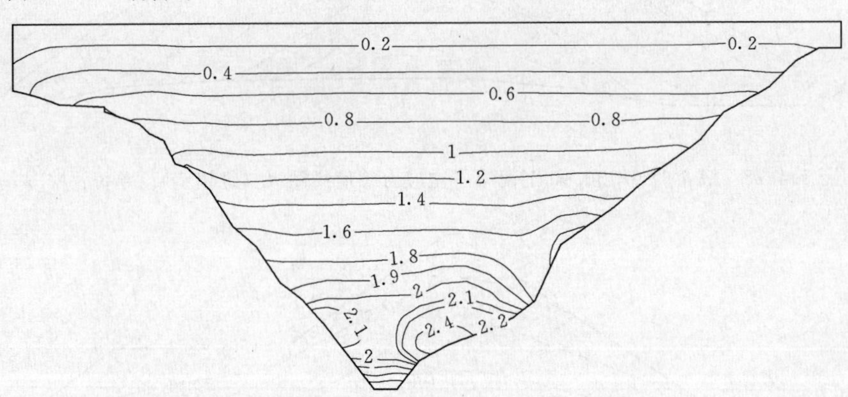

图 9.4.33　满蓄时坝轴线剖面第一主应力等值线图（三维模型）（单位：MPa）

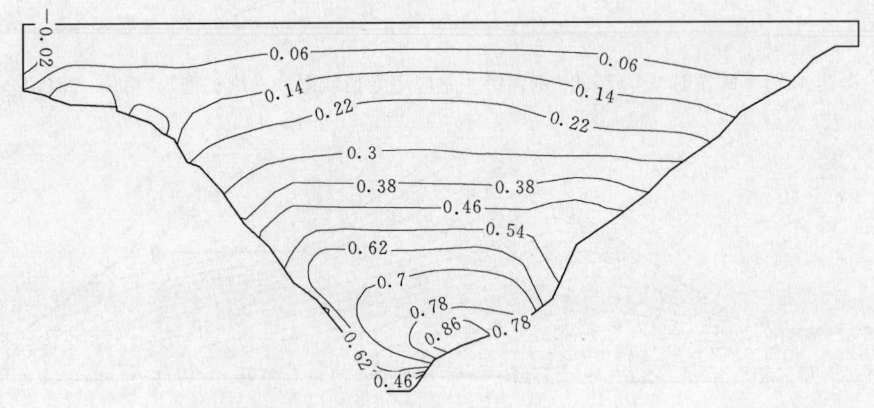

图 9.4.34　满蓄时坝轴线剖面第三主应力等值线图（三维模型）（单位：MPa）

9.4.3 面板变形

竣工期主坝面板挠度和坝轴向的位移分布见图 9.4.35 和图 9.4.36。满蓄时主坝面板挠度和坝轴向的位移分布见图 9.4.37 和图 9.4.38。河床中央面板挠度曲线分布见图 9.4.39。竣工期，由于已经经历了一期面板挡水，因此面板挠度基本指向坝内，位于河床中央的面板底部挠度较大。挠度最大值为 7cm；面板在坝轴向上由河谷向中央挤压，左岸轴向位移最大值为 1.6cm（指向右岸）；右岸最大轴向位移为 1.8cm（指向左岸），轴向位移基本对称分布。

蓄水后，面板变形分布规律较好，面板挠度指向坝内，面板中间区域数值较大，最大值为 24cm。面板轴向有进一步由河谷向中央挤压的趋势，左岸轴向位移最大值为 3.4cm，右岸轴向位移最大值为 3.7cm，轴向位移基本对称分布。

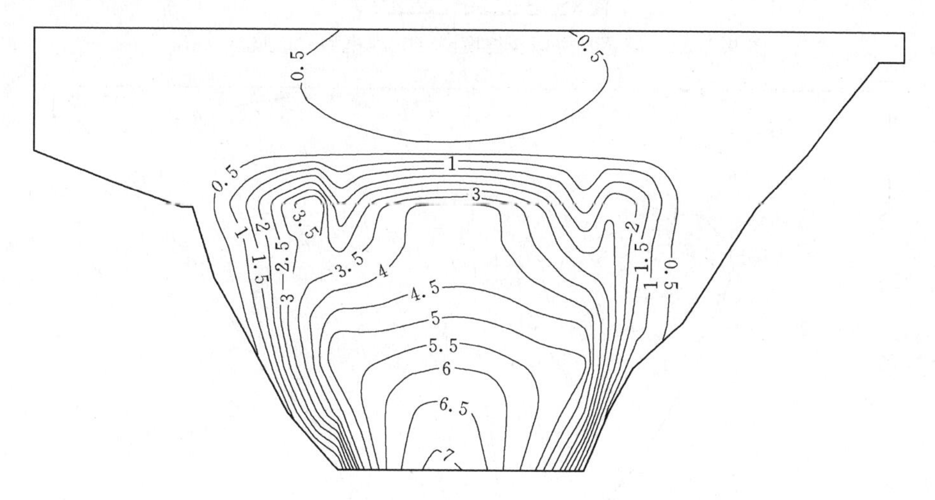

图 9.4.35　竣工期面板挠度分布等值线图（三维模型）（单位：cm）

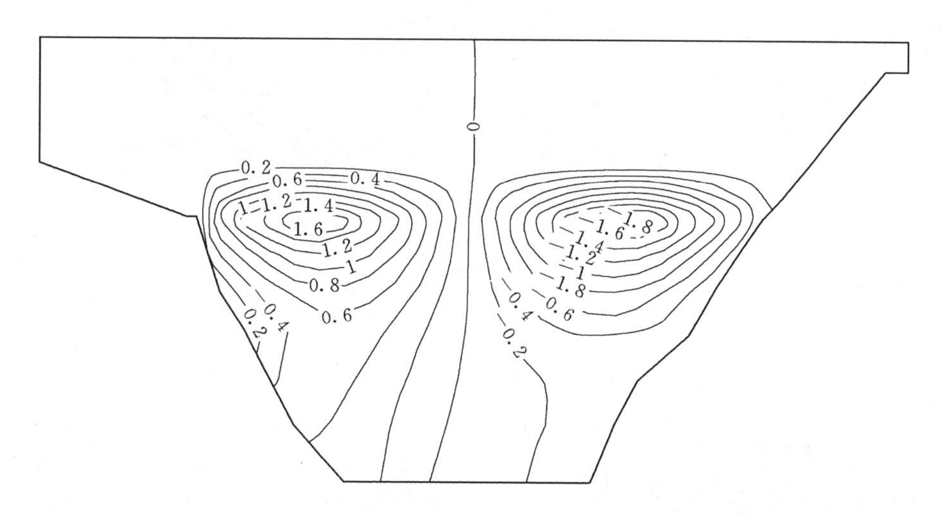

图 9.4.36　竣工期面板轴向位移分布等值线图（三维模型）（单位：cm）

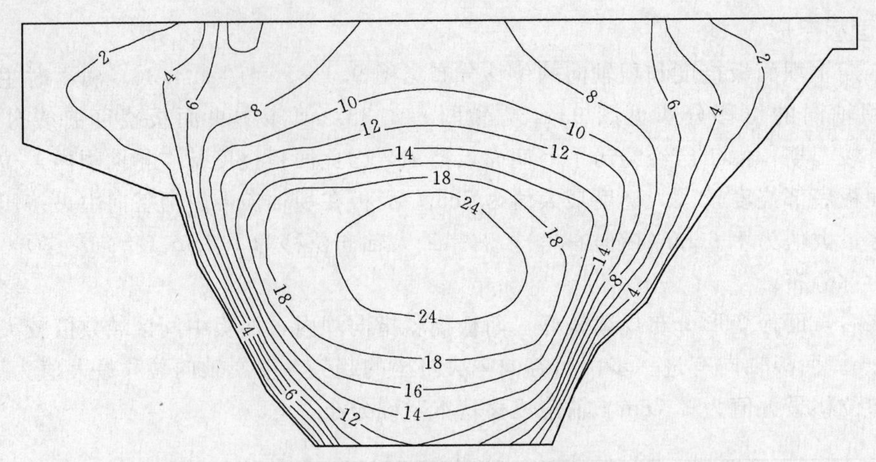

图 9.4.37　满蓄时主面板挠度图（三维模型）（单位：cm）

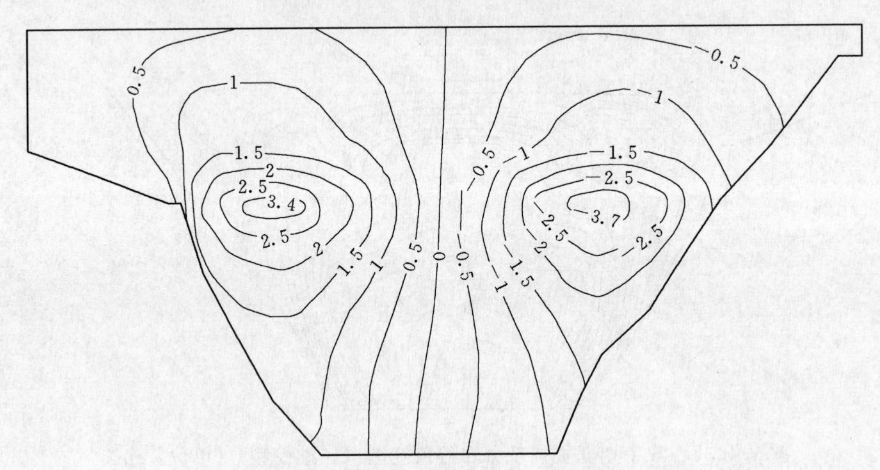

图 9.4.38　满蓄时主面板轴向位移图（三维模型）（单位：cm）

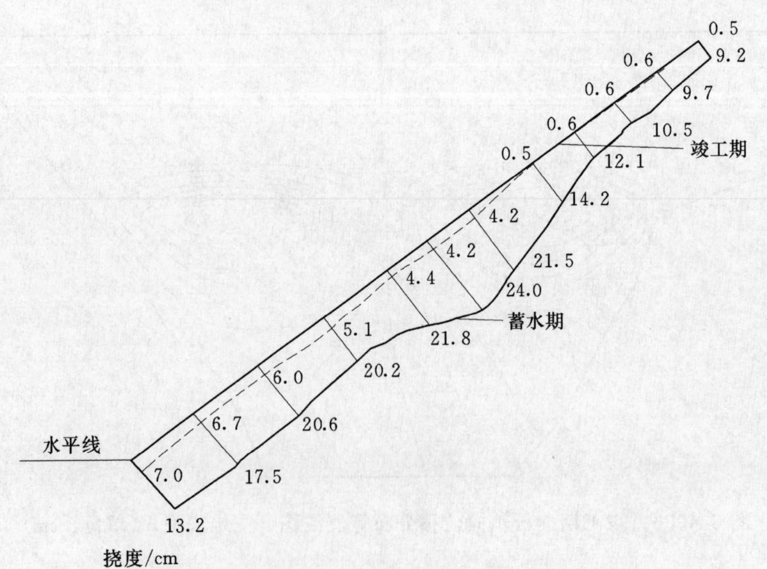

图 9.4.39　河床中央面板挠度分布图（单位：cm）

9.4.4 面板应力

竣工期面板顺坡向和坝轴向的应力等值线见图 9.4.40 和图 9.4.41；满蓄时面板顺坡向和坝轴向应力等值线见图 9.4.42 和图 9.4.43。

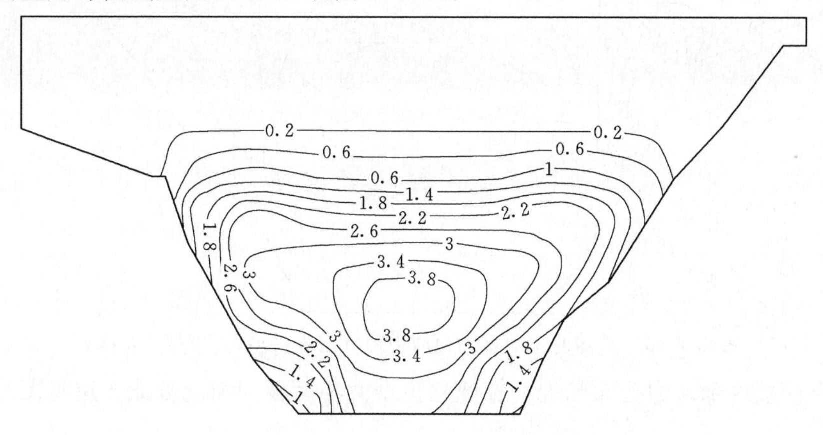

图 9.4.40 竣工期主面板顺坡向应力图（三维模型）（单位：MPa）

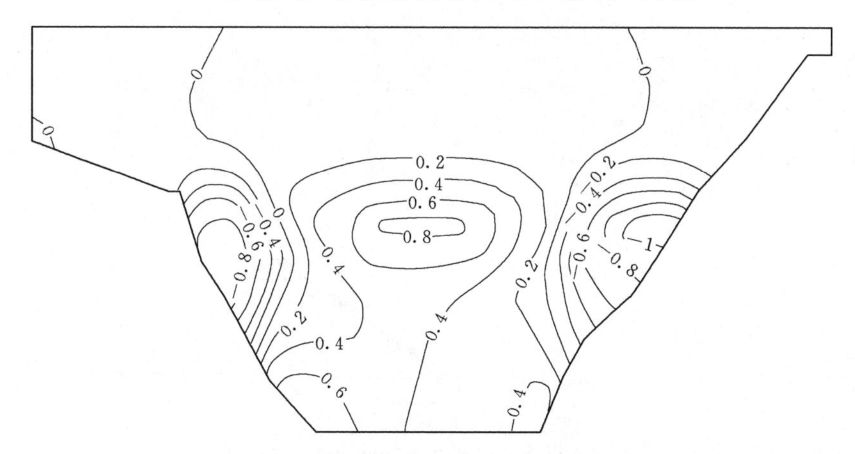

图 9.4.41 竣工期主面板轴向应力图（三维模型）（单位：MPa）

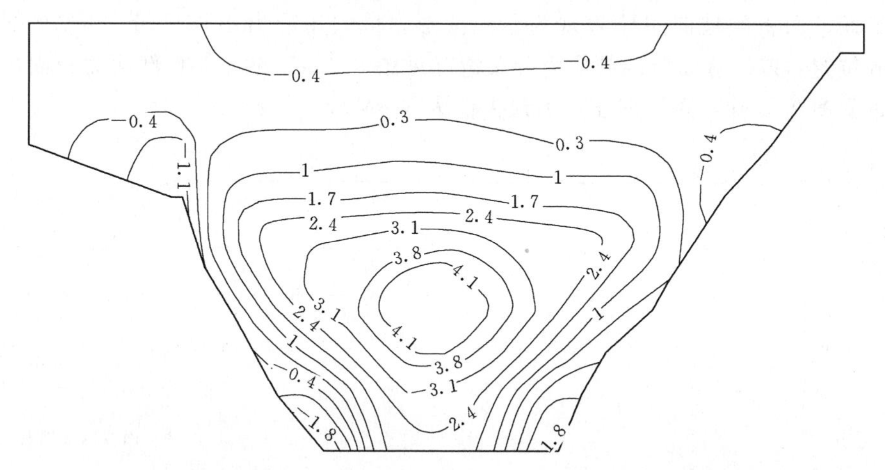

图 9.4.42 满蓄时主面板顺坡向应力图（三维模型）（单位：MPa）

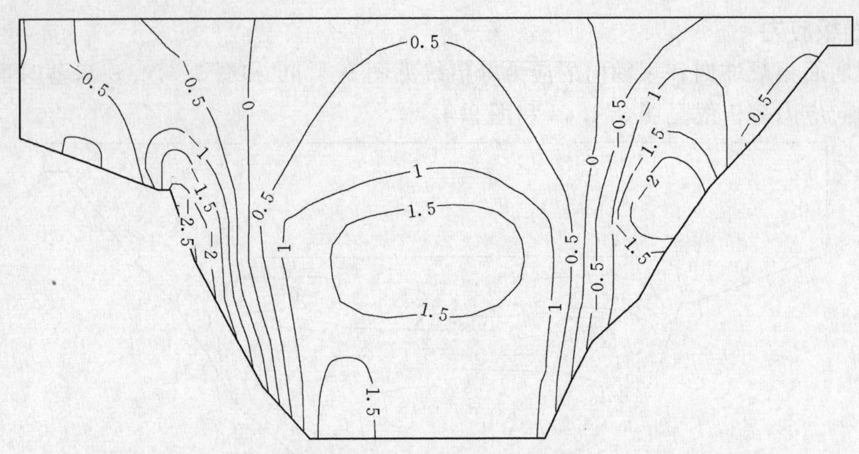

图 9.4.43　满蓄时主面板轴向应力图（三维模型）（单位：MPa）

为研究面板内部应力分布情况，在建立模型时将面板均匀剖分成 5 层见图 9.4.44。

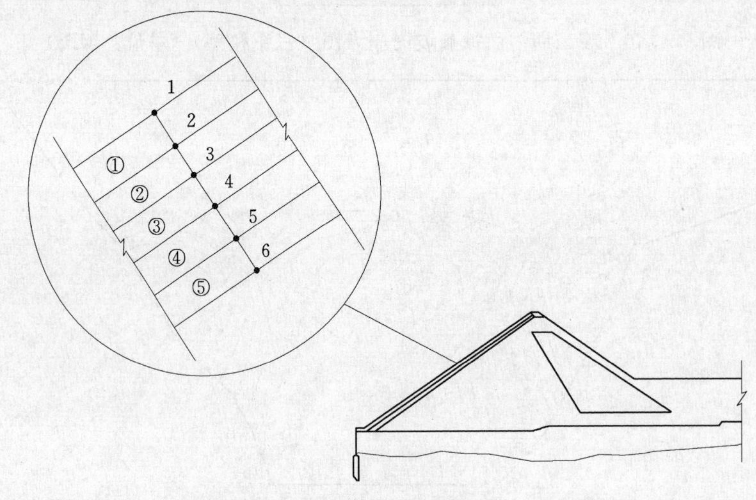

图 9.4.44　面板单元剖分局部放大示意图

竣工期，面板顺坡向主要表现为压缩变形，最大压应力出现桩号 0＋170 剖面高程 182.00m 位置，该位置面板内部应力分布情况见图 9.4.45，0＋170 剖面面板内部最大压应力分布见图 9.4.46，顺坡向压应力最大值为 3.8MPa。

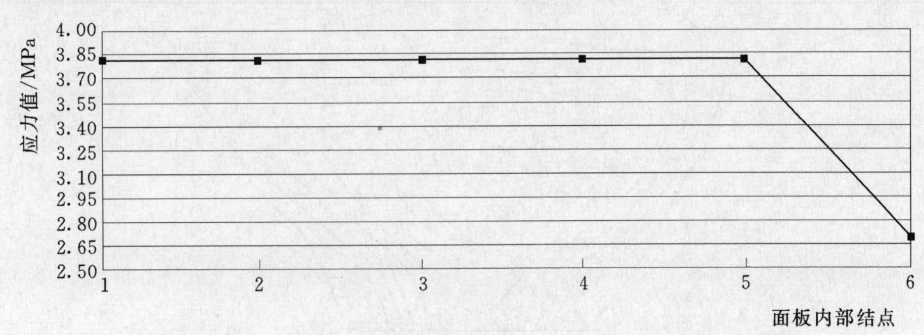

图 9.4.45　竣工时 0＋170 剖面高程 182.00m 面板内部顺坡向应力分布图
（1 结点为最外侧 6 结点为最内侧）

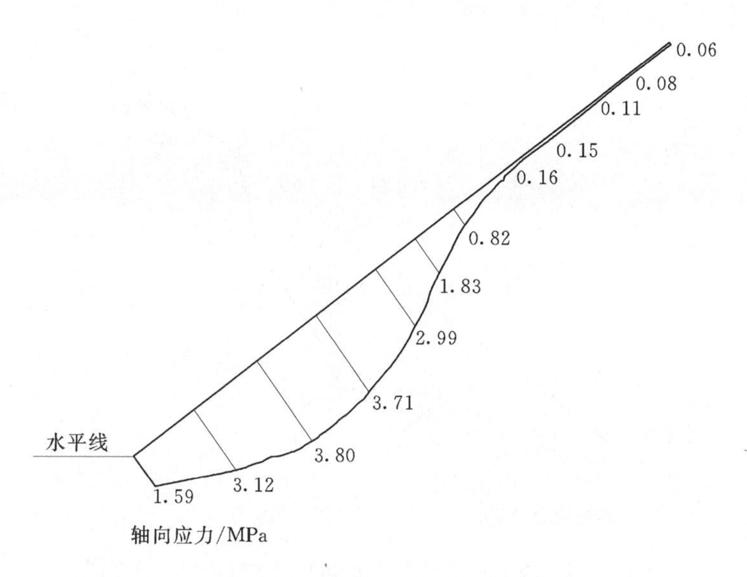

图 9.4.46　竣工时 0+170 剖面面板最大顺坡向应力分布图

面板轴向应力与顺坡向应力相比数值较小，基本呈两岸受拉、中间受压分布，最大压应力出现桩号 0+170 剖面高程 180.00m 位置，该位置面板内部应力分布情况见图 9.4.47，0+170 剖面面板内部最大压力分布见图 9.4.48；最大拉应力出现在桩号为 0+270剖面高程 190.00m 位置，该位置面板面板应力分布见图 9.4.49，最大轴向应力为 1MPa，表现为拉应力。桩号 0+270 剖面面板内部最大轴向应力分布见图 9.4.50。

蓄水后，面板顺坡向主要表现为压缩变形，最大压应力出现桩号 0+170 剖面高程 182.00m 位置，该位置面板内部应力分布情况见图 9.4.51，桩号 0+170 剖面面板内部最大压应力分布见图 9.4.52，顺坡向压应力最大值为 4.1MPa。但靠近河床两端出现较大的拉应力区，以左岸较为明显，最大拉应力为 1.8MPa，出现在桩号 0+110 处面板的最底部，该位置面板内部应力分布情况见图 9.4.53，桩号 0+110 剖面面板内部最大拉应力分布见图 9.4.54。

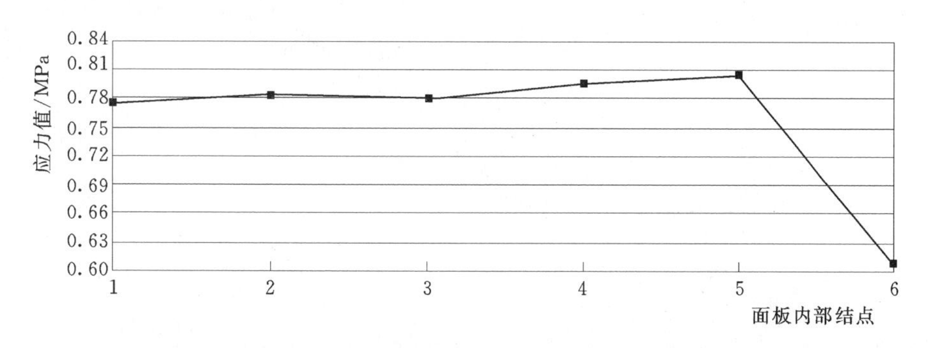

图 9.4.47　竣工时 0+170 剖面高程 180.00m 面板内部轴向应力分布图
（1 结点为最外侧 6 结点为最内侧）

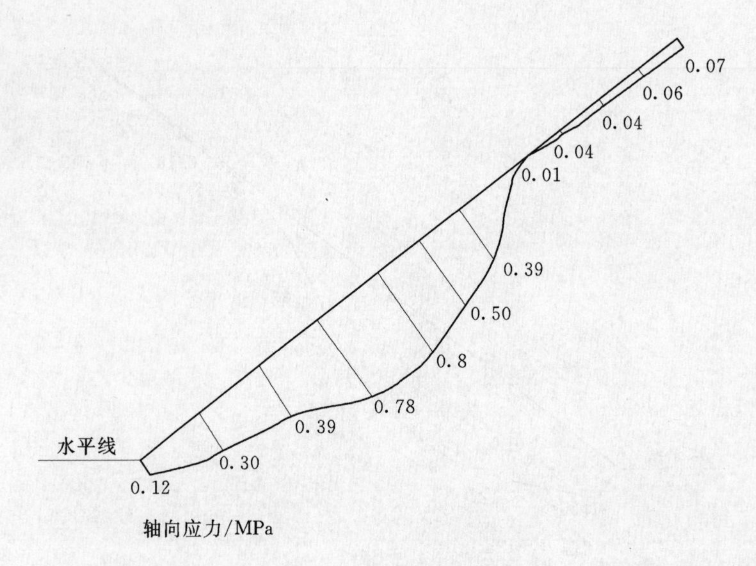

图 9.4.48 竣工时 0+170 剖面面板最大轴向应力分布图

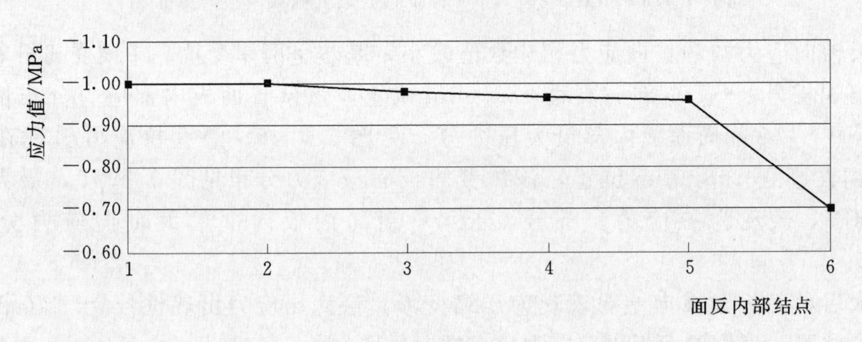

图 9.4.49 竣工时 0+270 剖面高程 190.00m 面板内部轴向拉应力分布图
（1 结点为最外侧 6 结点为最内侧）

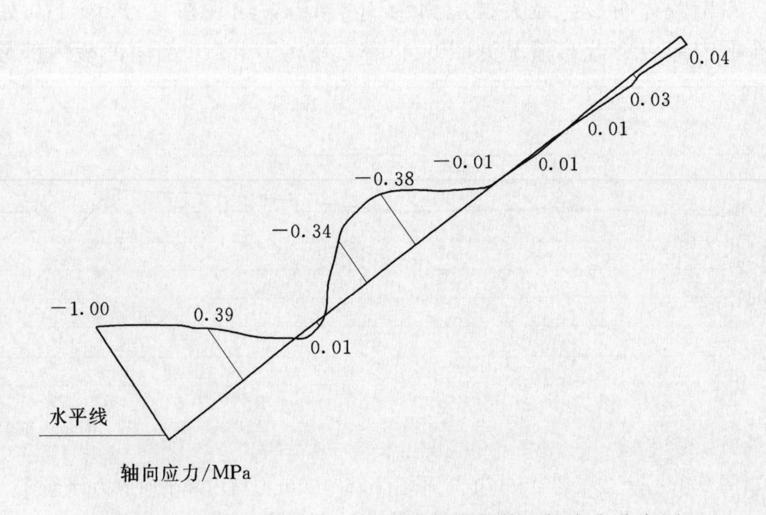

图 9.4.50 竣工时 0+270 剖面面板最大轴向拉应力分布图

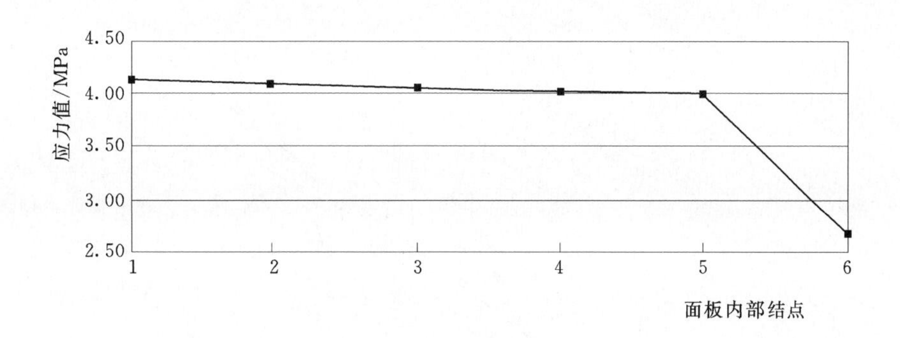

图 9.4.51　满蓄时 0+170 剖面高程 182.00m 面板内部顺坡向压应力分布图
（1 结点为最外侧 6 结点为最内侧）

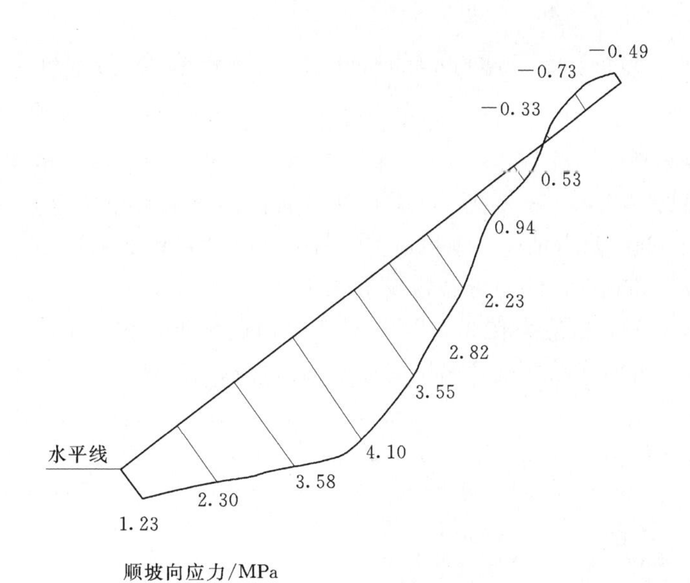

图 9.4.52　满蓄时 0+170 剖面面板最大顺坡向应力分布图

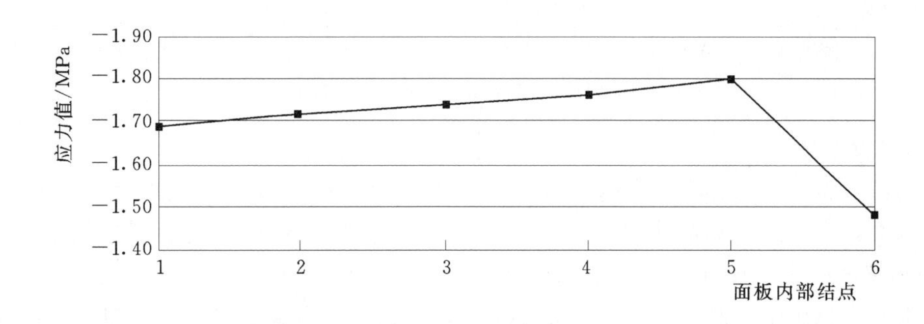

图 9.4.53　满蓄时 0+110 剖面高程 220.00m 面板内部顺坡向拉应力分布图
（1 结点为最外侧 6 结点为最内侧）

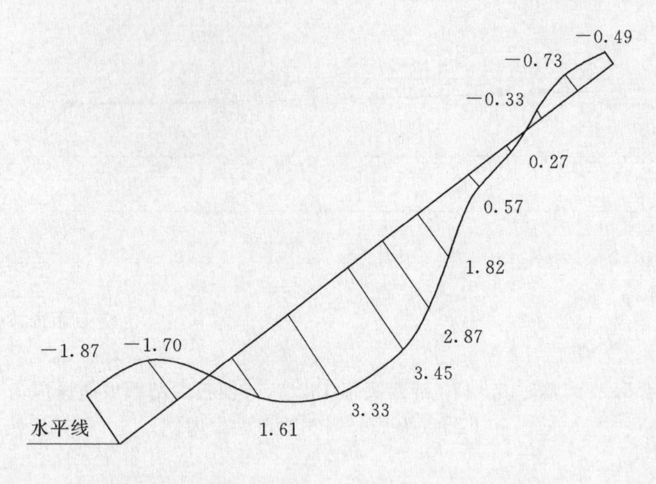

图 9.4.54 满蓄时 0+110 剖面面板最大顺坡向应力分布图

相对于竣工期，轴向应力有所增大，但总体呈两岸面板受拉，中间受压分布，符合轴向应力的一般分布规律。桩号 0+170 高程 217.00m 位置轴向压应力最大，该位置面板内部应力分布情况见图 9.4.55，桩号 0+170 剖面面板内部最大压应力分布见图 9.4.56 所示，最大为 1.5MPa，两岸轴向出现拉应力。桩号 0+40 高程 217.00m 位置轴向拉应力最大，该位置面板内部轴向拉应力分布情况见图 9.4.57。桩号 0+40 剖面面板内部最大压应力分布见图 9.4.58，拉应力在 2.50MPa 以内。由此可见，相对于竣工时面板的应力明显增大，而且在靠近河床的两端及两岸周边处会出现较大的拉应力。

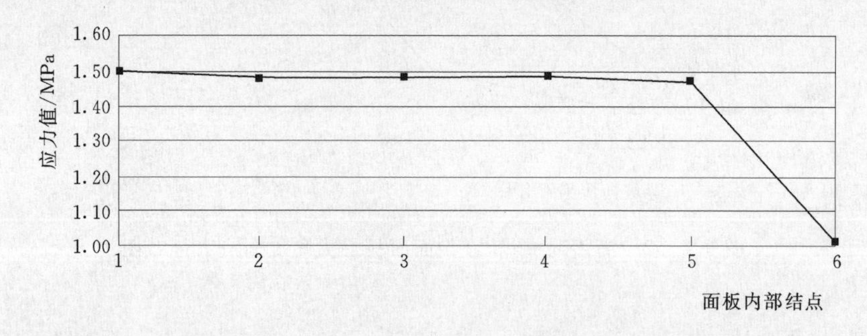

图 9.4.55 满蓄时 0+170 剖面高程 217.00m 面板内部轴向压应力分布图
(1 结点为最外侧 6 结点为最内侧)

9.4.5 接缝变形

周边缝和伸缩缝（亦称垂直缝）的变位的大小对面板止水能否有效地发挥作用是至关重要的。因而，设计人员对此十分关心。竣工期、蓄水期主面板竖缝及周边缝的位移见图 9.4.59 和图 9.4.60，图 9.4.61 为连接板与趾板、防渗墙间接缝位移。图中，竖缝对应的 3 个值从上到下依次排列的是：UX 为顺坡向错动，以缝右侧顺坡向上、左侧向下错动为正；UY 为法向错动，以缝右侧向上、左侧向下错动为正；UZ 为拉压量，以拉为正。周边缝对应的 3 个值从上到下依次排列的是：UX 为顺缝向错动，以缝内侧顺缝向右、外侧向左错动为正；UY 为法向错动，以缝内侧向上、外侧向下错动为正；UZ 为拉压量，以拉为正。

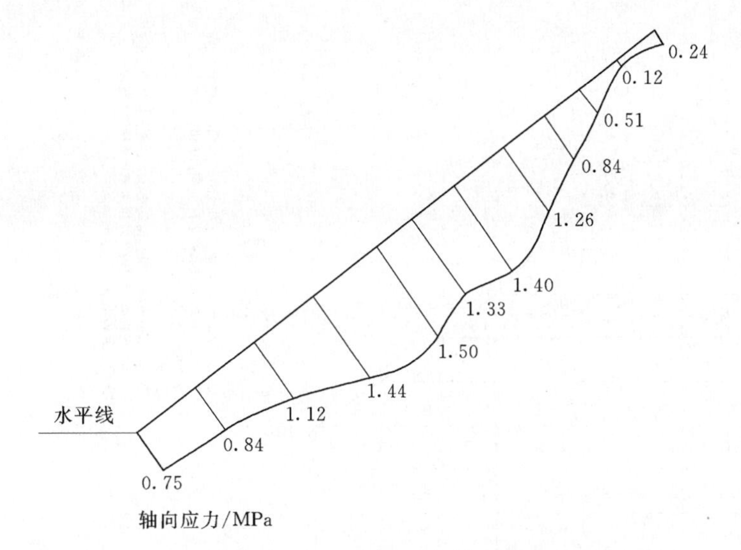

图 9.4.56　满蓄时 0+170 剖面面板最大轴向应力分布图

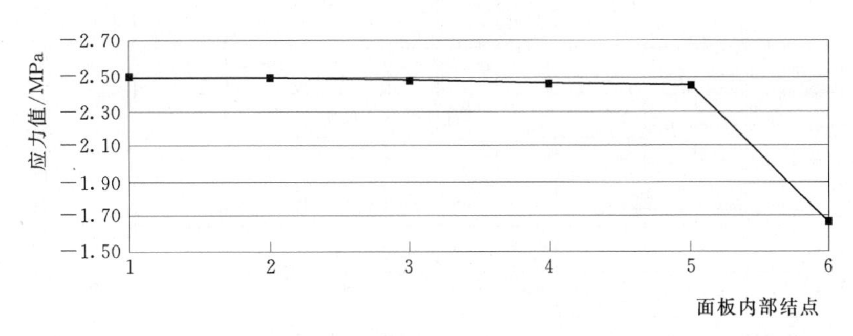

图 9.4.57　满蓄时 0+40 剖面高程 217.00m 面板内部轴向拉应力分布图
（1 结点为最外侧 6 结点为最内侧）

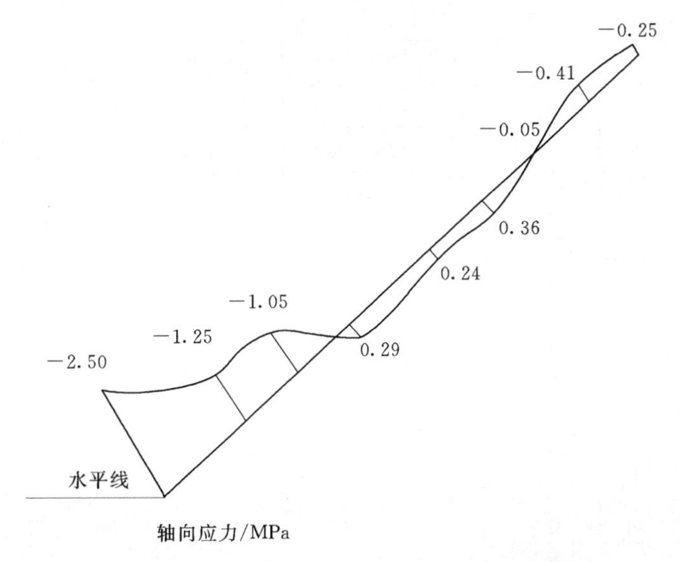

图 9.4.58　满蓄时 0+40 剖面面板最大轴向应力分布图

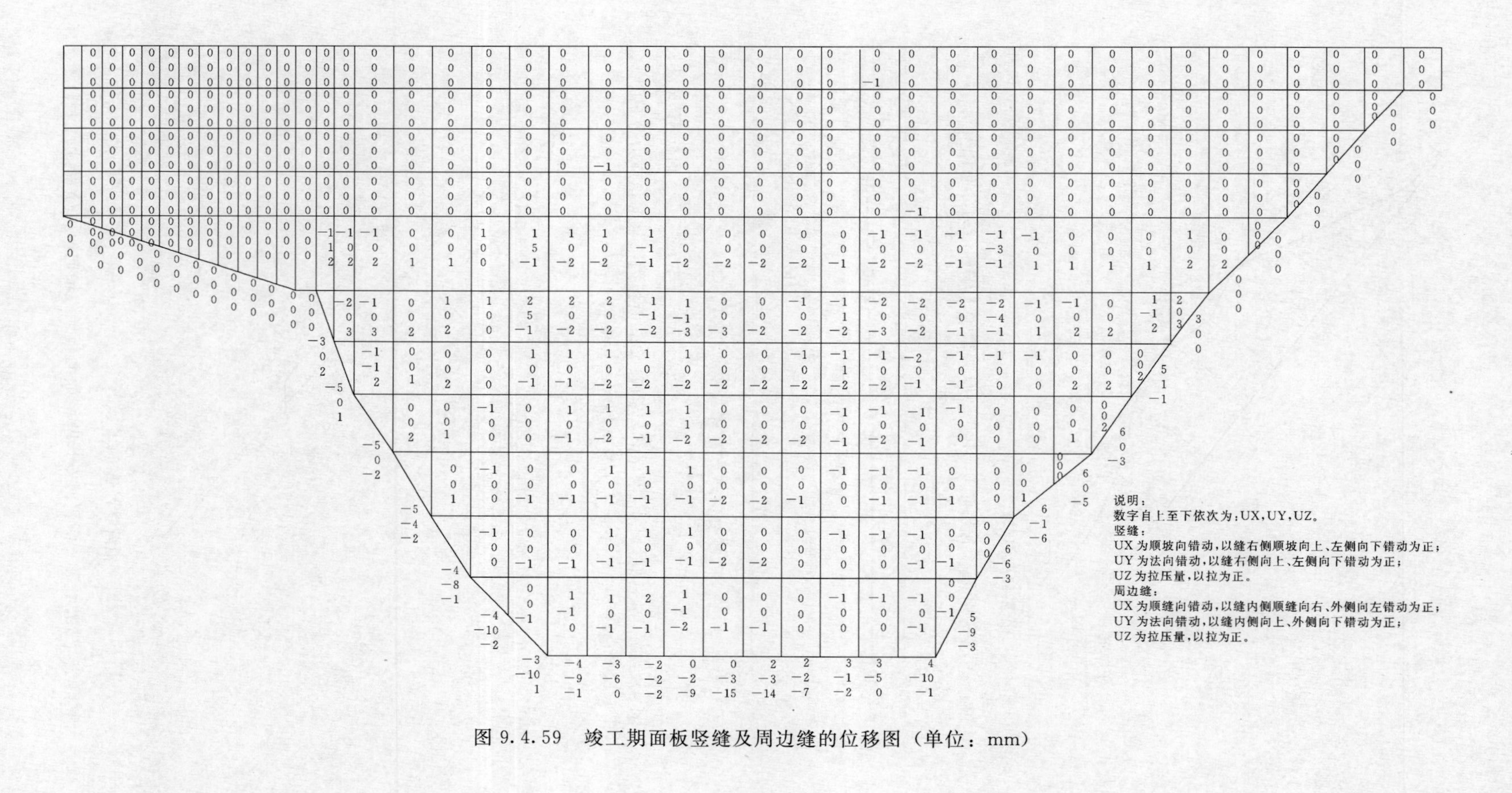

图 9.4.59　竣工期面板竖缝及周边缝的位移图（单位：mm）

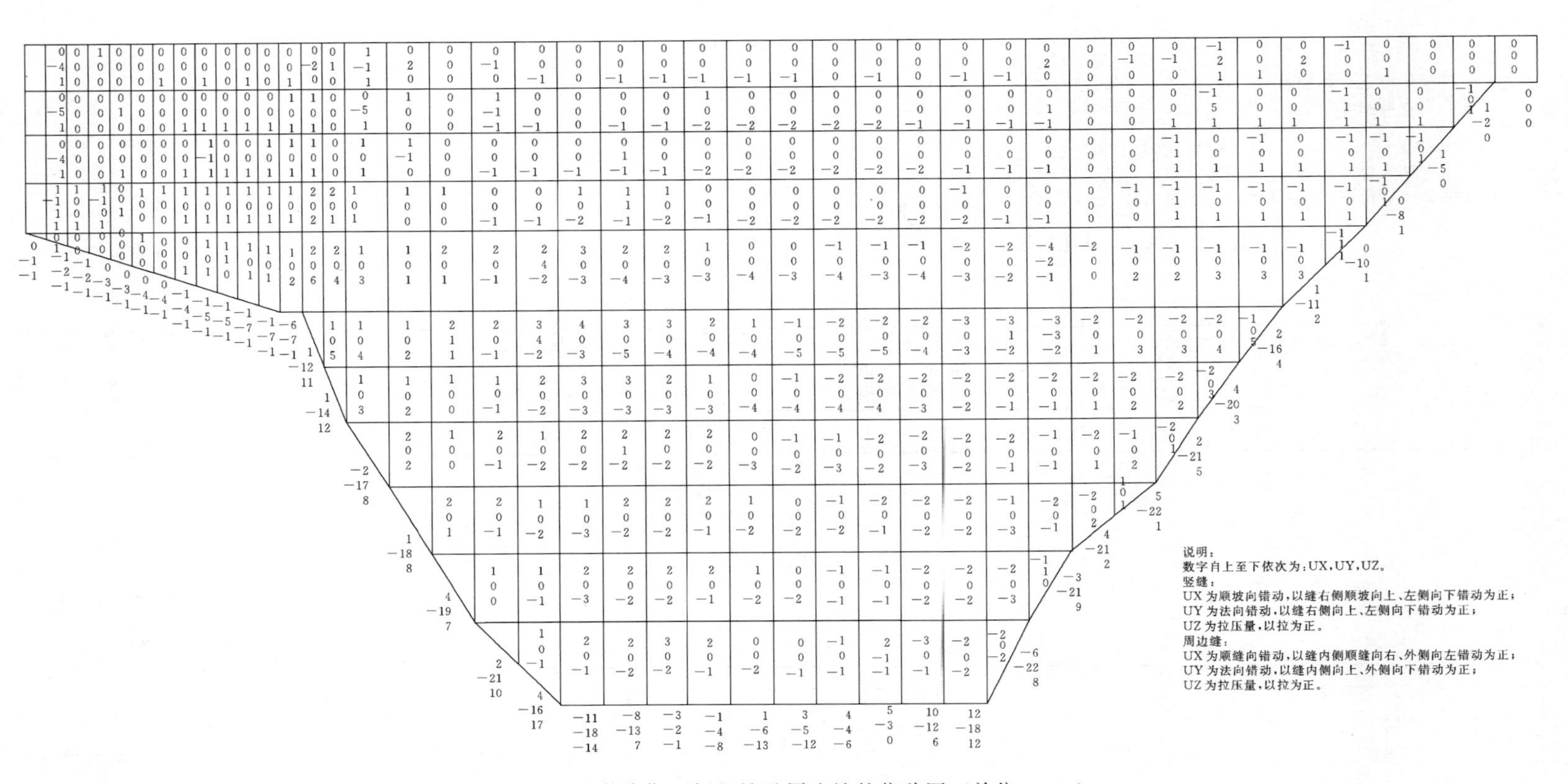

图 9.4.60　蓄水期面板竖缝及周边缝的位移图（单位：mm）

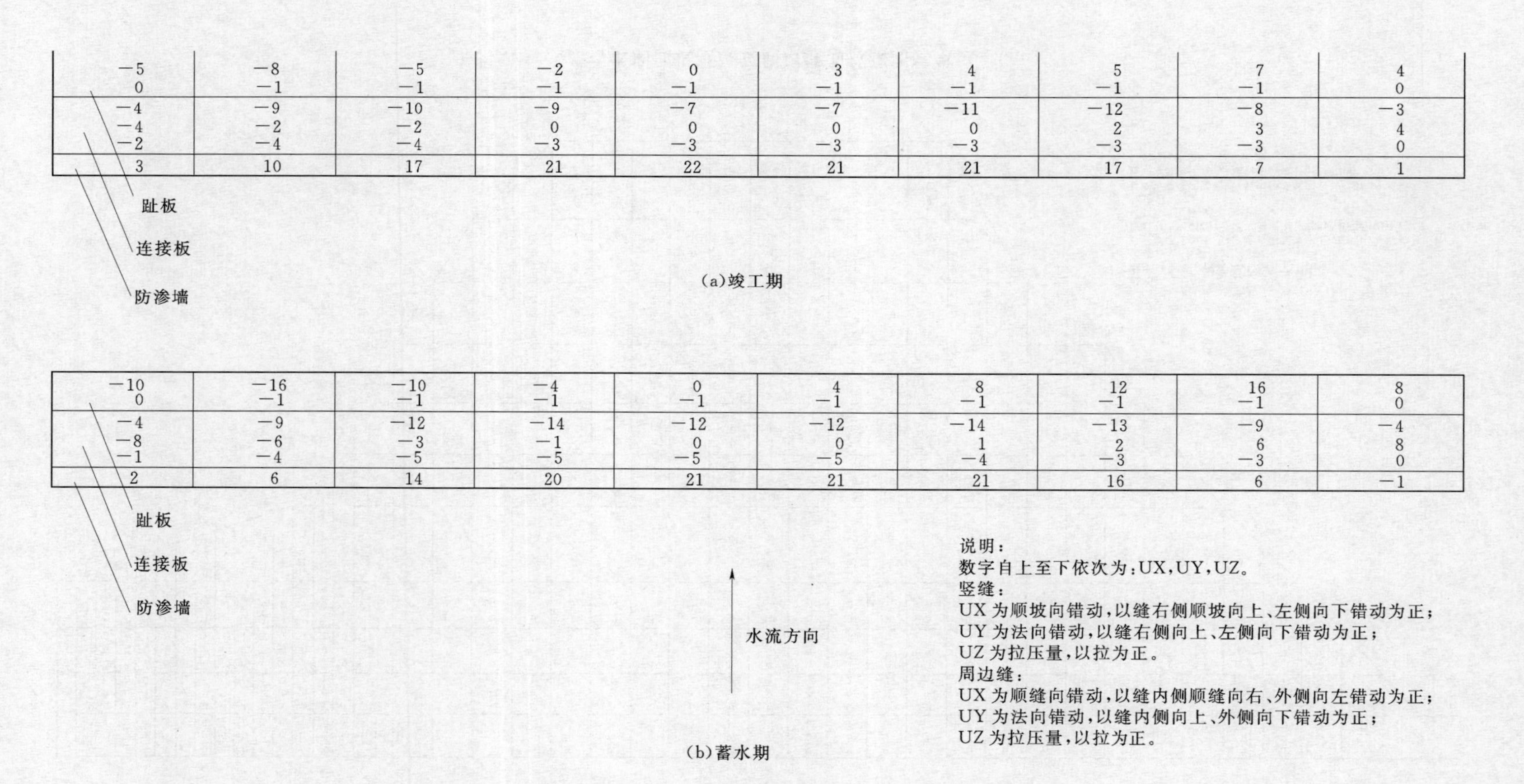

图 9.4.61　连接板与趾板、防渗墙间接缝位移图（单位：mm）

（1）竖缝的变形。竣工期，面板竖缝的变形主要发生在一期面板区域，且数值较小。顺缝方向最大错动为 2mm，主要出现在右岸 2/3 坝高处。垂直面板方向的最大错动 5mm，出现在左岸 2/3 坝高处。竣工期，河床中央竖缝呈压紧状态，最大压缩量为 3mm，面板中部 1/2 坝高处。两岸竖缝呈张开状态，最大张开量为 3mm，出现在左右岸的 1/2 坝高处。

水库蓄水后，面板竖缝的变形有所增加。顺缝方向错动的最大值为 4mm，出现在左岸 2/3 坝高处。垂直于面板方向的最大错动为 4mm，出现在左岸 1/2 坝高处。与竣工期一样，河床中央竖缝呈压紧状态，两岸呈张开状态，不过数值有所增大。最大压缩量为 5mm，出现在面板中部 1/2 坝高处。最大拉伸量为 6mm，出现在左岸的 2/3 坝高处。

（2）周边缝的变形。竣工期，位于岸坡的周边缝变形较小，各个方向位移均在 10mm 以下，而位于河床中央的周边缝，由于基础覆盖层产生较大的变形，使得周边缝产生较大法向错动和张开位移，法向最大错动位移为 10mm，最大压缩位移为 15mm，但顺缝方向位移较小，小于 4mm。

蓄水期，位于岸坡的周边缝变形较大法向错动变形 22mm，位于右岸 1/3 坝高处，而位于河床中央的周边缝的法向位移和张形位移变化较小，法向最大位移为 18mm，最大压缩位移为 14mm。顺缝方向位移较小，小于 12mm。

（3）连接板与趾板、防渗墙之间接缝变形。竣工期，连接板与趾板顺缝方向最大错动为 8mm，最大法向位移为 1mm，连接板与趾板表现为压缩状态，最大压缩量为 12mm；连接板与防渗墙之间顺缝方向最大错动为 4mm，最大法向位移为 4mm，最大压缩量为 22mm。蓄水期接缝的变形规律与竣工期一致。连接板与趾板间顺缝方向、法向和压缩最大位移分别为 16mm、1mm 和 14mm；连接板与防渗墙之间的三个方向位移最大值分别为 8mm、5mm 和 21mm。

9.4.6 防渗墙变形

竣工期防渗墙挠度及坝轴向位移等值线见图 9.4.62 和图 9.4.63，蓄水后防渗墙挠度及坝轴向位移等值线见图 9.4.64 和图 9.4.65。

由于竣工期已经蓄有一定高度的水位，防渗墙顺河呈现向下游变形，最大挠度出现在河床中央的顶部。最大挠度为指向下游 5.0cm。在坝轴线方向，防渗墙呈两岸向河岸中央挤压的趋势，但位移较小小于 0.4cm。

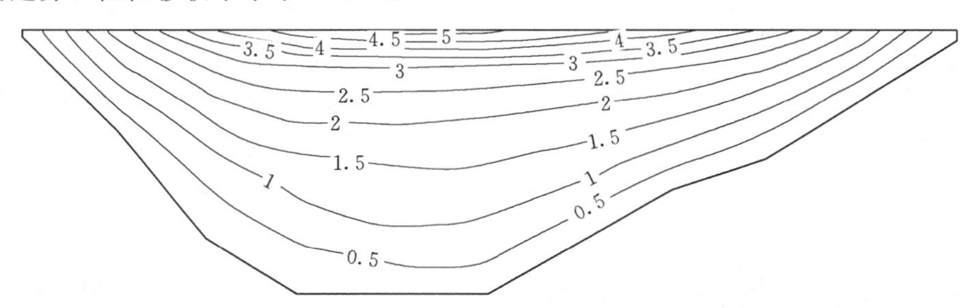

图 9.4.62　竣工期防渗墙挠度图（三维模型）（单位：cm）

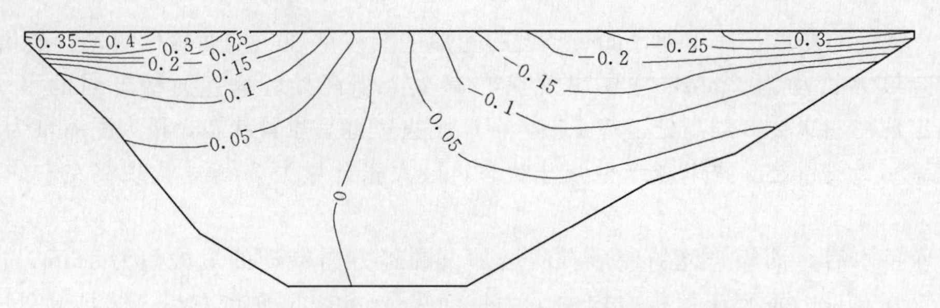

图 9.4.63　竣工期防渗墙坝轴向位移图（三维模型）（单位：cm）

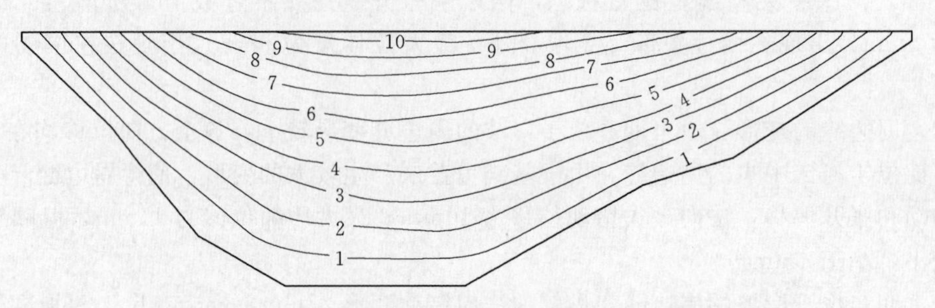

图 9.4.64　满蓄时防渗墙挠度图（三维模型）（单位：cm）

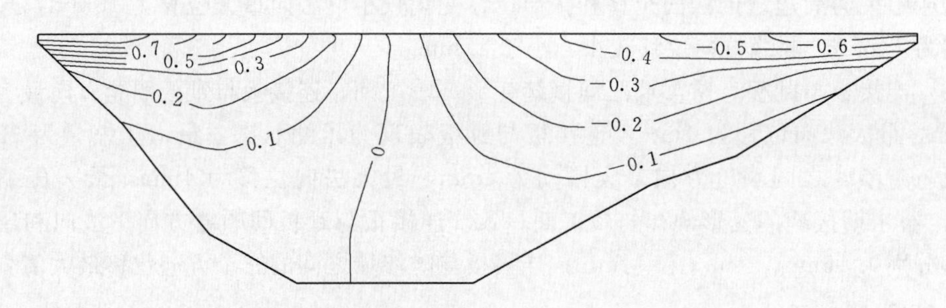

图 9.4.65　满蓄时防渗墙坝轴向位移图（三维模型）（单位：cm）

水库蓄水后，在水荷载作用下，防渗墙向下游变形，挠度最大部位发生了变化，最大挠度发生在河床中央两侧对称位置的顶部；最大挠度为 10.0cm。蓄水期防渗墙的轴向分布基本上与竣工期相同，数值较小，最大轴向位移小于 0.7cm。

9.4.7　防渗墙应力

竣工期防渗墙第一、第三主应力等值线见图 9.4.66 和图 9.4.67，蓄水后防渗墙第一、第三主应力等值线见图 9.4.68 和图 9.4.69。

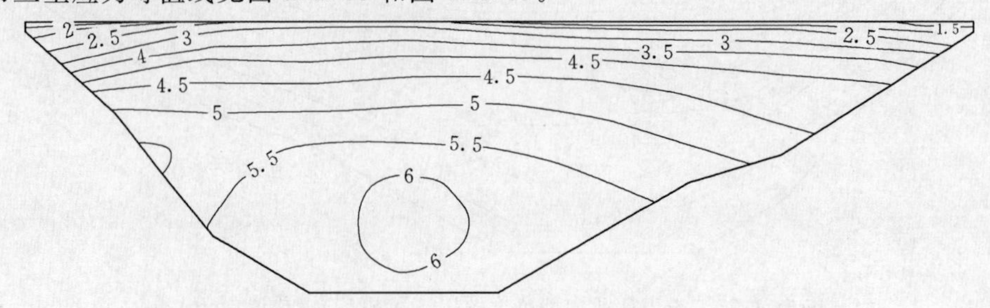

图 9.4.66　竣工期防渗墙第一主应力图（三维模型）（单位：MPa）

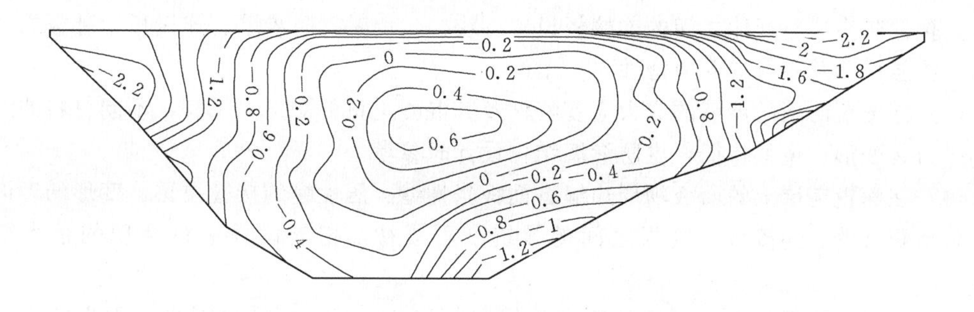

图 9.4.67 竣工期防渗墙第三主应力图（三维模型）（单位：MPa）

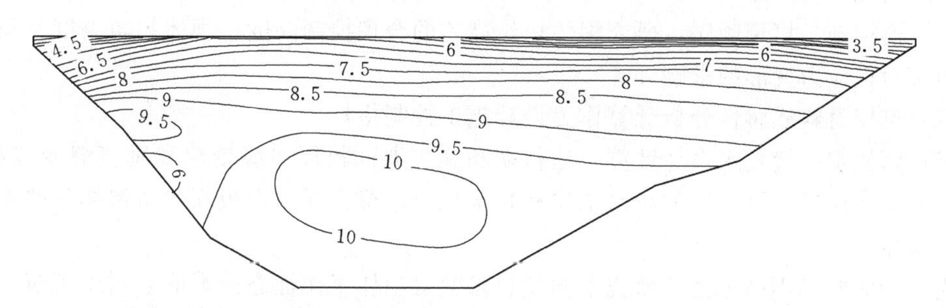

图 9.4.68 满蓄时防渗墙第一主应力图（三维模型）（单位：MPa）

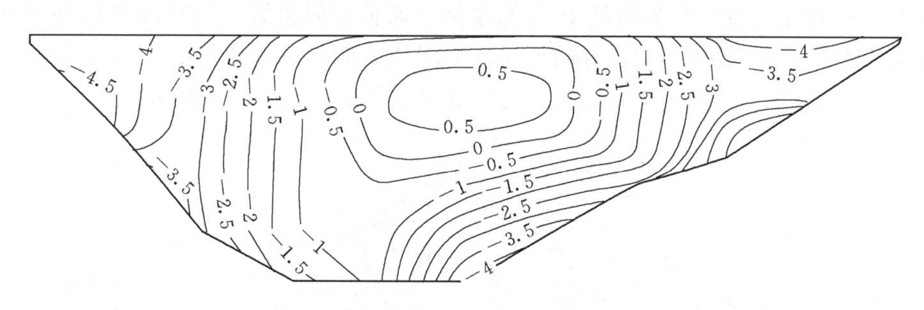

图 9.4.69 满蓄时防渗墙第三主应力图（三维模型）（单位：MPa）

竣工期，防渗墙的第一主应力的最大值为 6.0MPa。防渗墙第三主应力主要为拉应力，最大值为 2.2MPa，其余部位数值较小。

水库蓄水期，防渗墙第一主应力仍为压应力，靠近基础的部位压应力较大，防渗墙的第一主应力的最大值为 10.0MPa。防渗墙第三主应力仍为拉应力，最大值为 4.5MPa，其余部位数值较小。

9.5 三维静力参数敏感性分析

三维静力参数敏感性分析主要包括下列几个方面的内容：

（1）通过计算分析研究坝体、防渗墙、坝基覆盖层砂卵石在施工期和蓄水期的应力变形特性。计算分析施工期和蓄水期，坝体沉降、水平位移分布（顺河向及沿坝轴线方向）以及坝体大、小主应力及应力水平分布。

（2）深覆盖层下防渗墙与坝体的合适位置关系研究，其静力和动力条件下的应力变形情况。包括防渗墙与坝体之间的连接板设置一块、二块时，防渗墙、连接板、趾板之间的变形、接缝位移及各自的受力特性。

(3) 深覆盖层下防渗墙的应力应变特性及其混凝土材料C25与C35，不同材料的选取下的受力、变形、位移特征，供防渗墙结构设计时参考。

(4) 在深覆盖层上的面板坝周边缝、面板张性缝、压性缝的接缝位移、变形的容许范围，包括防渗墙、连接板、趾板之间的接缝变形规律，指导设计进行合理的止水结构设计。

(5) 通过计算混凝土面板的挠度和坝轴向位移分布，分析计算混凝土面板的应力分布，对结构配筋提出建议。

(6) 模拟施工填筑顺序，研究坝体填筑高差的合理控制高度、坝体超填高度、预留沉降时间对面板应力变形的影响。

(7) 筑坝材料敏感性分析计算作为设计施工控制指标。

(8) 面板坝接缝止水设计计算：运行期和施工期面板周边缝变位和垂直缝变位数值，使设计上选择能适应该变形的止水结构和止水材料，覆盖层上面板坝的防渗体系的安全性是否有保障。

为了考虑施工不确定性，研究不同坝料参数对坝体工作性态的影响，对施工筑坝控制参数进行敏感性分析。即将坝料及河床料邓肯—张模型的主要参数 K 和 K_b 分别降低10%和20%作对比计算，参数降低10%的坝体、面板、周边缝、面板缝等位移和应力的计算结果见图9.5.1～图9.5.27，降低20%的坝体、面板、周边缝、面板缝等位移和应力的计算结果见图9.5.28～图9.5.54，计算成果汇总见表9.5.1～表9.5.3。

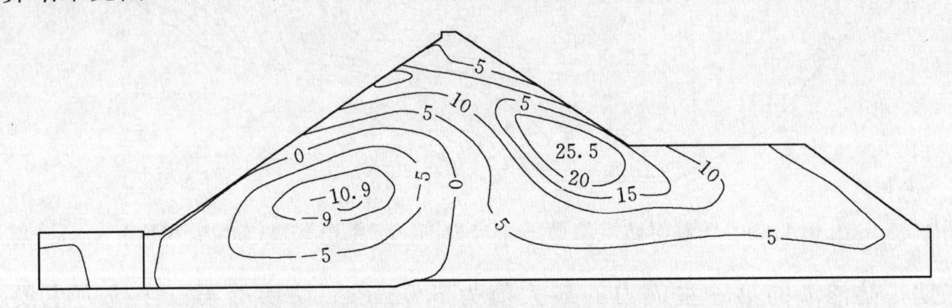

图9.5.1　静力主要参数降低10%竣工期坝体水平向位移图（三维模型）（单位：cm）

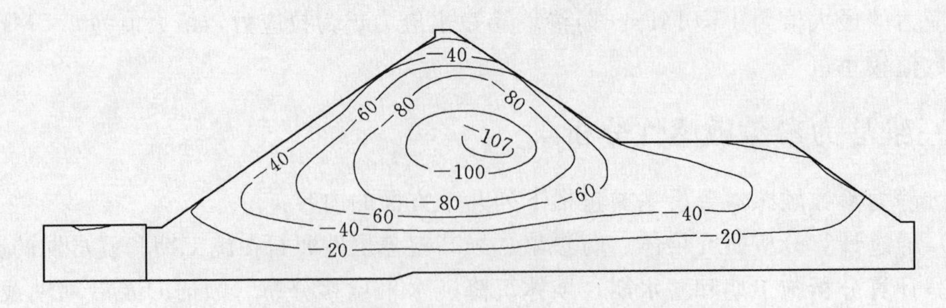

图9.5.2　静力主要参数降低10%竣工期坝体竖直向位移图（三维模型）（单位：cm）

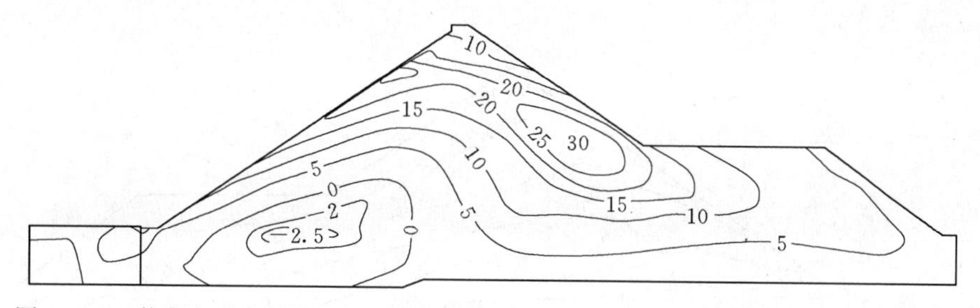

图 9.5.3　静力主要参数降低 10%满蓄期坝体水平向位移图（三维模型）（单位：cm）

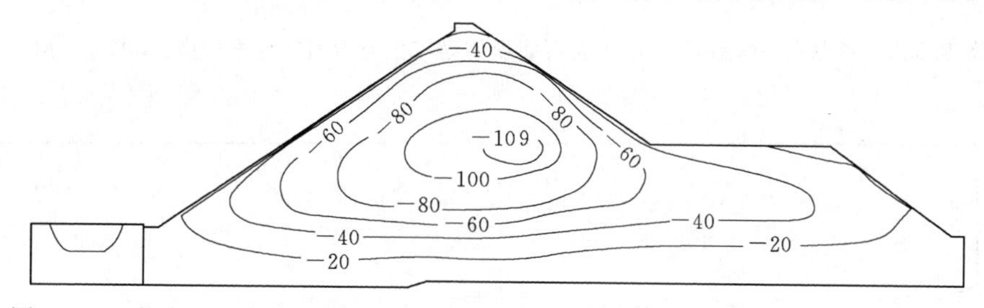

图 9.5.4　静力主要参数降低 10%满蓄期坝体竖直向位移图（三维模型）（单位：cm）

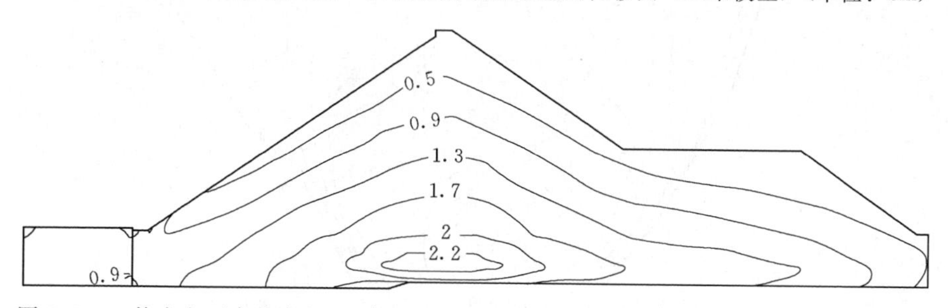

图 9.5.5　静力主要参数降低 10%竣工期坝体第一主应力图（三维模型）（单位：MPa）

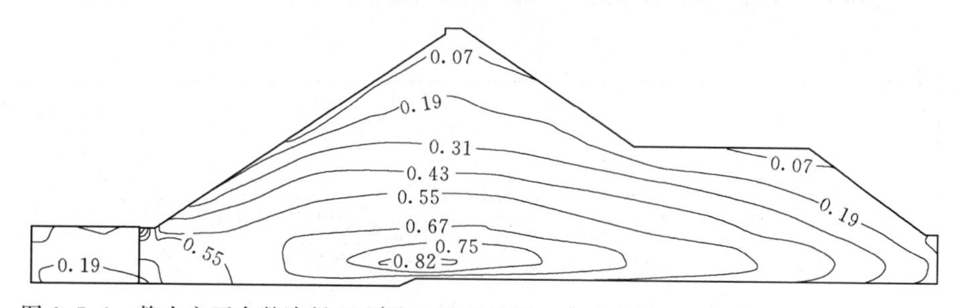

图 9.5.6　静力主要参数降低 10%竣工期坝体第三主应力图（三维模型）（单位：MPa）

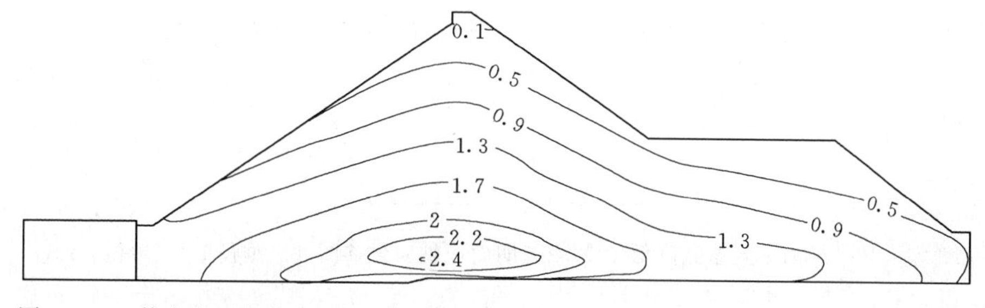

图 9.5.7　静力主要参数降低 10%满蓄期坝体第一主应力图（三维模型）（单位：MPa）

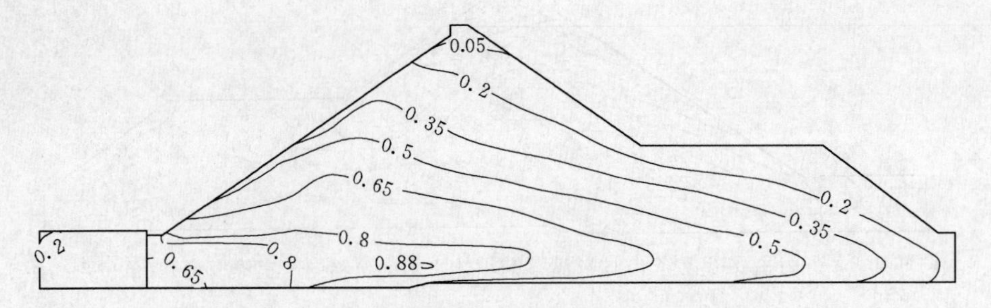

图 9.5.8　静力主要参数降低 10%满蓄期坝体第三主应力图（三维模型）（单位：MPa）

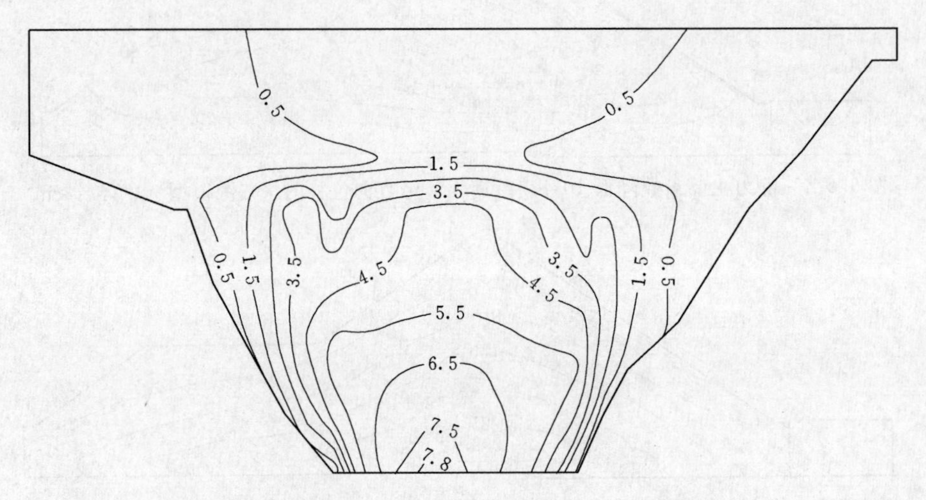

图 9.5.9　静力主要参数降低 10%竣工期面板挠度图（三维模型）（单位：cm）

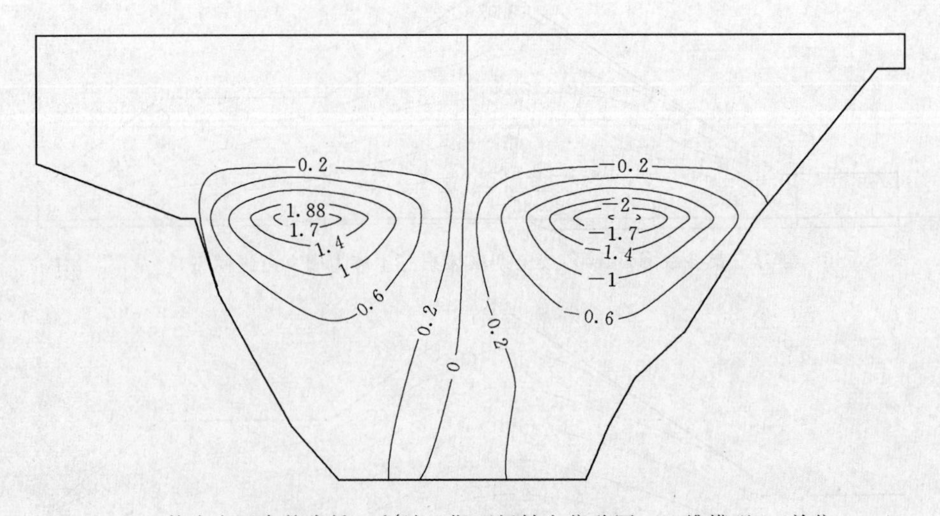

图 9.5.10　静力主要参数降低 10%竣工期面板轴向位移图（三维模型）（单位：cm）

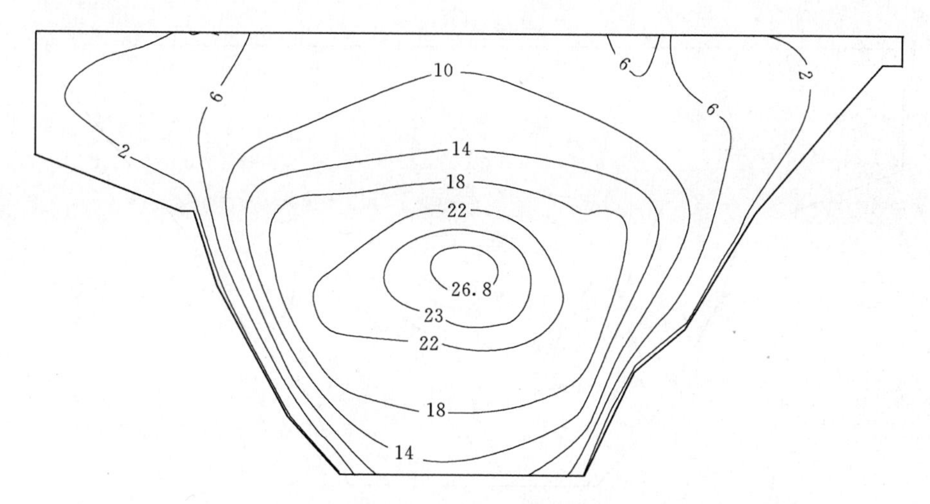

图 9.5.11 静力主要参数降低 10%满蓄期面板挠度图（三维模型）（单位：cm）

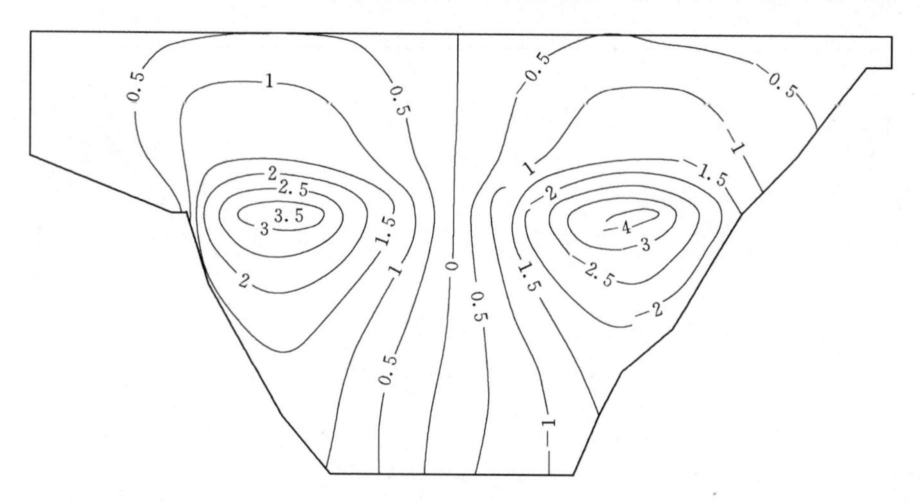

图 9.5.12 静力主要参数降低 10%满蓄期面板轴向位移图（三维模型）（单位：cm）

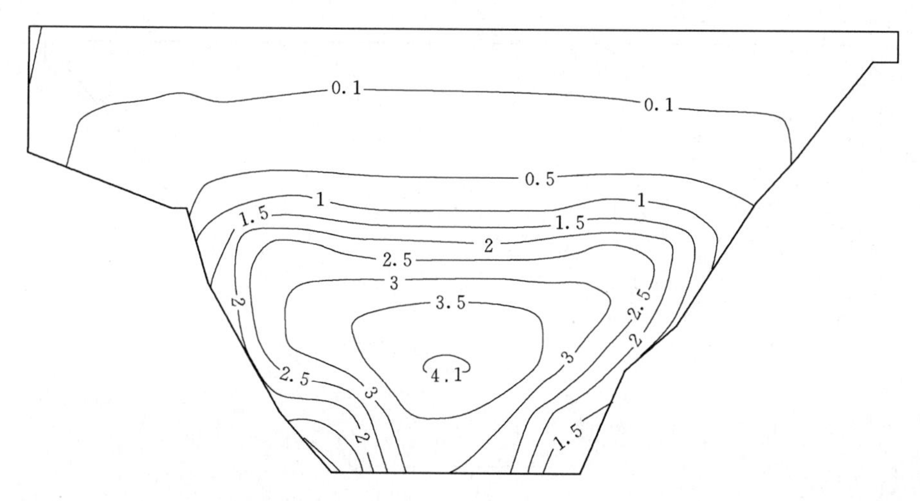

图 9.5.13 静力主要参数降低 10%竣工期面板顺坡向应力图（三维模型）（单位：MPa）

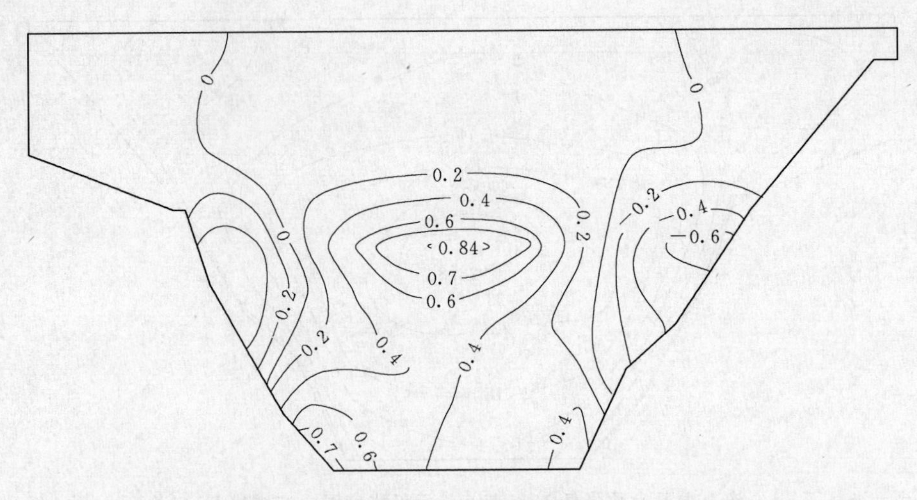

图 9.5.14 静力主要参数降低 10%竣工期面板轴向应力图（三维模型）（单位：MPa）

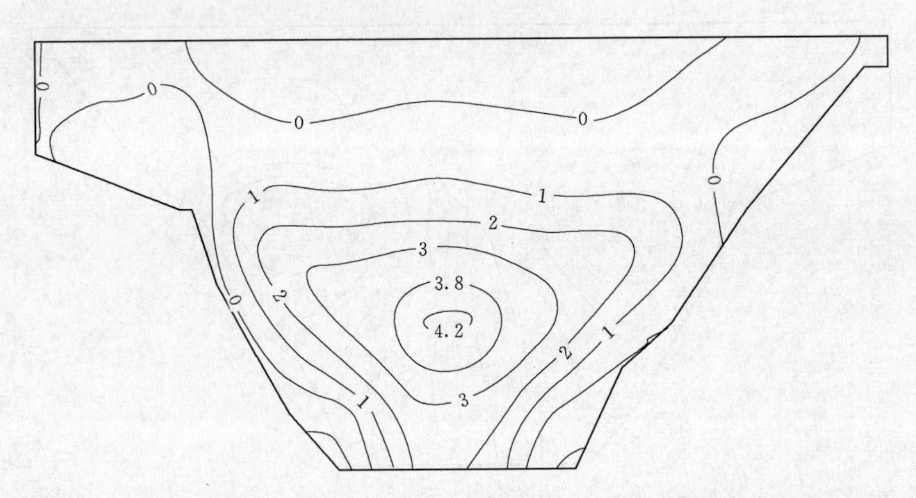

图 9.5.15 静力主要参数降低 10%满蓄期面板顺坡向应力图（三维模型）（单位：MPa）

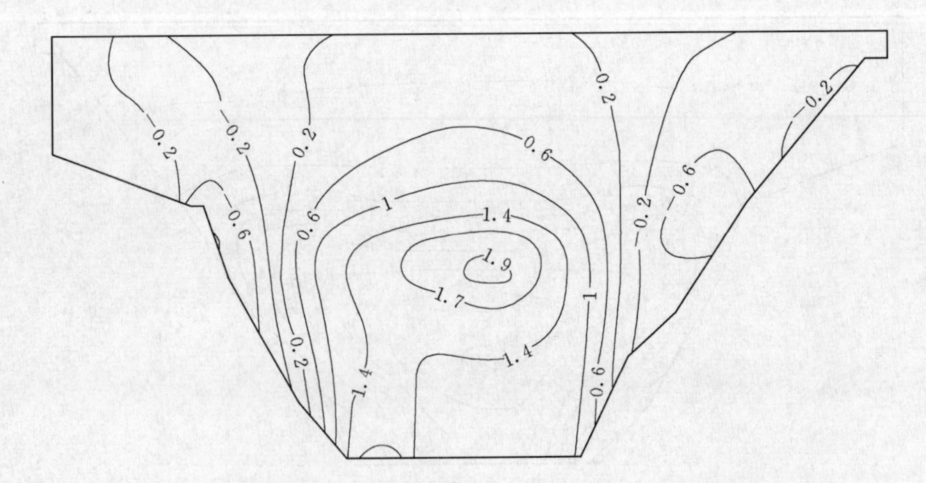

图 9.5.16 静力主要参数降低 10%满蓄期面板轴向应力图（三维模型）（单位：MPa）

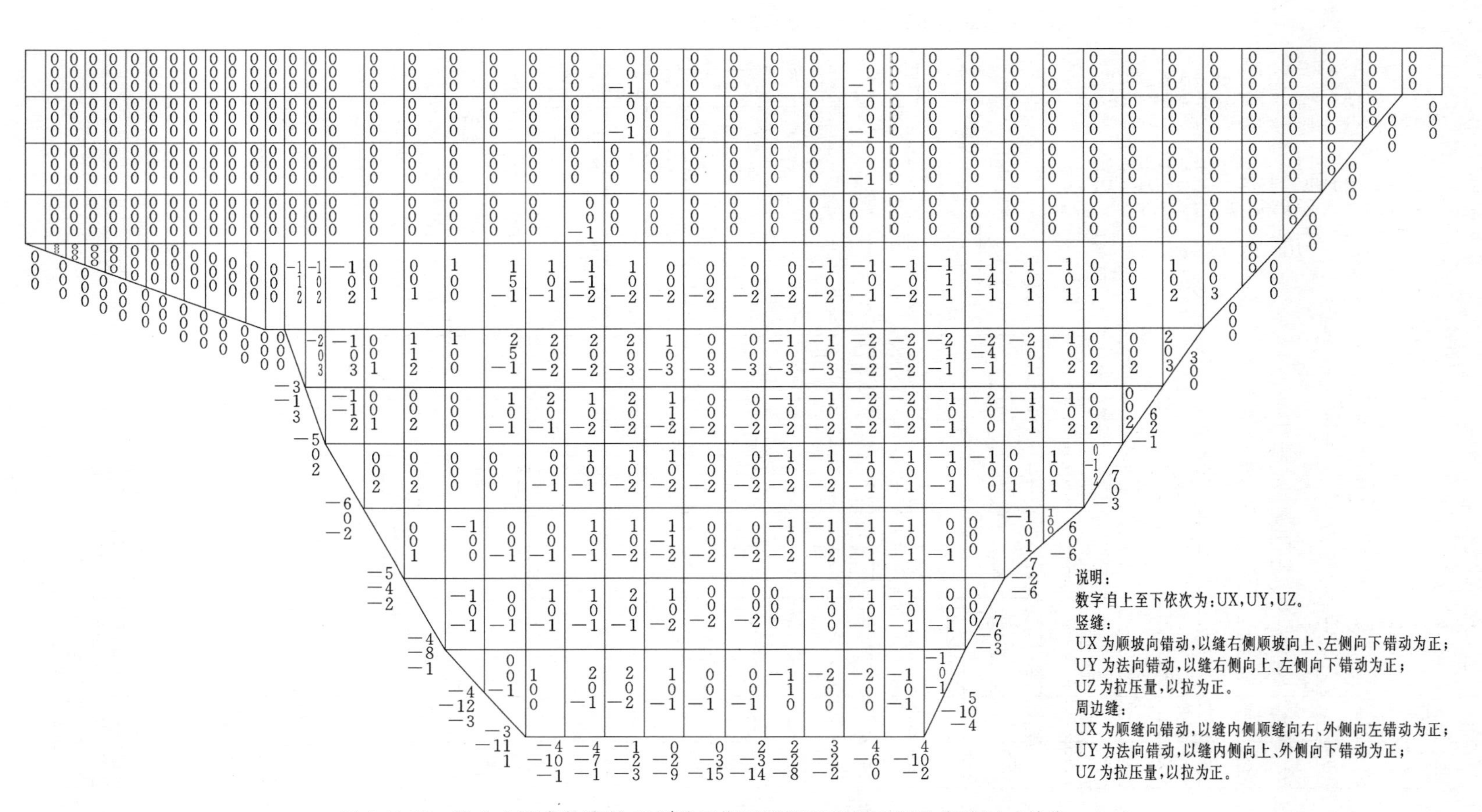

图 9.5.17　静力主要参数降低 10%竣工期面板竖缝及周边缝的位移图（单位：mm）

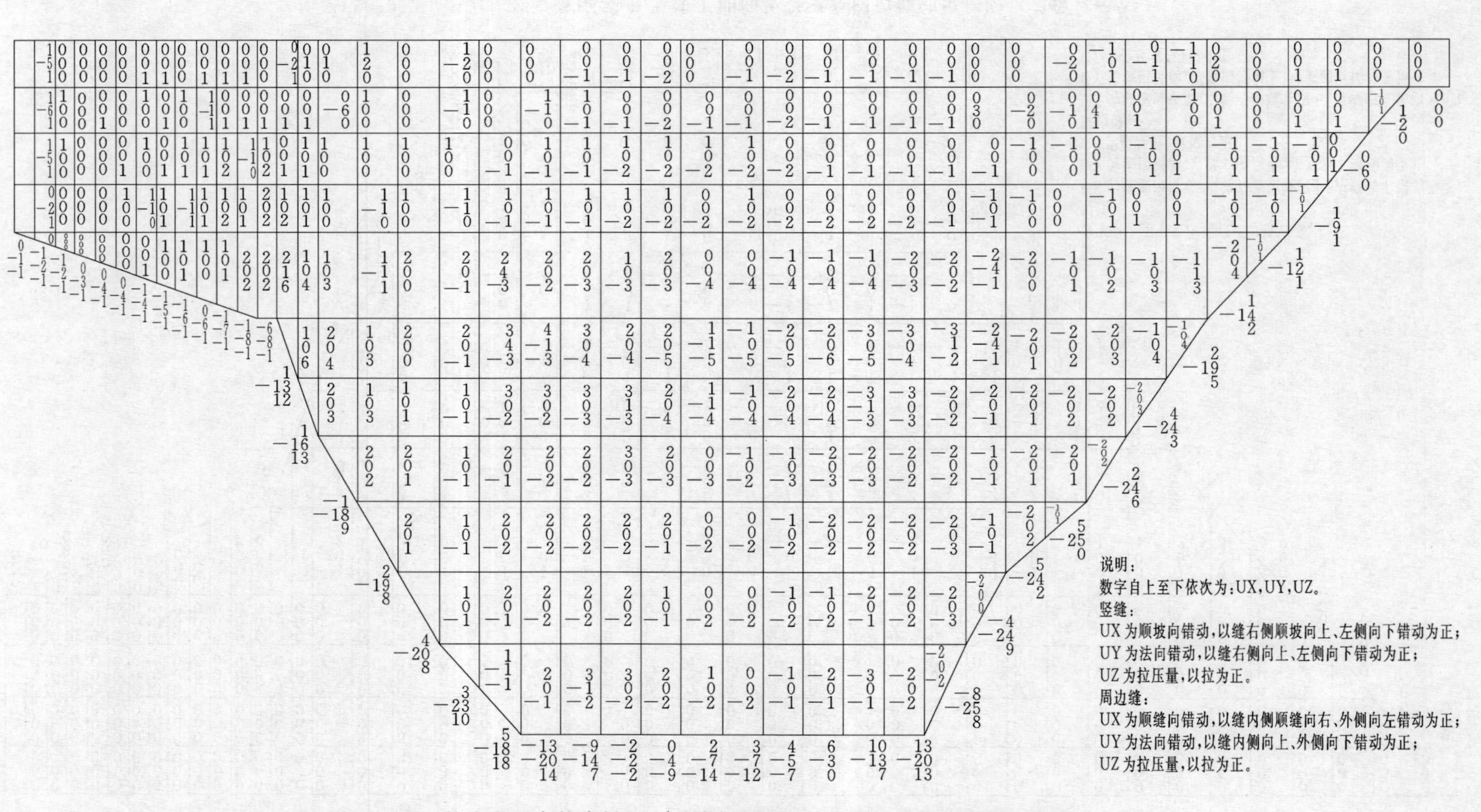

图 9.5.18　静力主要参数降低 10％蓄水期面板竖缝及周边缝的位移图（单位：mm）

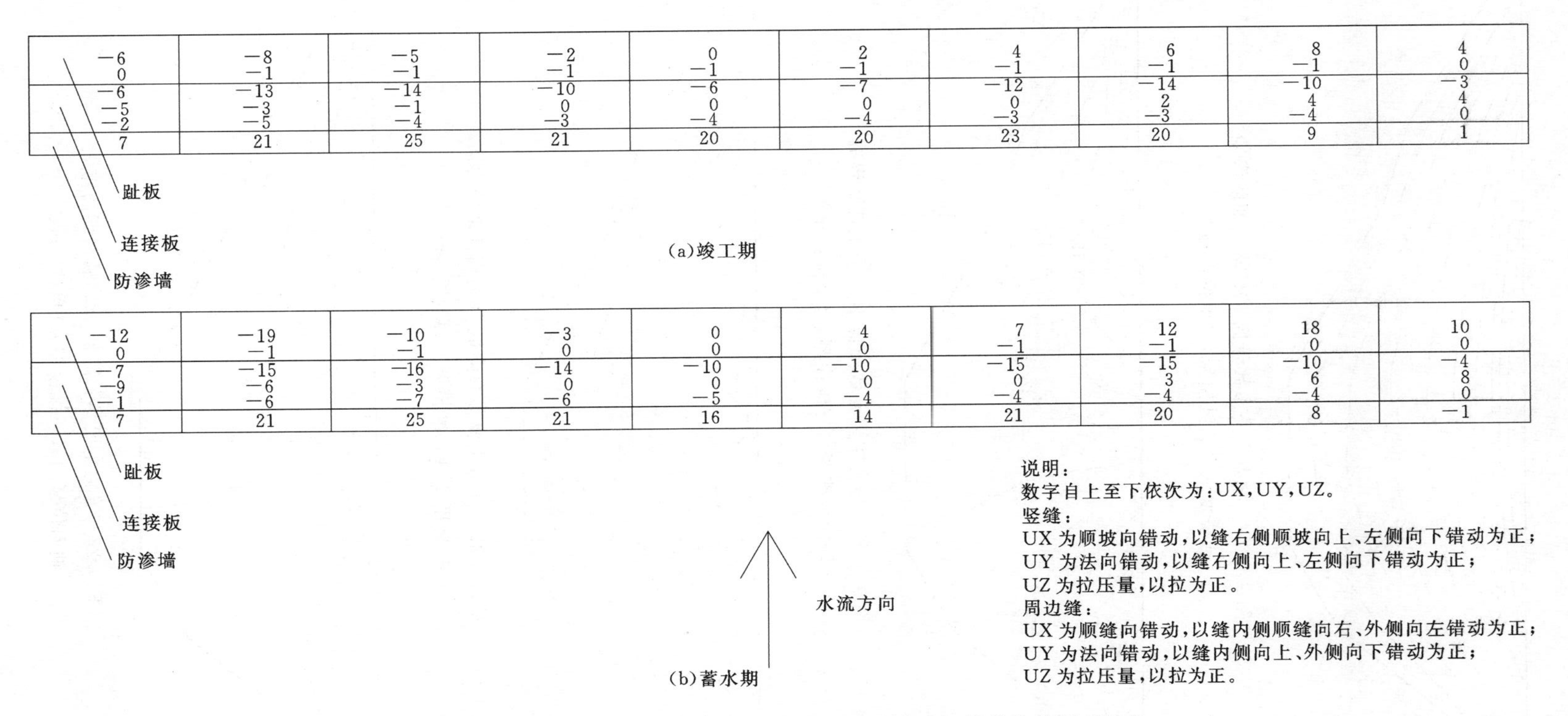

图 9.5.19　静力主要参数降低 10%连接板与趾板、防渗墙间接缝位移图（单位：mm）

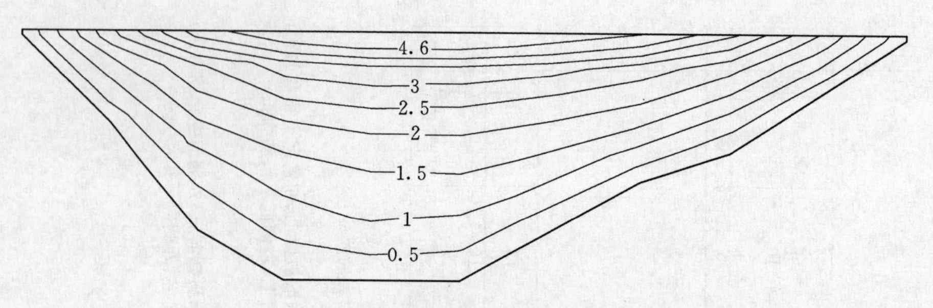

图 9.5.20　静力主要参数降低 10%竣工期防渗墙挠度图（三维模型）（单位：cm）

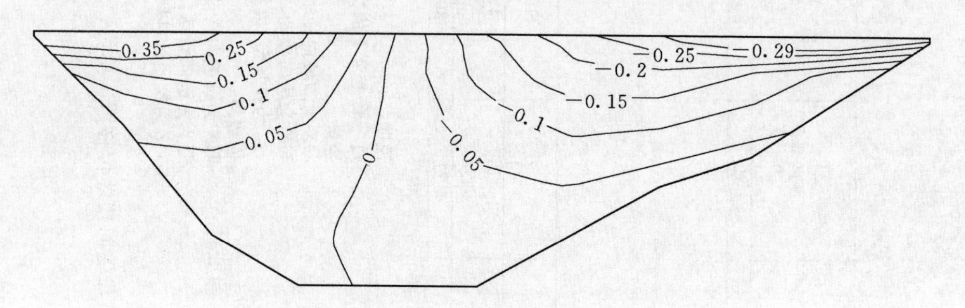

图 9.5.21　静力主要参数降低 10%竣工期防渗墙轴向位移图（三维模型）（单位：cm）

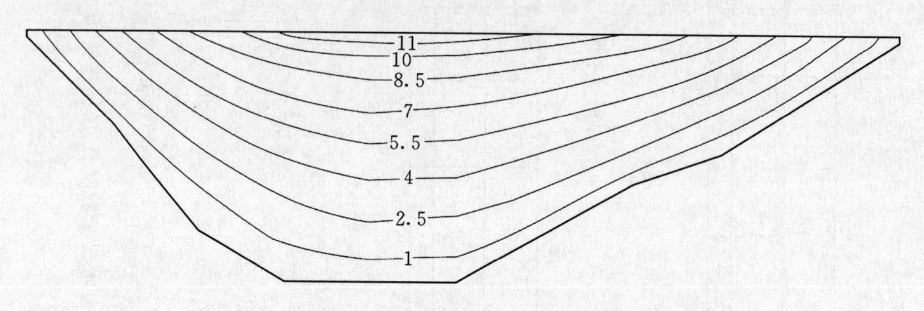

图 9.5.22　静力主要参数降低 10%满蓄期防渗墙挠度图（三维模型）（单位：cm）

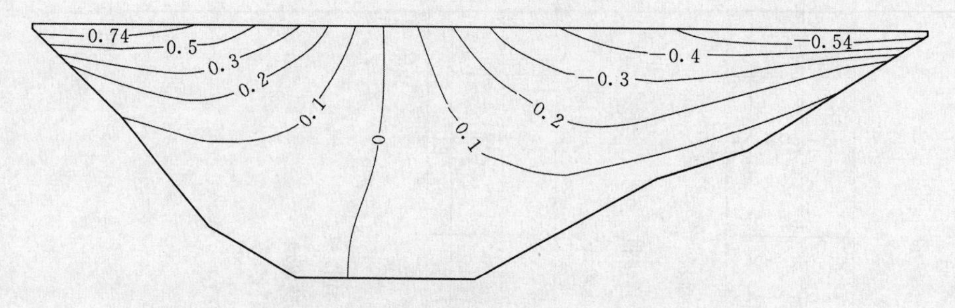

图 9.5.23　静力主要参数降低 10%满蓄期防渗墙轴向位移图（三维模型）（单位：cm）

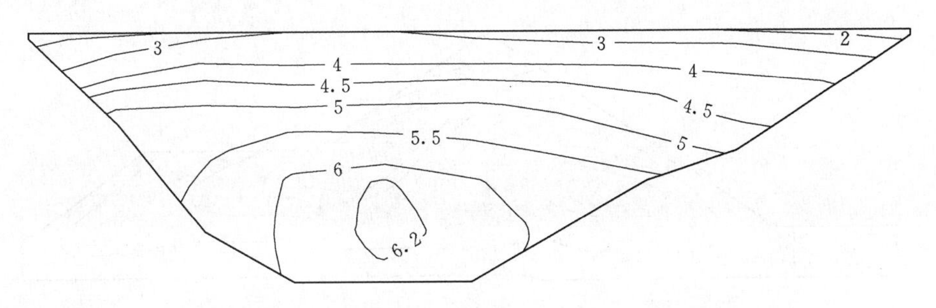

图 9.5.24　静力主要参数降低 10%竣工期防渗墙
第一主应力图（三维模型）（单位：MPa）

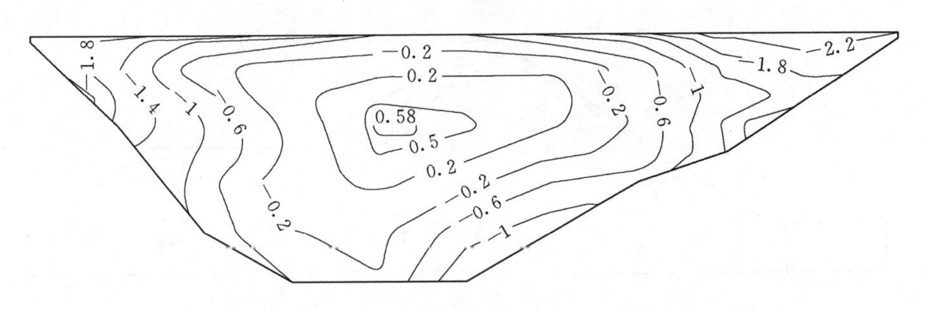

图 9.5.25　静力主要参数降低 10%竣工期防渗墙
第三主应力图（三维模型）（单位：MPa）

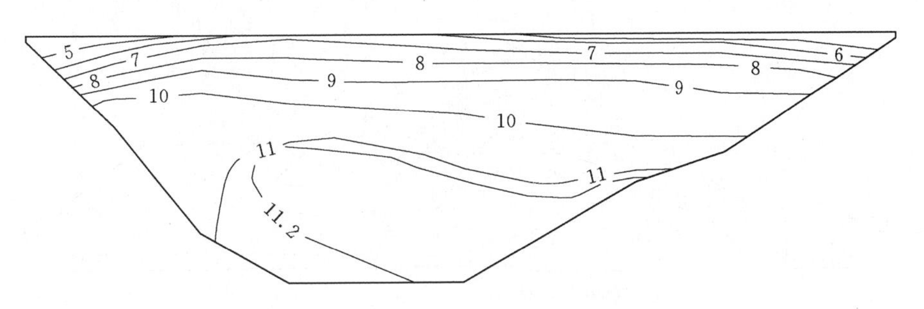

图 9.5.26　静力主要参数降低 10%满蓄期防渗墙
第一主应力图（三维模型）（单位：MPa）

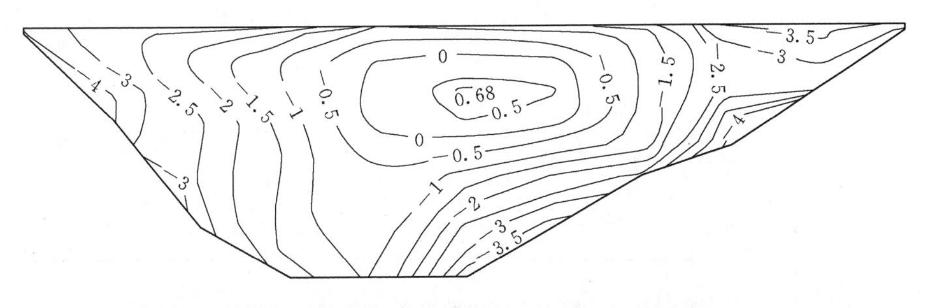

图 9.5.27　静力主要参数降低 10%满蓄期防渗墙
第三主应力图（三维模型）（单位：MPa）

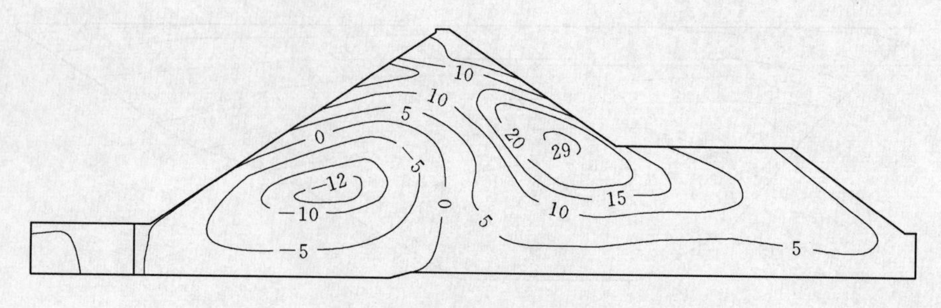

图 9.5.28　静力主要参数降低 20％竣工期坝体水平位移图（三维模型）（单位：cm）

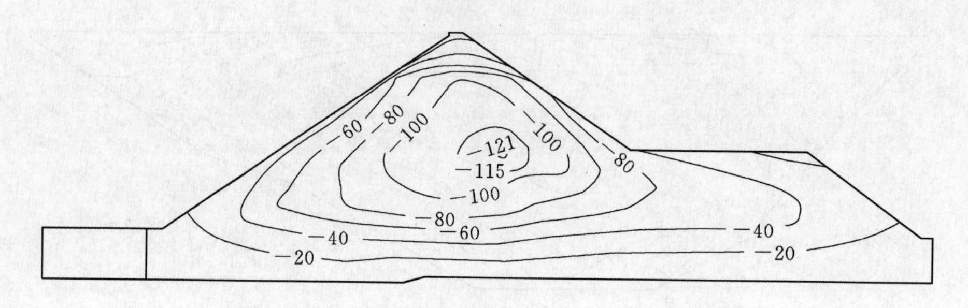

图 9.5.29　静力主要参数降低 20％竣工期坝体竖直位移图（三维模型）（单位：cm）

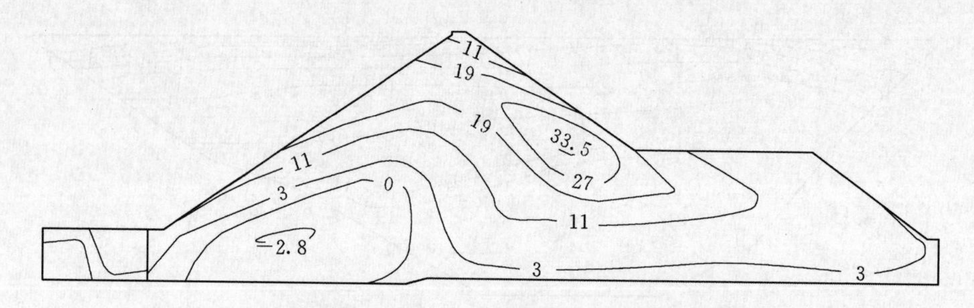

图 9.5.30　静力主要参数降低 20％蓄满期坝体水平位移图（三维模型）（单位：cm）

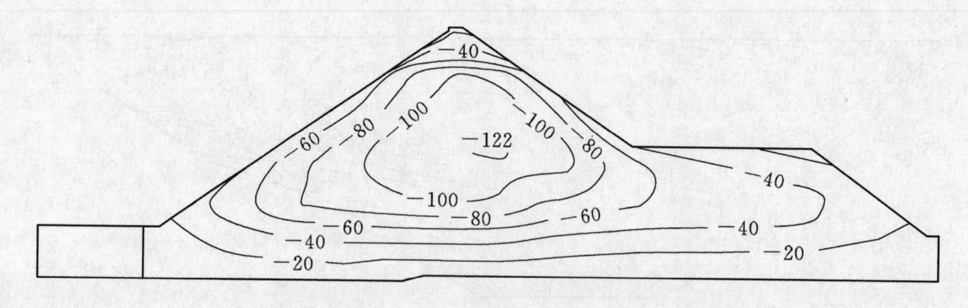

图 9.5.31　静力主要参数降低 20％蓄满期坝体竖直位移图（三维模型）（单位：cm）

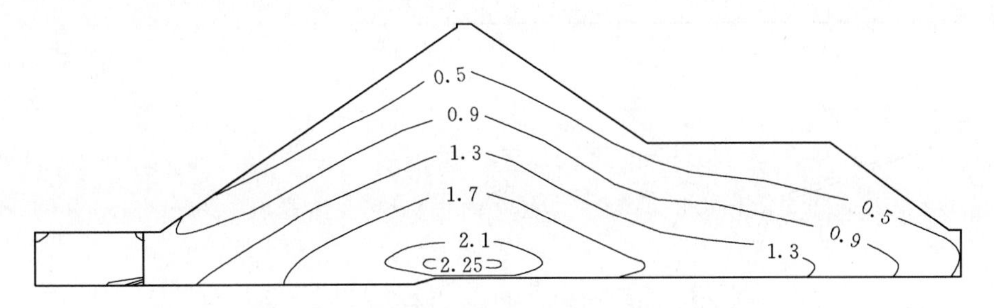

图 9.5.32　静力主要参数降低 20%竣工期坝体
第一主应力图（三维模型）（单位：MPa）

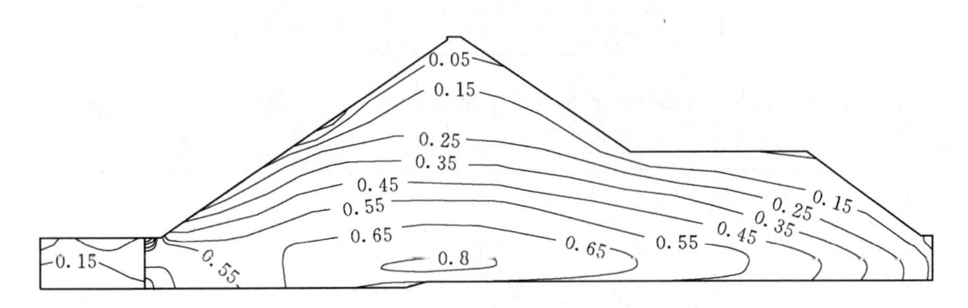

图 9.5.33　静力主要参数降低 20%竣工期坝体
第三主应力图（三维模型）（单位：MPa）

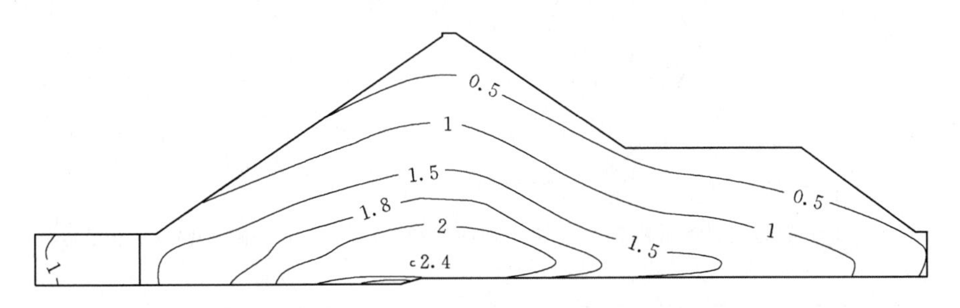

图 9.5.34　静力主要参数降低 20%蓄满期坝体
第一主应力图（三维模型）（单位：MPa）

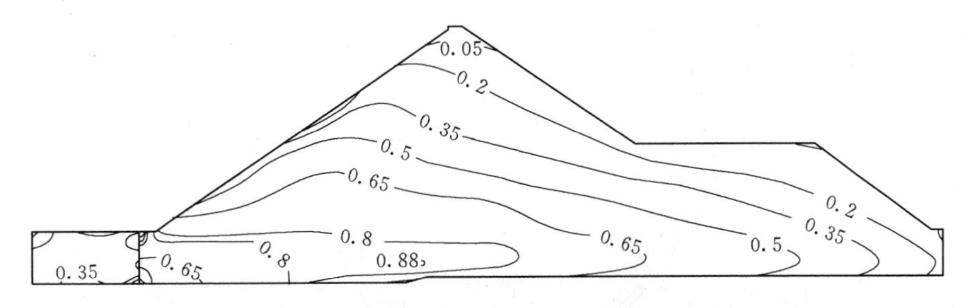

图 9.5.35　静力主要参数降低 20%满蓄期坝体
第三主应力图（三维模型）（单位：MPa）

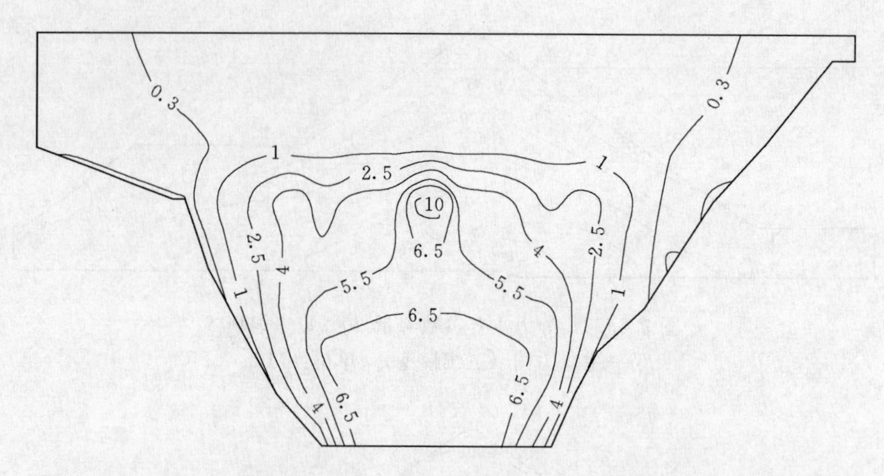

图 9.5.36 静力主要参数降低 20%竣工期面板挠度图（三维模型）（单位：cm）

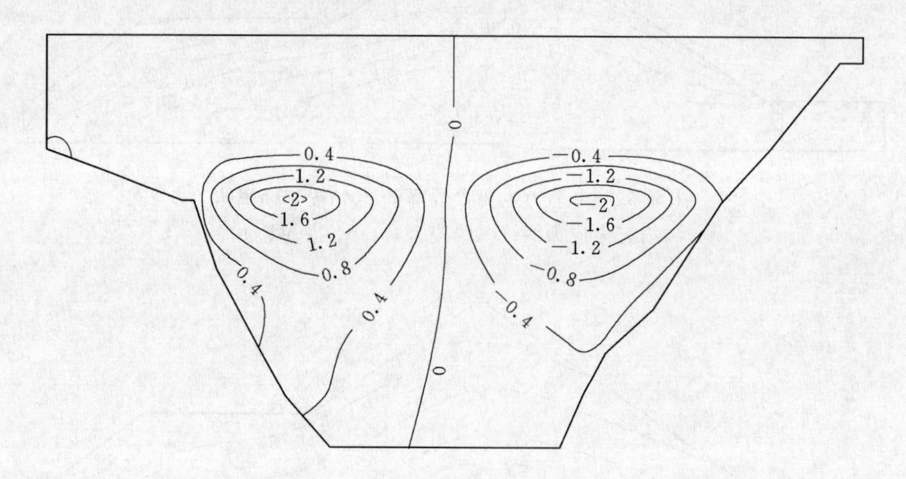

图 9.5.37 静力主要参数降低 20%竣工期面板轴向位移图（三维模型）（单位：cm）

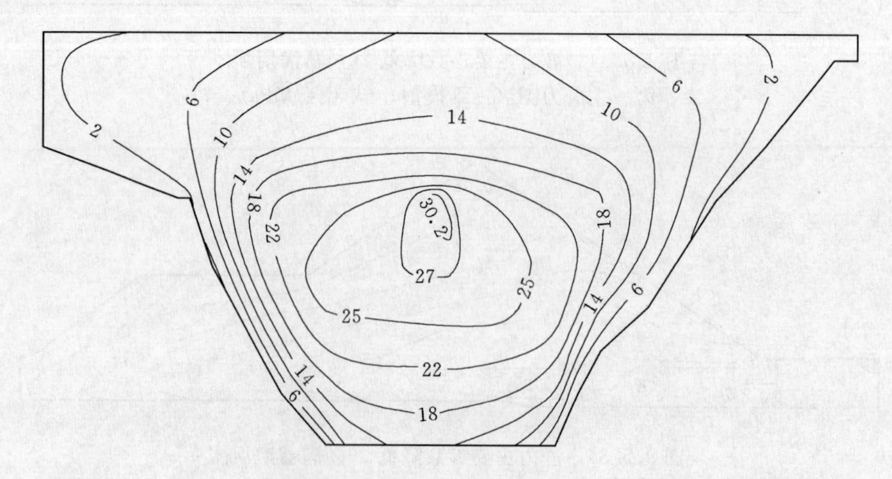

图 9.5.38 静力主要参数降低 20%满蓄期面板挠度图（三维模型）（单位：cm）

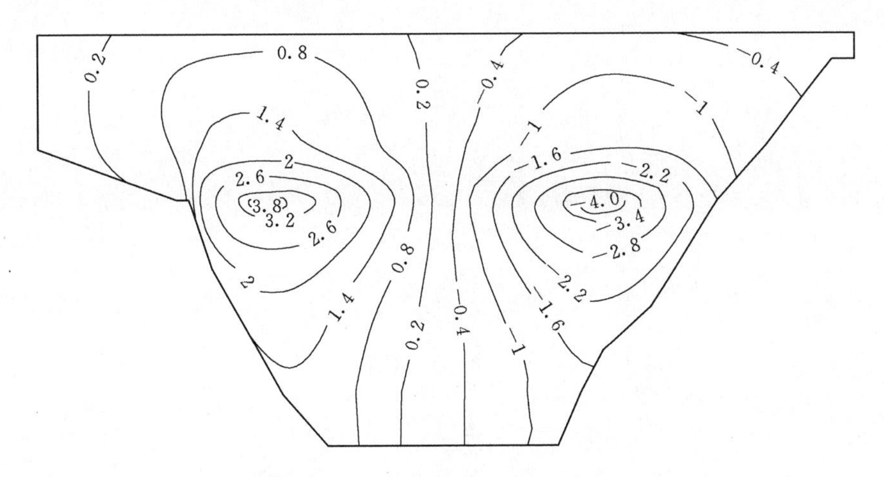

图 9.5.39　静力主要参数降低 20%满蓄期面板轴向位移图（三维模型）（单位：cm）

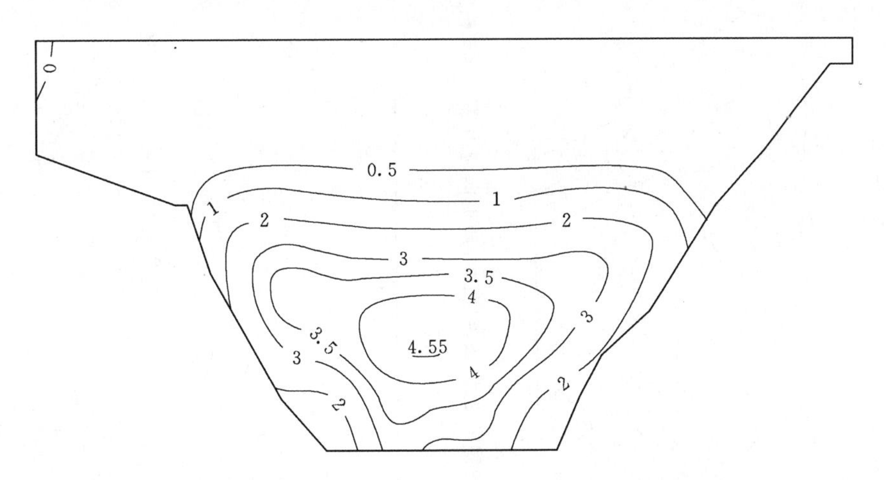

图 9.5.40　静力主要参数降低 20%竣工期面板顺坡向应力图（三维模型）（单位：MPa）

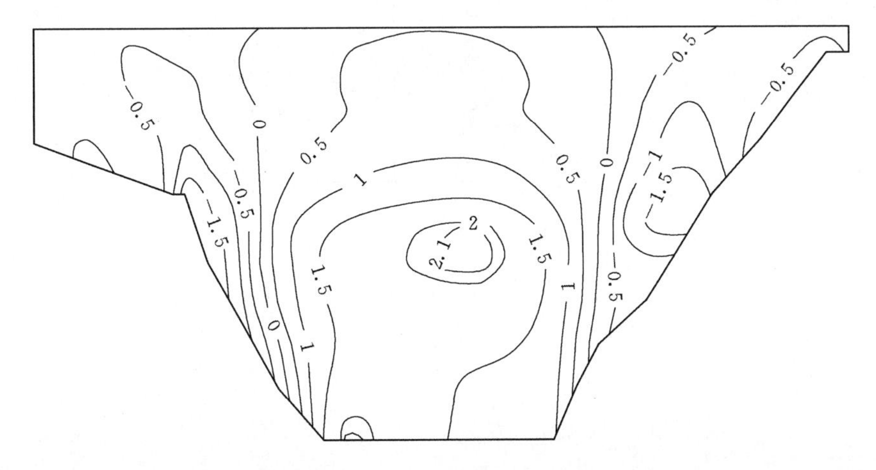

图 9.5.41　静力主要参数降低 20%竣工期面板轴向应力图（三维模型）（单位：MPa）

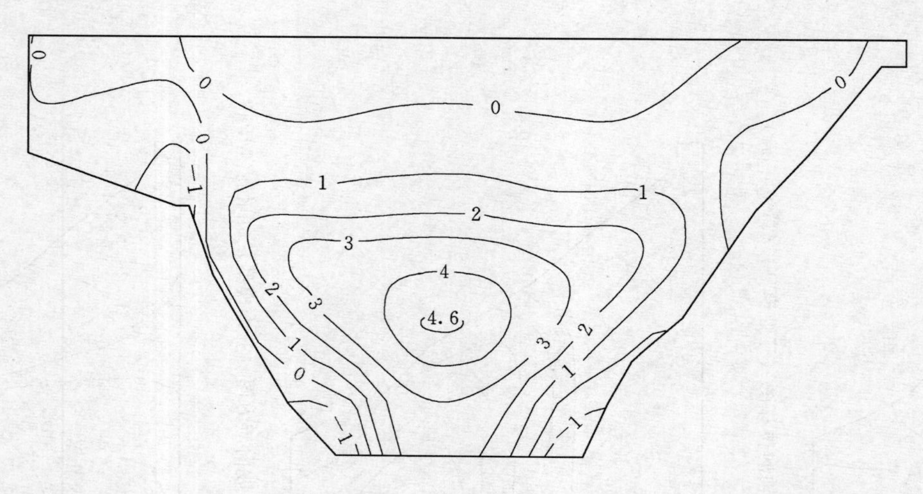

图 9.5.42　静力主要参数降低 20%满蓄期面板顺坡向应力图（三维模型）（单位：MPa）

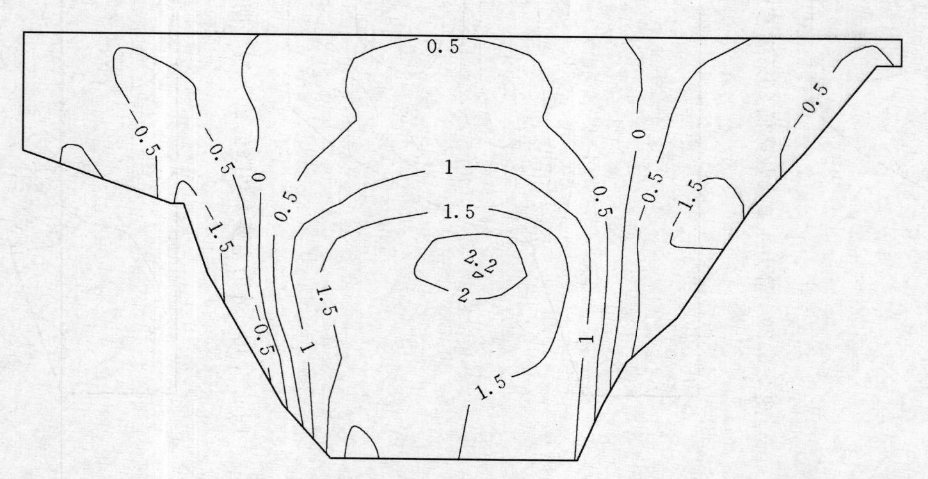

图 9.5.43　静力主要参数降低 20%满蓄期面板轴向应力图（三维模型）（单位：MPa）

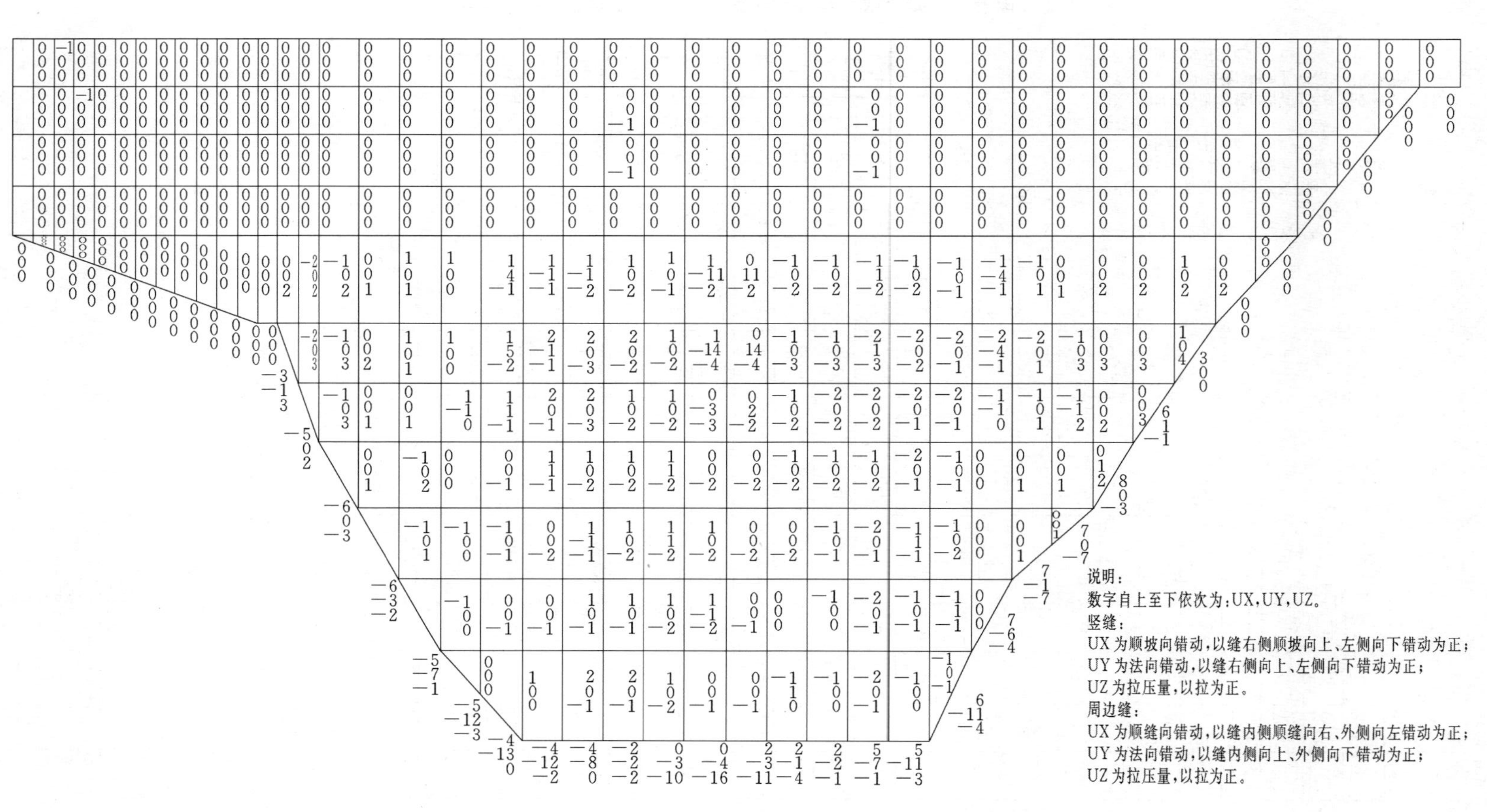

图 9.5.44　静力主要参数降低 20％竣工期面板竖缝及周边缝的位移图（单位：mm）

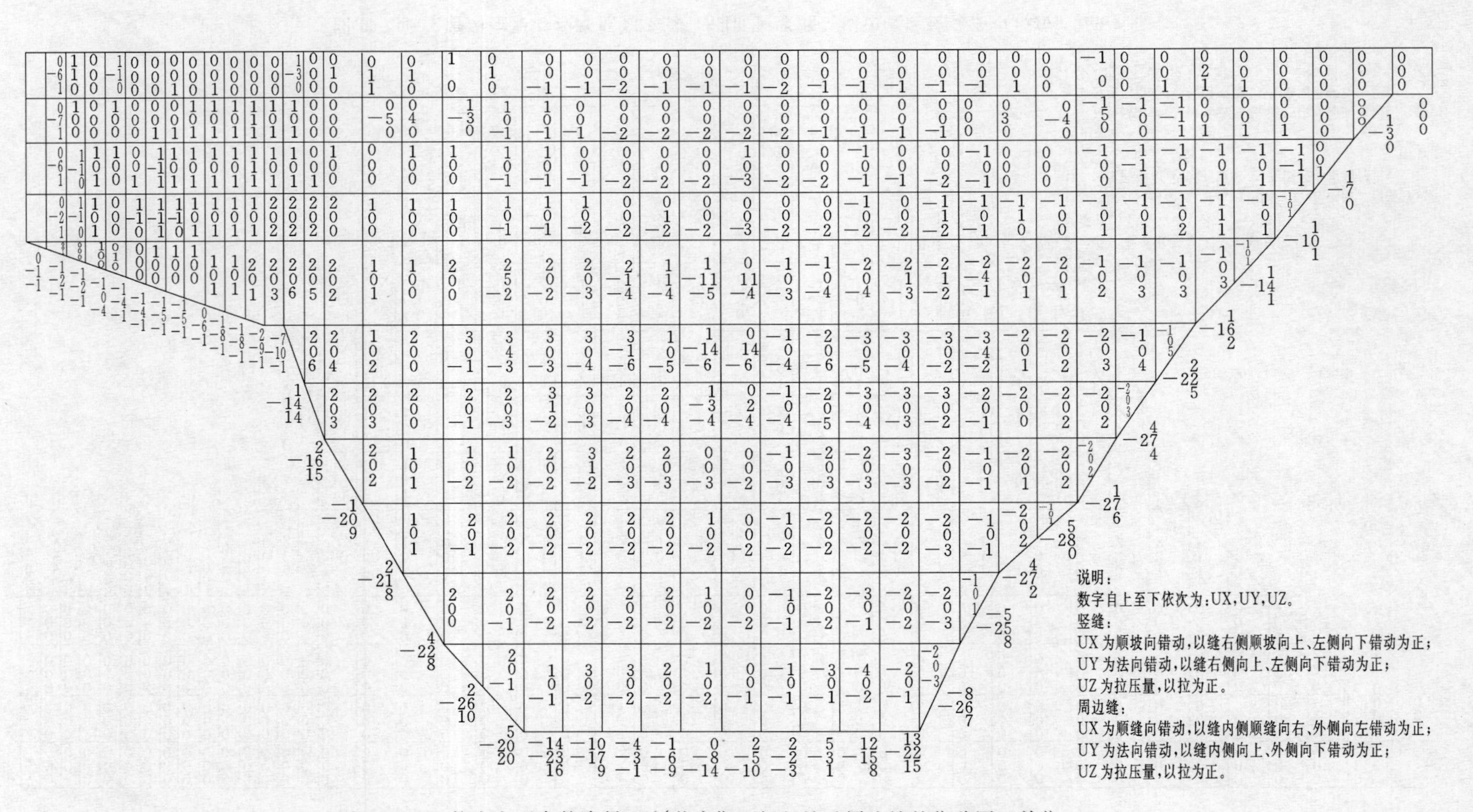

图 9.5.45　静力主要参数降低 20%蓄水期面板竖缝及周边缝的位移图（单位：mm）

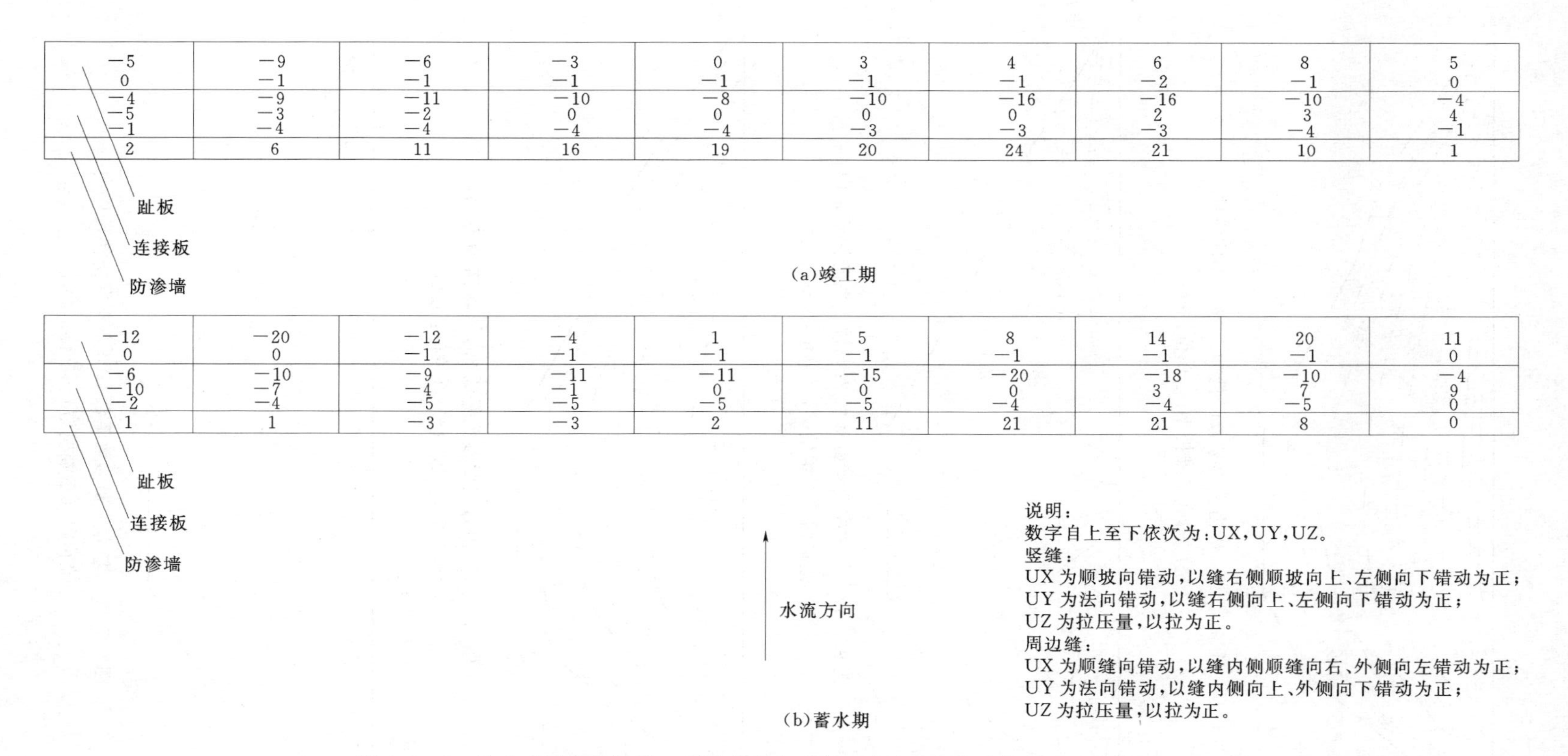

图9.5.46　静力主要参数降低20%连接板与趾板、防渗墙间接缝位移图（单位：mm）

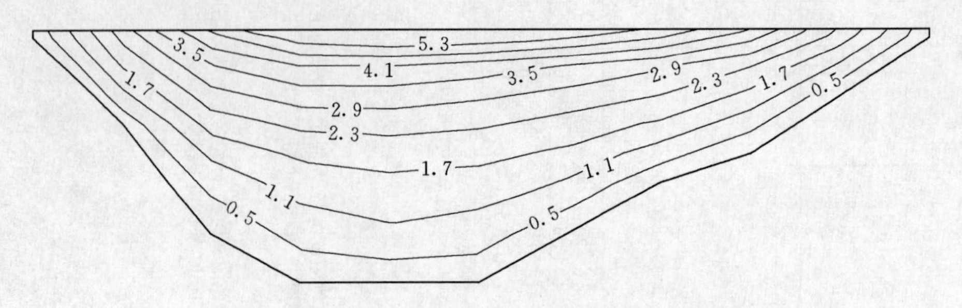

图 9.5.47　静力主要参数降低 20%竣工期防渗墙
挠度图（三维模型）（单位：cm）

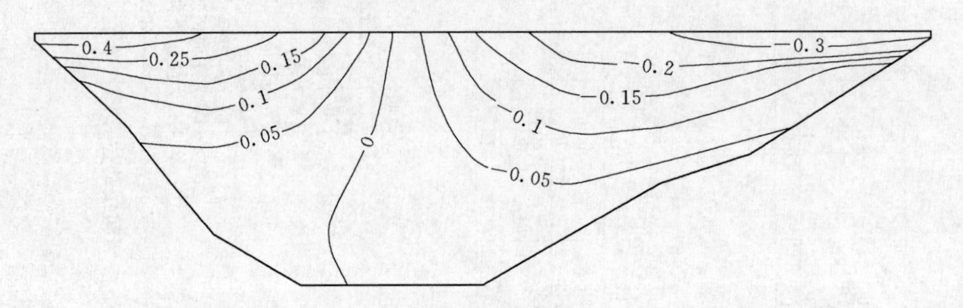

图 9.5.48　静力主要参数降低 20%竣工期防渗墙轴向
位移图（三维模型）（单位：cm）

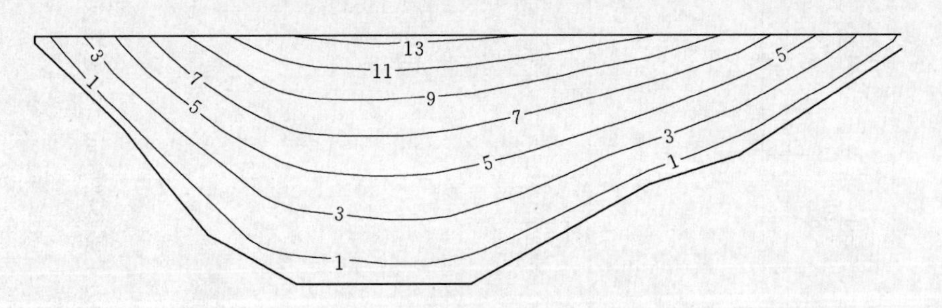

图 9.5.49　静力主要参数降低 20%蓄满期防渗墙
挠度图（三维模型）（单位：cm）

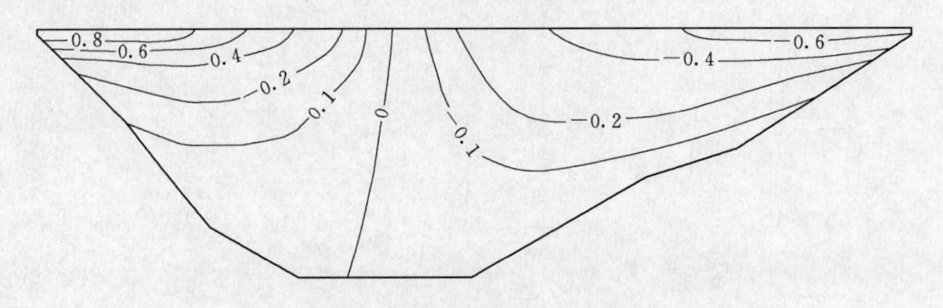

图 9.5.50　静力主要参数降低 20%蓄满期防渗墙轴向
位移图（三维模型）（单位：cm）

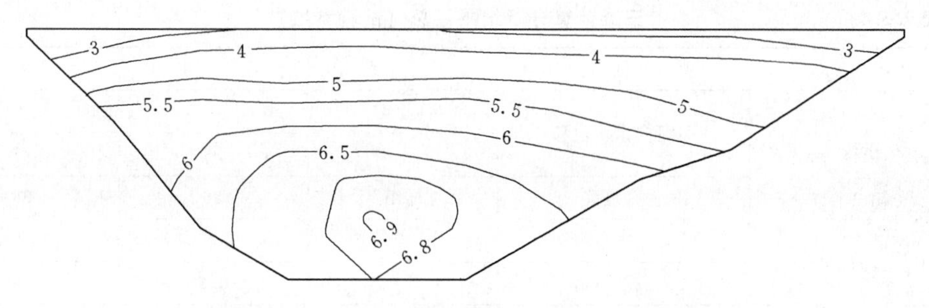

图 9.5.51　静力主要参数降低 20%竣工期防渗墙第一主应力图（三维模型）（单位：MPa）

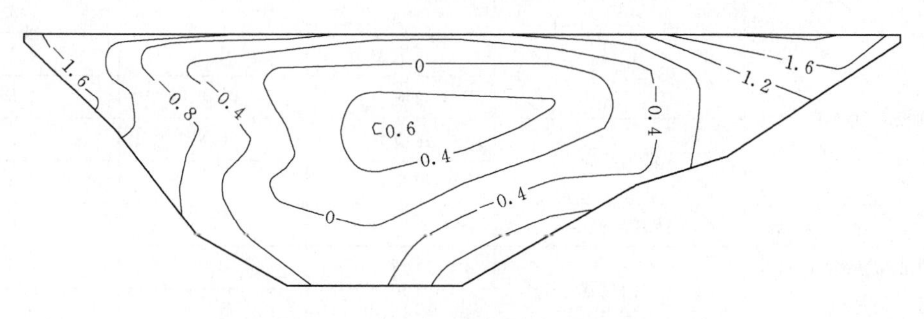

图 9.5.52　静力主要参数降低 20%竣工期防渗墙第三主应力图（三维模型）（单位：MPa）

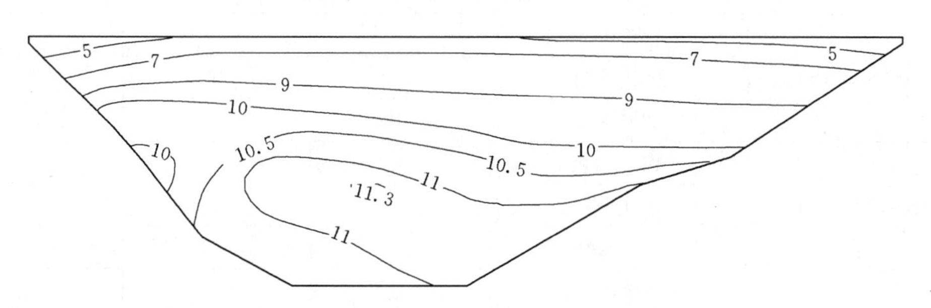

图 9.5.53　静力主要参数降低 20%满蓄期防渗墙第一主应力图（三维模型）（单位：MPa）

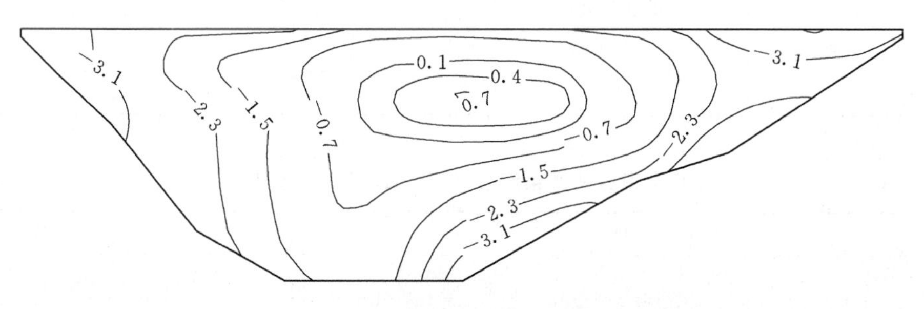

图 9.5.54　静力主要参数降低 20%满蓄期防渗墙第三主应力图（三维模型）（单位：MPa）

表 9.5.1　　三维计算分析结果汇总（试验参数）

项　目			竣工期	蓄水期
堆石体位移/cm	顺河向水平位移	向上游	9	2
		向下游	23	27
	垂直位移	向下	96	98
堆石体应力/MPa	第一主应力		2	2
	第三主应力		0.8	0.85
面板位移/cm	面板挠度	向坝内	7	24
	坝轴线向	向左	1.8	3.7
		向右	1.6	3.4
面板应力/MPa	顺坡向	压应力	3.8	4.1
		拉应力	—	1.8
	坝轴线向	压应力	0.8	1.5
		拉应力	1	2.5
防渗墙位移/cm	防渗墙挠度		5	10
	轴向位移	向左	0.3	0.6
		向右	0.35	0.7
防渗墙应力/MPa	第一主应力		6	10
	第三主应力		−2.2	−4.5
周边缝变形/mm	顺缝剪切		6	12
	垂直缝剪切		10	22
	拉伸/压缩		15/2	13/17
面板缝变形/mm	顺坡向剪切		2	4
	垂直面板剪切		5	4
	拉伸/压缩		3/3	6/5
趾板与连接板/mm	顺缝剪切		8	16
	垂直缝剪切		1	1
	拉伸/压缩		12/—	14/—
连接板与防渗墙/mm	顺缝剪切		4	8
	垂直缝剪切		4	5
	拉伸/压缩		—/22	1/21

表 9.5.2　　三维计算分析结果汇总（K 和 K_b 分别降低 10%）

项　目			竣工期	蓄水期
堆石体位移/cm	顺河向水平位移	向上游	10.9	2.5
		向下游	25.5	30
	垂直位移	向下	107	109

续表

项　　目			竣工期	蓄水期
堆石体应力/MPa	第一主应力		2.2	2.4
	第三主应力		0.82	0.88
面板位移/cm	面板挠度	向坝内	7.8	26.8
	坝轴线向	向左	2	4.0
		向右	1.88	3.5
面板应力/MPa	顺坡向	压应力	4.1	4.2
		拉应力	—	—
	坝轴线向	压应力	0.84	1.9
		拉应力	0.6	0.6
防渗墙位移/cm	防渗墙挠度		4.6	11
	轴向位移	向左	0.29	0.54
		向右	0.35	0.74
防渗墙应力/MPa	第一主应力		6.2	11.6
	第三主应力		−2.2	−4.0
周边缝变形/mm	顺缝剪切		7	13
	垂直缝剪切		12	25
	拉伸/压缩		15/3	14/18
面板缝变形/mm	顺坡向剪切		2	4
	垂直面板剪切		5	6
	拉伸/压缩		3/3	6/6
趾板与连接板/mm	顺缝剪切		8	19
	垂直缝剪切		1	1
	拉伸/压缩		14/—	16/—
连接板与防渗墙/mm	顺缝剪切		5	9
	垂直缝剪切		5	7
	拉伸/压缩		—/25	1/25

表 9.5.3　　三维计算分析结果汇总（K 和 K_b 分别降低 20%）

项　　目			竣工期	蓄水期
堆石体位移/cm	顺河向水平位移	向上游	12	2.8
		向下游	29	33.5
	垂直位移	向下	121	122
堆石体应力/MPa	第一主应力		2.25	2.4
	第三主应力		0.8	0.88

续表

项目			竣工期	蓄水期
面板位移/cm	面板挠度	向坝内	10	30.2
	坝轴线向	向左	2	4.0
		向右	2	3.8
面板应力/MPa	顺坡向	压应力	4.55	4.6
		拉应力	—	1
	坝轴线向	压应力	2.1	2.2
		拉应力	1.5	1.5
防渗墙位移/cm	防渗墙挠度		5.3	13
	轴向位移	向左	0.3	0.6
		向右	0.4	0.8
防渗墙应力/MPa	第一主应力		6.9	11.3
	第三主应力		−1.6	−3.1
周边缝变形/mm	顺缝剪切		8	14
	垂直缝剪切		13	28
	拉伸/压缩		16/3	14/20
面板缝变形/mm	顺坡向剪切		2	4
	垂直面板剪切		14	14
	拉伸/压缩		4/4	6/6
趾板与连接板/mm	顺缝剪切		9	20
	垂直缝剪切		2	1
	拉伸/压缩		16/—	20/—
连接板与防渗墙/mm	顺缝剪切		5	10
	垂直缝剪切		4	5
	拉伸/压缩		—/24	3/21

由计算结果可知，参数降低后20%后：堆石体变形增大，其中满蓄时向下游变形由27cm增大到33.5cm，竖直沉降有98cm增大到122cm；堆石体应力稍有增大，但增大幅度不大；受堆石体变形影响，满蓄时，面板最大挠度由24cm增大到30.2cm，同时面板各向应力也有所增大；缝的变形也有较大的变化，其中面板垂直剪切由4mm增大到14mm，增大量达10mm。

因此，坝料参数降低，堆石体的整体力学性能相对变差，弹性模量系数偏低，因此，坝体的整体变形较大，导致面板变形变大，以及面板缝和周边缝的变形增加。通过对比计算分析可以发现，坝料的力学参数对整个坝体和面板的应力变形特性有较大的影响。堆石料的密实度提高，其模量系数较大，则坝体变形较小，面板变形和应力也随之减小。因此，提高堆石体的密实度是有利的。

9.6 二维非线性静力计算结果与分析

9.6.1 二维非线性静力计算结果

（1）堆石体变形。竣工期坝体水平位移和竖向位移分布见图 9.6.1 和图 9.6.2，满蓄期坝体水平位移和竖向位移分布见图 9.6.3 和图 9.6.4。

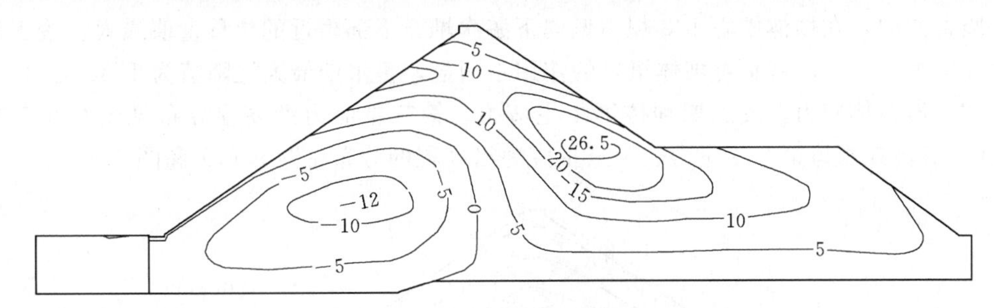

图 9.6.1 竣工期坝体水平向位移图（二维模型）（单位：cm）

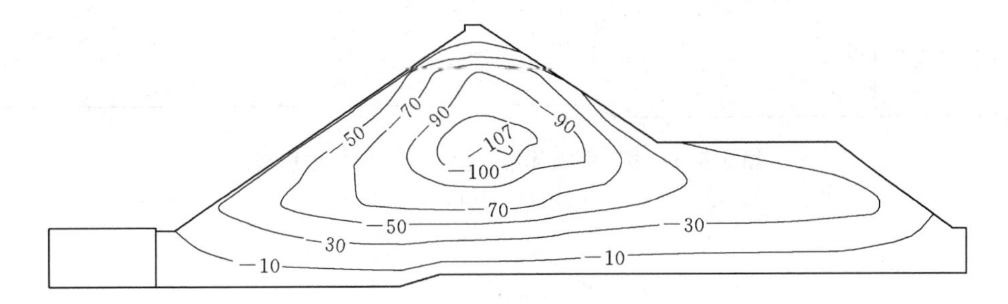

图 9.6.2 竣工期坝体竖直向位移图（二维模型）（单位：cm）

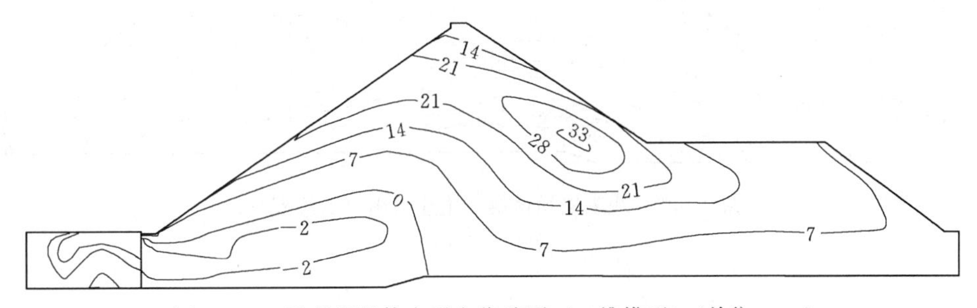

图 9.6.3 满蓄期坝体水平向位移图（二维模型）（单位：cm）

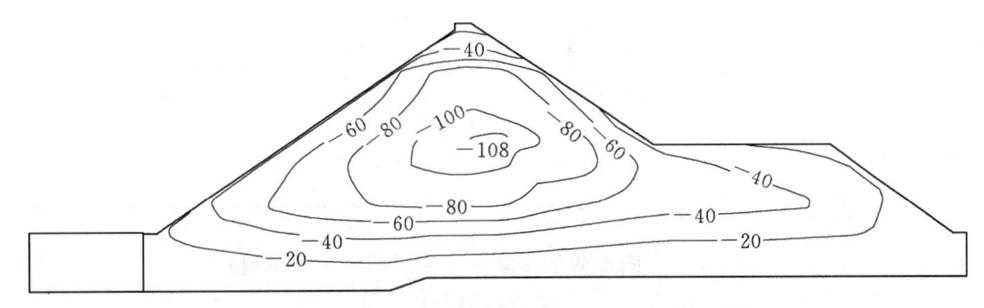

图 9.6.4 满蓄期坝体竖直向位移图（二维模型）（单位：cm）

坝体水平位移符合一般规律，坝体下游的位移基本都朝向下游，在上游的位移基本都向下游。竣工期水平向位移量向下游最大的位移为26.5cm，位于断面下游1/4～1/3坝高处，向上游最大的位移为12cm，位于断面上游1/4坝高附近；蓄水期，受水压力作用，坝体向下游位移增大向上游位移减小。蓄水期末水平位移向下游最大为33cm，位于断面下游1/3坝高附近；向上游位移量最大为2cm，位于断面上游坝底附近。

竖直方向，在坝体中心1/3坝高偏向下游次堆石下部附近的位移量值最大。竣工期最大沉降值为107cm；蓄水对坝体沉降的作用不明显，蓄水期最大沉降值为108cm。

(2) 堆石体应力。竣工期坝体第一主应力、第三主应力沿高程分布见图9.6.5和图9.6.6。满蓄期坝体第一主应力、第三主应力沿高程的分布见图9.6.7和图9.6.8。

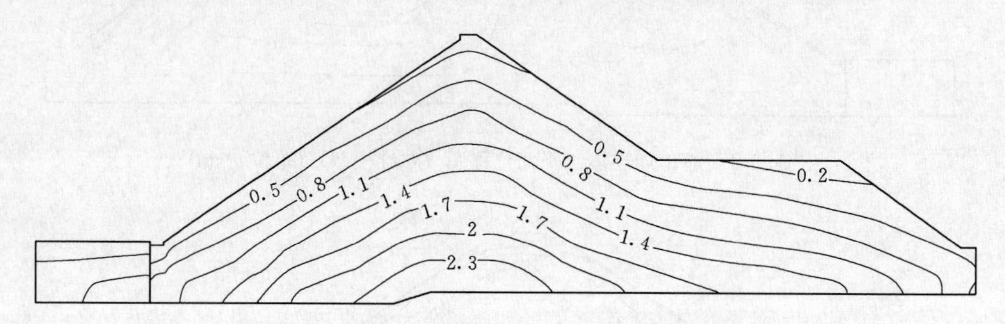

图9.6.5 竣工期坝体第一主应力图（二维模型）
（单位：MPa）

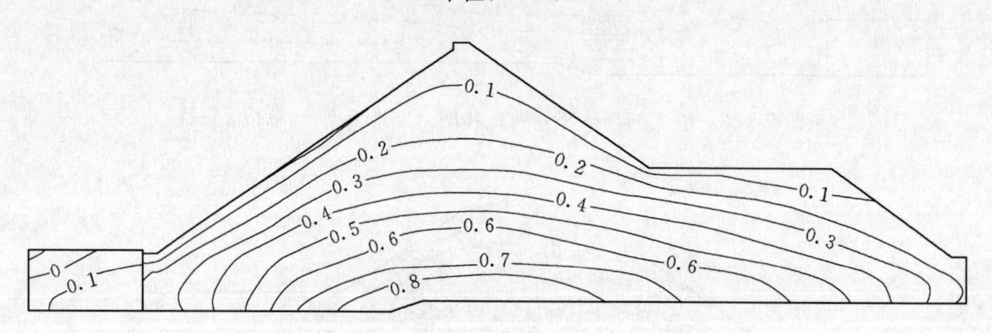

图9.6.6 竣工期坝体第三主应力图（二维模型）
（单位：MPa）

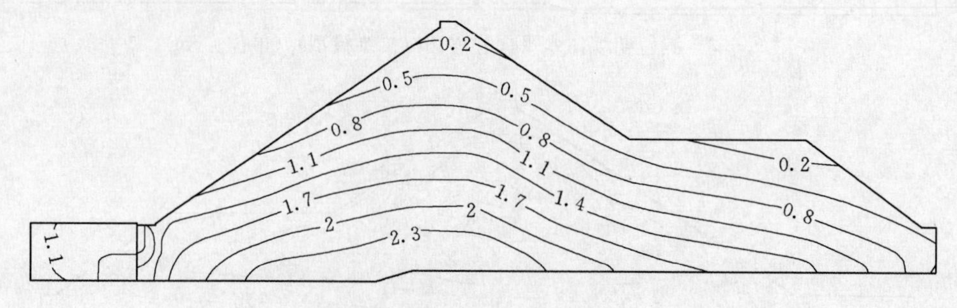

图9.6.7 满蓄期坝体第一主应力图（二维模型）
（单位：MPa）

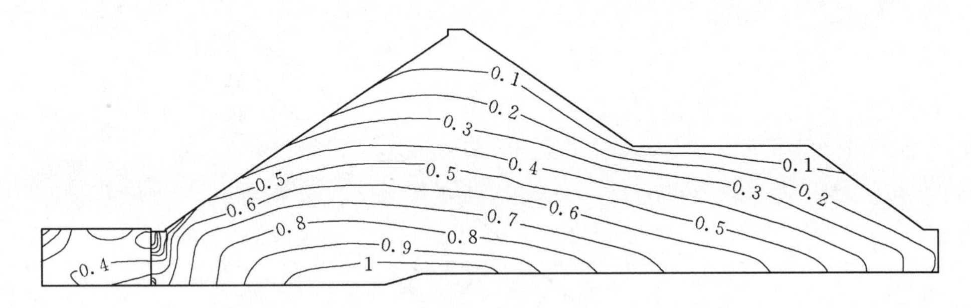

图 9.6.8　满蓄期坝体第三主应力图（二维模型）
（单位：MPa）

坝体基本上都是压应力，坝体下侧的压应力最大。在竣工期坝体最大主应力极值为2.3MPa位于断面底部中部位置；在蓄水期最大主应力极值也为2.3MPa位于断面底部中部位置。

断面的最小主应力基本上都是压应力，坝体下侧的压应力最大。在竣工期坝体最小主应力极值为0.8MPa位于断面底部中部位置；在蓄水其最小主应力极值为1.0MPa位于断面底部中部位置。

（3）面板变形与应力。竣工期和满蓄期二维面板挠度见图9.6.9和图9.6.10。

面板在竣工期挠度值较小，最大值约为10cm，位于面板底部；蓄水期受水压力作用面板挠度值变化很大，最大挠度值为30.90cm出现在面板的1/2坝高位置。

面板在竣工期顺坡向应力主要表现为压力，最大值为5.1MPa；蓄水期顺坡向应力有很大变化，顺坡向出现较大拉应力为3.9MPa，位于面板的底部。

9.6.2　与三维非线性静力计算结果比较

为了便于比较，现将二维计算与三维计算极值见表9.6.1。

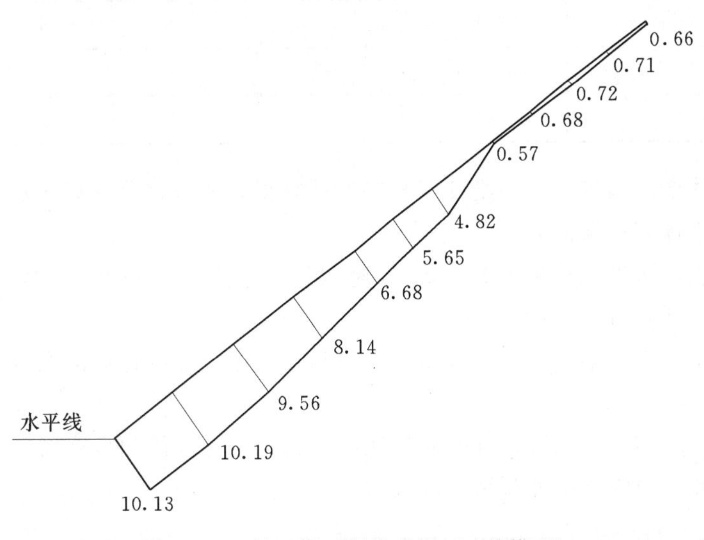

图 9.6.9　竣工期面板挠度图（二维模型）
（单位：cm）

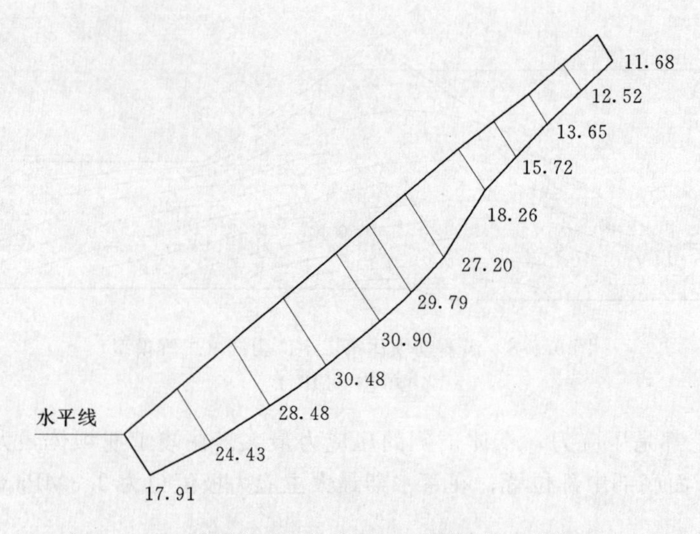

图 9.6.10 满蓄期面板挠度图（二维模型）（单位：cm）

表 9.6.1 二维计算与三维计算极值表

名称			二维计算		三维计算	
			竣工期	蓄水期	竣工期	蓄水期
堆石体位移/cm	竖向位移	铅直向下	107	108	96	98
	水平位移	向上游	12	2	9	2
		向下游	26.5	33	23	27
堆石体应力/MPa	第一主应力		2.3	2. 3	2	2
	第三主应力		0.8	1	0.8	0.85
面板挠度/cm		向坝内	10	30.9	7	24
面板顺坡向应力/MPa		拉应力	—	3.9	—	1.8
		压应力	5.1	3.4	3.8	4.1

（1）堆石体变形与应力。二维计算与三维计算得到的位移分布规律基本一致，二维计算的数值比三维计算结果偏大。

二维计算坝体水平位移最大为 33cm，竖向位移最大为 108cm；三维计算坝体水平位移最大为 27cm，竖向位移最大为 98cm。

坝体第一主应力、第三主应力分布规律与基本一致。二维计算的主应力值都大于三维计算的主应力数值。

（2）面板计算结果。二维计算的面板挠度值比三维计算的面板挠度值大，同样二维计算所得顺坡向拉应力较三维计算结果大很多。

9.7 二维静力参数敏感性分析

为了考虑施工不确定性，研究不同坝料参数对坝体工作性态的影响，对施工筑坝控制参数进行敏感性分析。即将坝料邓肯—张模型的主要参数 K 和 K_b 分别降低 10%和 20%作对比计算，主要参数 K 和 K_b 降低 10%和 20%的坝体、面板挠度等见图 9.7.1～图 9.7.20。

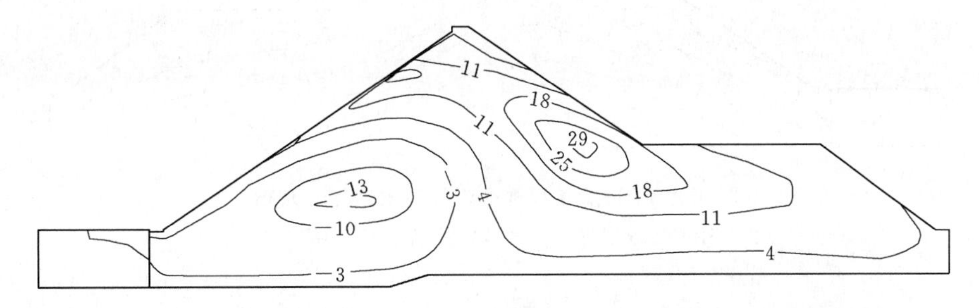

图 9.7.1 静力主要参数降低 10%竣工期坝体水平向位移图（二维模型）（单位：cm）

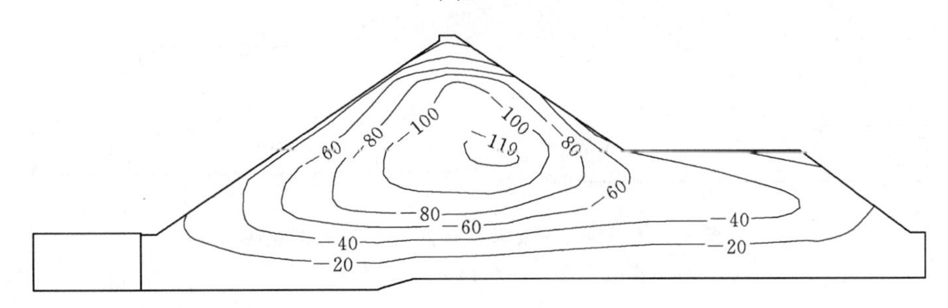

图 9.7.2 静力主要参数降低 10%竣工期坝体竖直向位移图（二维模型）（单位：cm）

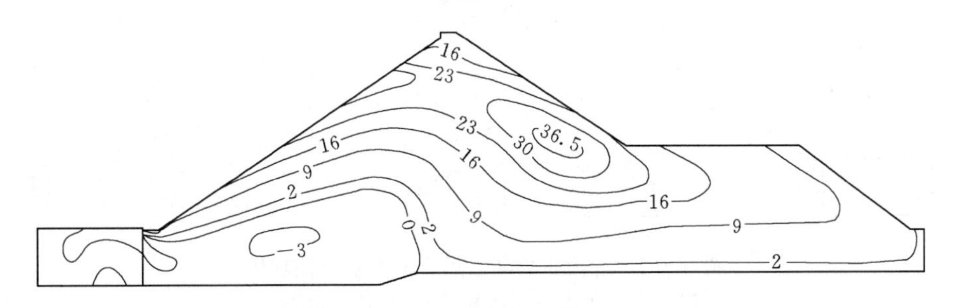

图 9.7.3 静力主要参数降低 10%满蓄期坝体水平向位移图（二维模型）（单位：cm）

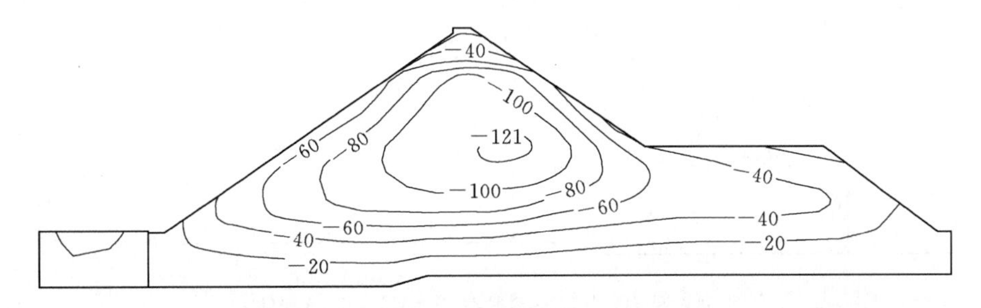

图 9.7.4 静力主要参数降低 10%满蓄期坝体竖直向位移图（二维模型）（单位：cm）

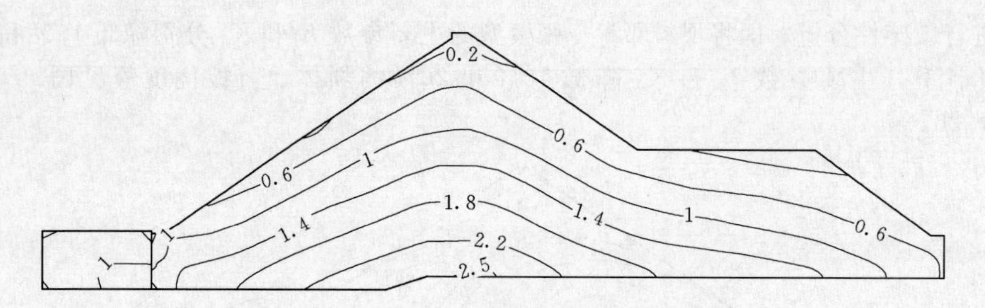

图 9.7.5　静力主要参数降低 10%竣工期坝体
第一主应力图（二维模型）（单位：MPa）

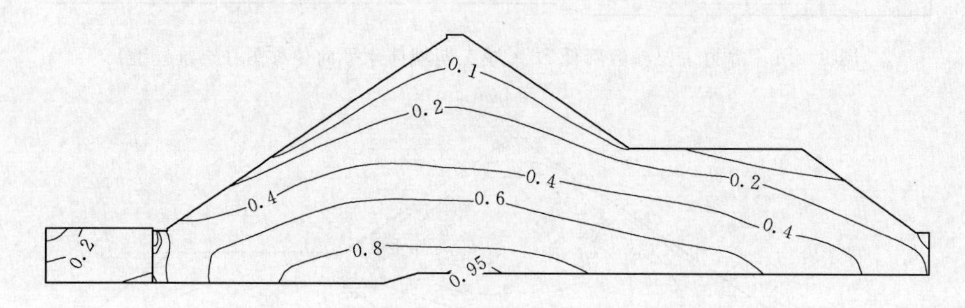

图 9.7.6　静力主要参数降低 10%竣工期坝体
第三主应力图（二维模型）（单位：MPa）

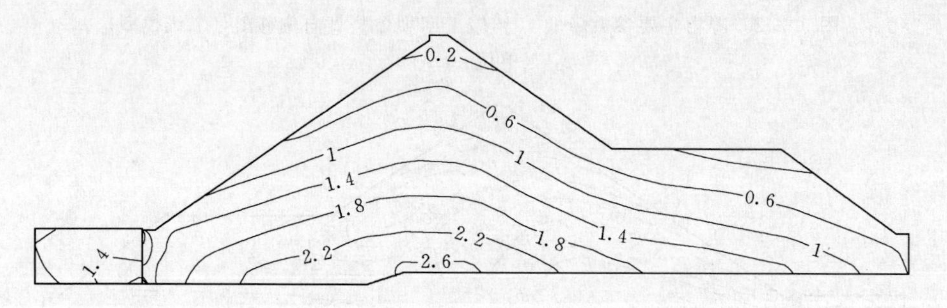

图 9.7.7　静力主要参数降低 10%满蓄期坝体
第一主应力图（二维模型）（单位：MPa）

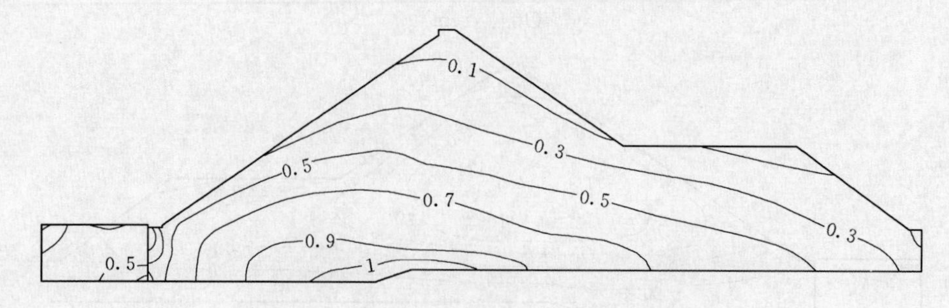

图 9.7.8　静力主要参数降低 10%满蓄期坝体
第三主应力图（二维模型）（单位：MPa）

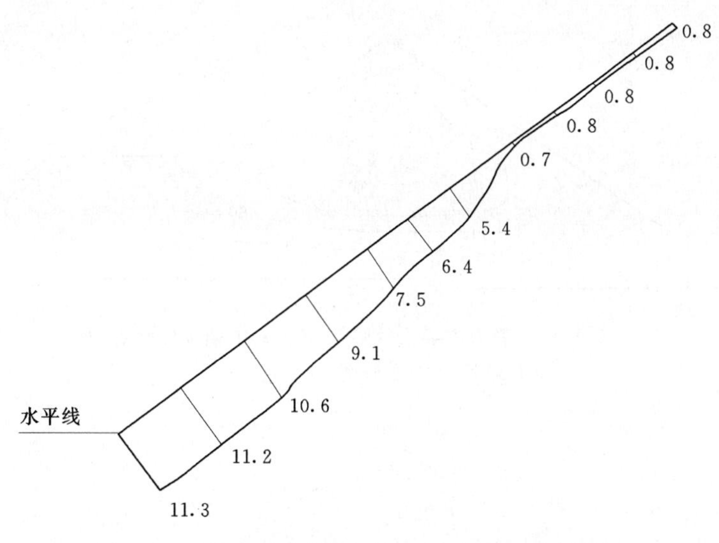

图 9.7.9　静力主要参数降低 10%竣工期面板挠度图
（二维模型）（单位：cm）

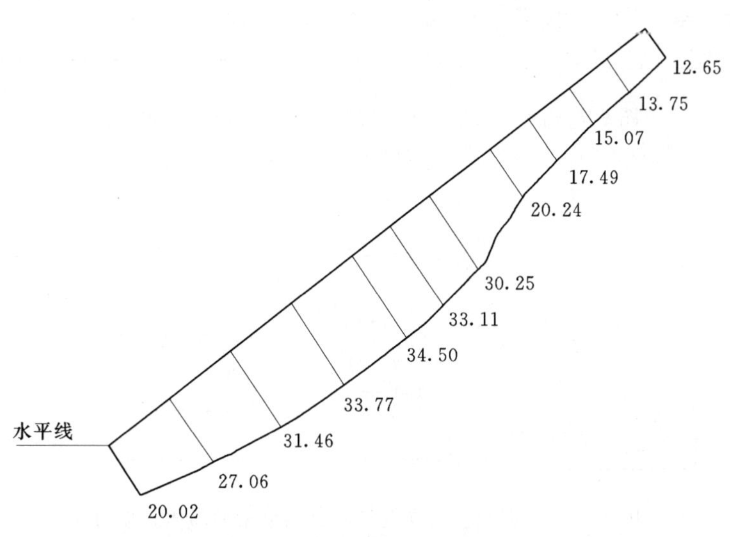

图 9.7.10　静力主要参数降低 10%满蓄期面板挠度图
（二维模型）（单位：cm）

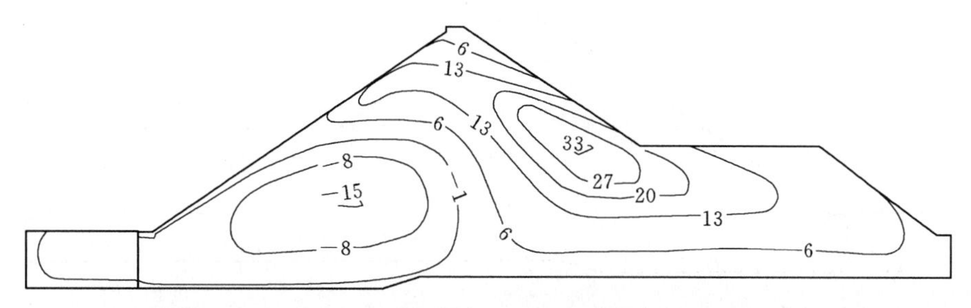

图 9.7.11　静力主要参数降低 20%竣工期坝体水平向位移图
（二维模型）（单位：cm）

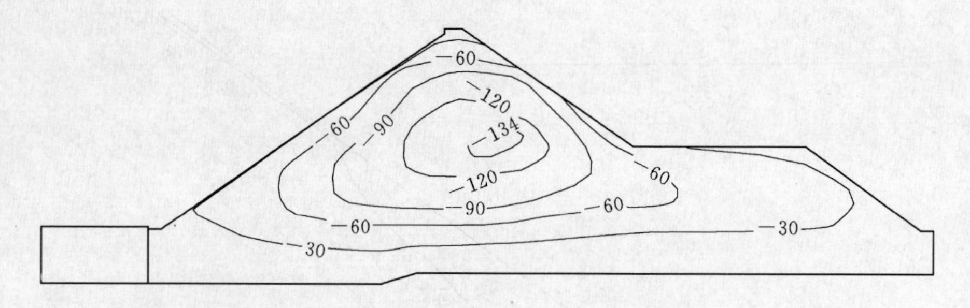

图 9.7.12　静力主要参数降低 20%竣工期坝体竖直向位移图（二维模型）（单位：cm）

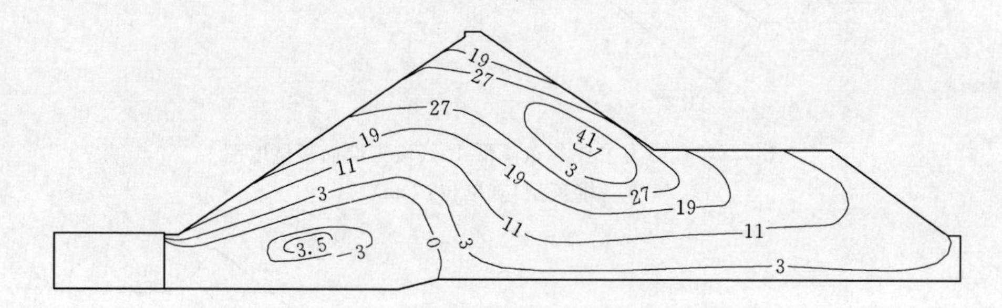

图 9.7.13　静力主要参数降低 20%满蓄期坝体水平向位移图（二维模型）（单位：cm）

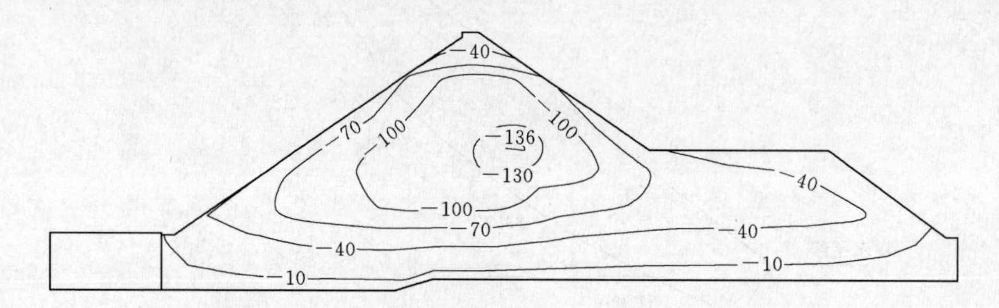

图 9.7.14　静力主要参数降低 20%满蓄期坝体竖直向位移图（二维模型）（单位：cm）

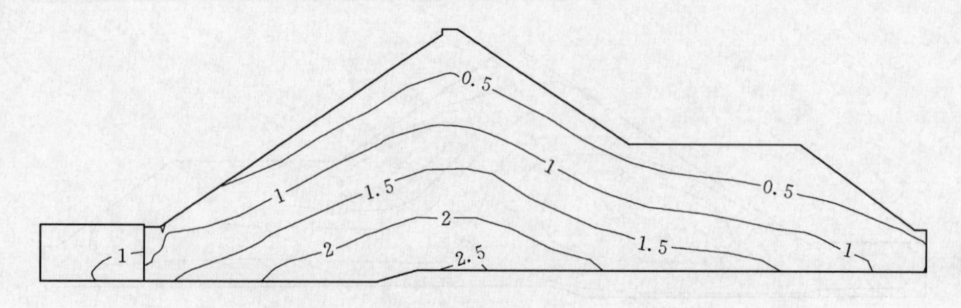

图 9.7.15　静力主要参数降低 20%竣工期坝体第一主应力图（二维模型）（单位：MPa）

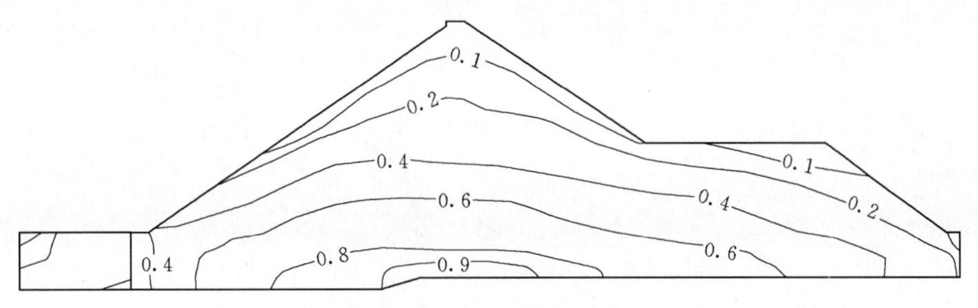

图 9.7.16 静力主要参数降低 20%竣工期坝体第三主应力图（二维模型）
（单位：MPa）

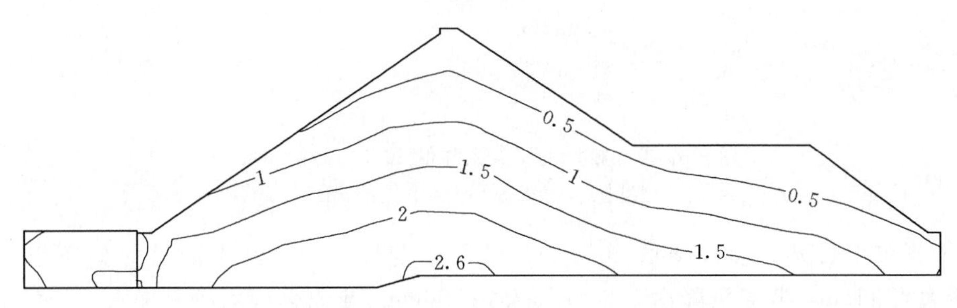

图 9.7.17 静力主要参数降低 20%满蓄期坝体第一主应力图（二维模型）
（单位：MPa）

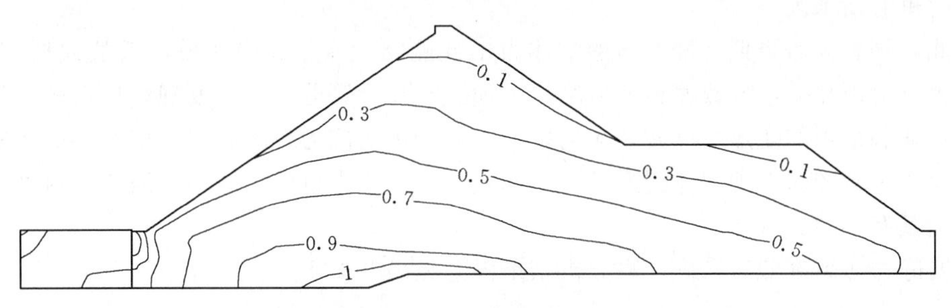

图 9.7.18 静力主要参数降低 20%满蓄期坝体第三主应力图（二维模型）
（单位：MPa）

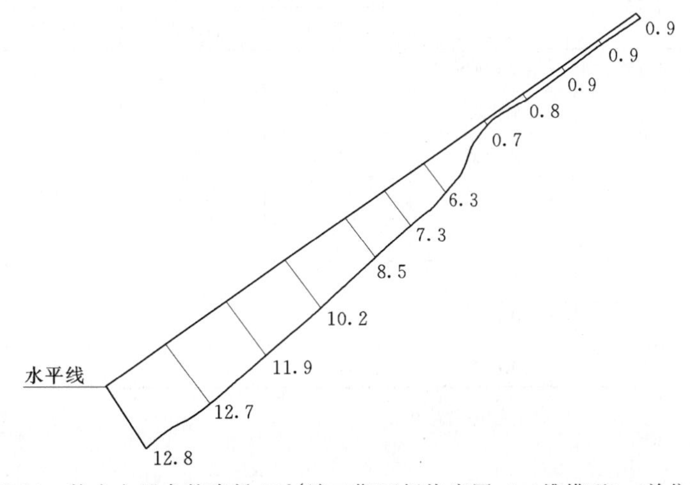

图 9.7.19 静力主要参数降低 20%竣工期面板挠度图（二维模型）（单位：cm）

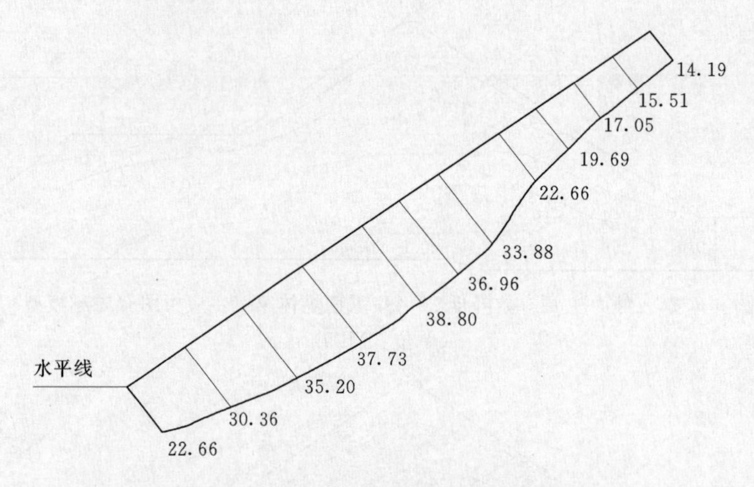

图 9.7.20　静力主要参数降低 20%满蓄期面板挠度图（二维模型）（单位：cm）

由计算结果可知，参数降低 20%后：堆石体变形增大，其中满蓄时向下游变形由 33cm 增大到 41cm，竖直沉降由 108cm 增大到 136cm；堆石体应力稍有增大，但增大幅度不大；受堆石体变形影响，满蓄时，面板最大挠度由 30.9cm 增大到 38.8cm，同时面板各向应力也有所增大。

因此，坝料参数降低，堆石体的整体力学性能相对变差，弹性模量系数偏低，因此，坝体的整体变形较大，导致面板变形增加。通过对比计算分析可以发现，坝料的力学参数对整个坝体和面板的变形特性有较大的影响，对坝体的应力影响有限。堆石料的密实度提高，其模量系数较大，则坝体变形较小，面板变形和应力也随之减小。因此，提高堆石体的密实度是有利的。

主要静力参数降低后二维计算分析结果汇总见表 9.7.1。

表 9.7.1　　主要静力参数降低后二维计算分析结果汇总

名称			参数降低 10%		参数降低 20%	
			竣工期	蓄水期	竣工期	蓄水期
堆石体位移/cm	竖向位移	铅直向下	119	121	134	136
	水平位移	向上游	13	3	15	3.5
		向下游	29	36.5	33	41
堆石体应力/MPa	第一主应力		2.5	2.6	2.5	2.5
	第三主应力		0.95	1	0.9	0.9
面板挠度/cm		向坝内	11.3	34.5	12.8	38.8
面板顺坡向应力/MPa		拉应力	—	4.1	—	4.3
		压应力	5.3	3.6	5.5	3.6

10 面板坝动力非线性有限元计算与分析

10.1 三维动力计算参数及加速度的输入

10.1.1 动力计算参数

地震荷载是一种非等幅等周期的不规则荷载，在一次地震中，土石料将经历数十次甚至上百次卸载和再加载的过程，并且它们之间是无规律可循的，为了解决分析的困难，比较常用的方法是应用 Masing 规则，制定一个应力应变关系的骨架曲线，在此基础上，有双线性、黏弹性和弹塑性等多种模式的本构模型。

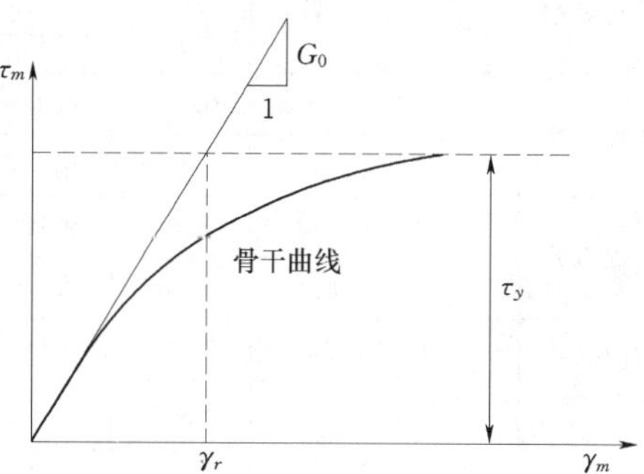

图 10.1.1 Hardin - Drnevich 双曲线模型示意图

本次动力计算分析采用等效线性黏弹性模型，即假定坝体堆石料和坝基卵石层为黏弹性体，采用等效剪切模量 G 和等效阻尼比 λ 这两个参数来反映土体动应力应变关系的非线性和滞后性两个基本特征，并表示为剪切模量和阻尼比与动剪应变幅之间的关系。常用的 Hardin - Drnevich 双曲线模型假定主干线为一条双曲线见图 10.1.1。

其表达式为：

$$\tau_d = \frac{\gamma_d}{\dfrac{1}{G_x} + \dfrac{\gamma_d}{\tau_y}} \tag{10.1.1}$$

经变换后，可得：

$$G_d = \frac{1}{1 + \dfrac{\gamma_d}{\gamma_r}} G_{d\max} \tag{10.1.2}$$

以及：

$$\lambda_d = \lambda_{d\max} \frac{\dfrac{\gamma_d}{\gamma_r}}{1 + \dfrac{\gamma_d}{\gamma_r}} \tag{10.1.3}$$

其中初始最大动剪切模量 $G_{d\max}$ 可按式（10.1.4）计算：

$$G_{d\max} = K P_a \left(\frac{\sigma'_m}{P_a}\right)^n \tag{10.1.4}$$

式中 σ'_m——平均有效主应力；

P_a——大气压；

$G_{d\max}$——采用同一量纲；

K——系数；

n——指数，由试验测定。

通过试验测得动剪切模量比 $G_d/G_{d\max}$ 和动阻尼比 λ_d 与动剪应变 γ_d 的关系曲线。动力计算时输入相应关系曲线的控制数据，根据应力应变值进行内插和外延取值，用于计算。工程坝料的动剪切模量比 $G_d/G_{d\max}$ 和动阻尼比 λ_d 与动剪应变 γ_d 的关系曲线试验结果见表10.1.1，坝料 K'，n'值见表10.1.2。

因大坝堆石体不接触库水，地震过程中堆石体不会产生振动孔隙水压力，因此面板堆石坝的地震反应计算无有效应力法和总应力法之分。

表10.1.1　四种坝料在不同剪应变下的剪切模量比和阻尼比值

土样名称	固结比 K_c	参数	动剪应变 γ_d							
			5×10^{-6}	1×10^{-5}	5×10^{-5}	1×10^{-4}	5×10^{-4}	1×10^{-3}	5×10^{-3}	1×10^{-2}
主堆石料	1.5	$G_d/G_{d\max}$	0.995	0.990	0.952	0.909	0.666	0.499	0.166	0.091
		λ_d	0.003	0.005	0.022	0.039	0.096	0.116	0.143	0.147
过渡石料	1.5	$G_d/G_{d\max}$	0.993	0.987	0.936	0.880	0.595	0.423	0.128	0.068
		λ_d	0.003	0.006	0.026	0.044	0.109	0.133	0.162	0.167
河床砂卵石料	1.5	$G_d/G_{d\max}$	0.991	0.982	0.915	0.843	0.517	0.349	0.097	0.051
		λ_d	0.019	0.032	0.080	0.098	0.120	0.124	0.126	0.127
黏土夹层	1.5	$G_d/G_{d\max}$	0.998	0.997	0.984	0.969	0.863	0.760	0.387	0.240
		λ_d	0.001	0.002	0.008	0.016	0.057	0.085	0.140	0.153
次堆石料（料场石料）	1.5	$G_d/G_{d\max}$	0.994	0.988	0.942	0.890	0.618	0.447	0.139	0.075
		λ_d	0.006	0.012	0.044	0.069	0.122	0.136	0.149	0.150
次堆石料（渣场石料）	1.5	$G_d/G_{d\max}$	0.995	0.989	0.948	0.900	0.644	0.475	0.153	0.083
		λ_d	0.021	0.036	0.090	0.111	0.136	0.140	0.143	0.144
垫层石料	1.5	$G_d/G_{d\max}$	0.993	0.987	0.940	0.887	0.611	0.440	0.136	0.073
		λ_d	0.049	0.075	0.128	0.141	0.153	0.156	0.156	0.156

表10.1.2　坝料的 K'、n' 值

土样名称	K'	n'
主堆石料	2953.0	0.54
过渡石料	2714.4	0.550
河床砂卵石料	2532.9	0.540
黏土夹层	318.24	0.550
次堆石料（料场石料）	2830.0	0.54
次堆石料（渣场石料）	2294.8	0.54
垫层石料	2977.0	0.59

混凝土（含防浪墙、面板、连接板）动力计算分析时采用线性弹性模型。

接触面单元的动力模型采用河海大学的试验成果。剪切劲度 K 与动剪应变 γ 的关系为：

$$K=\frac{K_{\max}}{1+\frac{MK_{\max}}{\tau_f}\gamma} \tag{10.1.5}$$

或

$$K=\frac{K_{\max}}{1+\frac{u_r K_{\max}}{\tau_f}}$$

式中　M——取为2.0。

剪切劲度 K 与阻尼比 λ 的关系为：

$$\lambda=\left(1+\frac{K}{K_{\max}}\right)\lambda_{\max} \tag{10.1.6}$$

$$K_{\max}=C\sigma_n^{0.7},\tau_f=\sigma_n\tan\delta$$

式中　σ_n——接触面单元的法向应力；

δ——接触面的摩擦角，计算中取为32°；

$\lambda_{\max}$——最大阻尼比，取为0.2；

C——取为22.0。

由于河口村面板堆石坝工程缺乏坝料地震残余变形试验参数，计算中坝料的残余变形计算参数参考公伯峡的资料，并根据河口村面板堆石坝工程的特点进行选取。主堆石和次堆石的地震残余变形计算的相关参数见表10.1.3和表10.1.4，其他材料的参数根据坝料相似的原则进行选取。

表10.1.3　残余轴应变公式的系数和指数

土料名称	K_c	围压/kPa	N=12次		N=20次	
			K_a	n_a	K_a	n_a
主堆石	1.5	200	0.2127	0.6999	0.2176	0.6275
	2.5	200	0.7091	0.9065	0.6843	0.781
	1.5	1000	1.1958	0.6571	1.2769	0.5841
	2.5	1000	3.501	0.9531	3.8578	0.9317
次堆石	1.5	200	1.5841	2.2455	1.7397	2.2132
	2.5	200	3.1009	2.2498	2.5437	1.8877
	1.5	1000	5.4275	1.514	4.9699	1.3334
	2.5	1000	9.7293	1.395	9.4804	1.3054

表10.1.4　残余体应变公式的系数和指数

土料名称	K_c	围压/kPa	N=12次		N=20次	
			K_v	n_v	K_v	n_v
主堆石	1.5	200	0.3584	0.8295	0.4777	0.865
	2.5	200	0.4344	0.8018	0.5623	0.8356
	1.5	1000	3.6726	1.3886	4.0262	1.272
	2.5	1000	5.3376	1.431	5.6316	1.3591

续表

土料名称	K_c	围压/kPa	$N=12$ 次		$N=20$ 次	
			K_v	n_v	K_v	n_v
次堆石	1.5	200	0.3184	0.8822	0.3794	0.9062
	2.5	200	0.8445	1.3671	1.2523	1.5277
	1.5	1000	8.6736	1.9621	11.213	2.0291
	2.5	1000	5.7201	1.3486	6.8274	1.3445

10.1.2 计算步骤及地震加速度输入

(1) 计算步骤。在进行动力计算分析之前，必须先进行静力计算分析，以获得动力分析坝体的初始应力状态。静力分析方法如静力部分所述，这里不再赘述。动力计算和静力计算采用的模型相同，计算中忽略坝体与基岩的动力相互作用，将坝体与基岩的接触面设为三向约束。计算中采用 MSC. Marc 有限元软件进行建模与仿真，Marc 具有较强的处理非线性问题的能力，并具有良好的二次开发接口，通过 Fortran 语言编写用户子程序实现整个仿真过程。计算的主要步骤如下：

1) 先根据静力有限元法计算出土体中的各单元的震前平均有效应力 σ_m'。

2) 求出土体单元的初始动剪模量 $G_{d\max}$，土体单元的初始阻尼比经验地取为 5%。

3) 整个地震历程划分为若干个时段。

4) 对每个时段的动剪切模量进行迭代求解。

5) 用 Willson - θ 法建议的放大的时间间隔 $h=\theta\,\Delta t$ 代替实际时间间隔 Δt，对每个时段进行时程分析。

6) 计算各单元的质量矩阵和刚度矩阵，对号入座形成总体质量矩阵$[M]$和刚度矩阵$[K]$，采用空间迭代法求出坝体基频 ω，并计算单元阻尼矩阵，由各单元的变阻尼矩阵$[c]^e$ 组装形成总体阻尼矩阵$[C]$。

7) 据输入地震加速度 $\ddot{u}_{n+1}$，由$\{R\}=-[M]\ (\{r_x\}\ddot{u}_{n+1}+\{r_y\}\ddot{u}_{n+1}+\{r_z\}\ddot{u}_{n+1})$ 形成右端项荷载向量$\{R\}$。

8) 把矩阵$[M]$、$[K]$、$[C]$和向量$\{R\}$组成$[K]$和$\{R\}$，并进行三角化分解，求得$\{u\}_{n+1}$，从而求得$\{\ddot{u}\}_{n+1}$。

9) 把 $\{\ddot{u}\}_{n+1}$ 作为 $\{\ddot{u}\}_n$，按式（8.4.1）求得新的 $\{\ddot{u}\}_{n+1}$，从而求得 $\{\ddot{u}\}_{n+1}$ 和$\{u\}_{n+1}$。

10) 根据求出的结点位移$\{u\}_{n+1}$计算各单元的动剪应变 γ_{n+1} 和动剪应力 τ_{n+1}。

11) 重复步骤 5) ～10)，得到各单元的在每个时段内的动剪应变 γ 时程。

12) 求出各单元 γ_d 时程中的最大值 $\gamma_{d\max}$、根据等效动剪应变 $\gamma_{eff}=0.65\gamma_{d\max}$，查 $\frac{G_d}{G_{d\max}}\sim\gamma$ 和 $\gamma\sim\gamma_d$ 曲线得到新的 G 和 γ。

13) 重复步骤 4)～12)，直到前后两次用的 G_d 的相对误差小于 10%。

14) 重复步骤 3)～13)，直到各个时段全部计算结束，即整个地震历程结束。

15) 输出计算结果。

(2) 地震加速度的输入。坝体的动力反应计算需考虑“正常蓄水位＋地震”工况。三维动力有限元计算的网格与静力有限元计算一致。首先进行静力分析，并将水库水位蓄至正常蓄水位，随后施加地震荷载，忽略坝体与地基的相互动力作用加速度直接施加于坝体与坝基接触面上，进行地震反应分析。根据河南省地震局所提供的坝址场地地震资料报告，设计地震工况基岩输入加速度取超越概率 100 年 2%的峰值强度为 201gal，地震动的持续时间取 24s。地震波输入方向为：x 方向沿原河流方向水平加速度输入；y 方向沿高程方向竖直加速度输入，依据水工建筑物抗震设计规范，将其峰值折减 2/3；z 方向为沿坝轴方向横向加速度输入。100 年超越概率 2%的地震加速度曲线见图 10.1.2。计算中将整个地震历程划分为 24 个大时段，每个大时段又划分为 50 个小时段，因此，积分计算的时间步长为 0.02s。

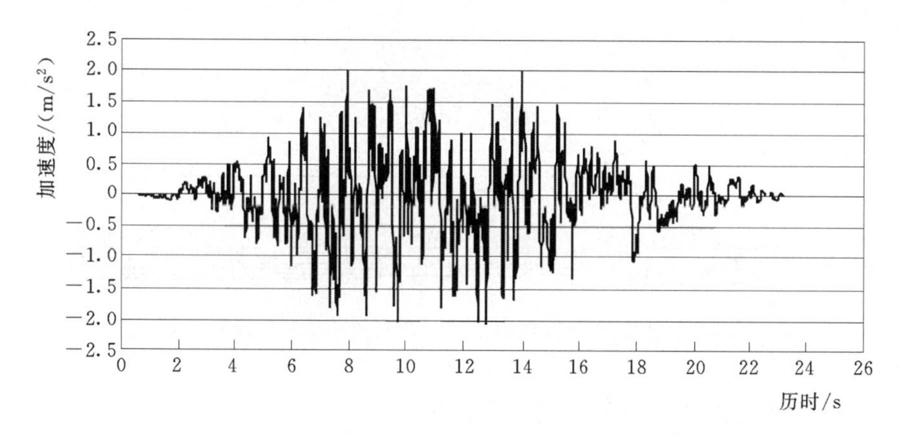

图 10.1.2　100 年超越概率 2%的地震动加速度时程曲线

计算过程中，记录了如图 10.1.3 所示桩号 0＋170 断面上堆石体 5 个结点（编号 230，3185，3198，3219，3222）和面板 4 个结点（编号 4130，6044，4104，4091）的加速度反应和位移反应，以及如图 10.1.4 所示桩号 0＋170 断面上堆石体 5 个单元（编号 2301，3586，3679，3623，3634）和面板 4 个单元（编号 833，1057，1451，868）的应力反应，以分析地震过程中坝体和面板的加速度、位移、应力等的变化过程。

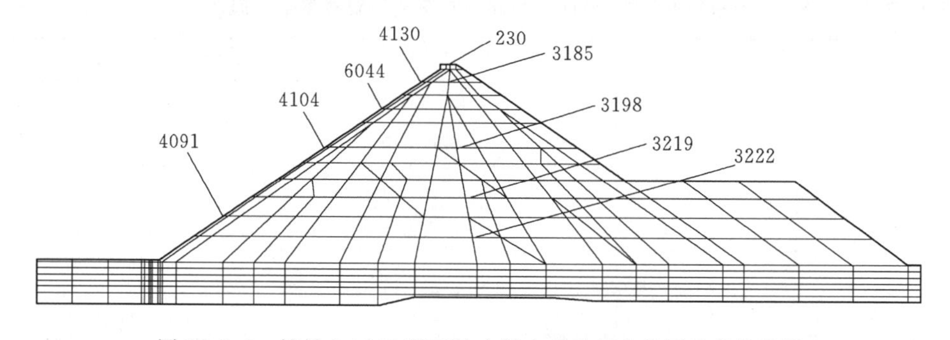

图 10.1.3　桩号 0＋170 断面输出结点量的结点位置及其编号图

为了分析大坝的抗震安全性，完整记录了地震期间全部堆石体单元和面板的抗滑稳定安全系数。这里仅给出了如图 10.1.5 所示桩号 0＋170 断面上坝中 5 个堆石体单元（编号

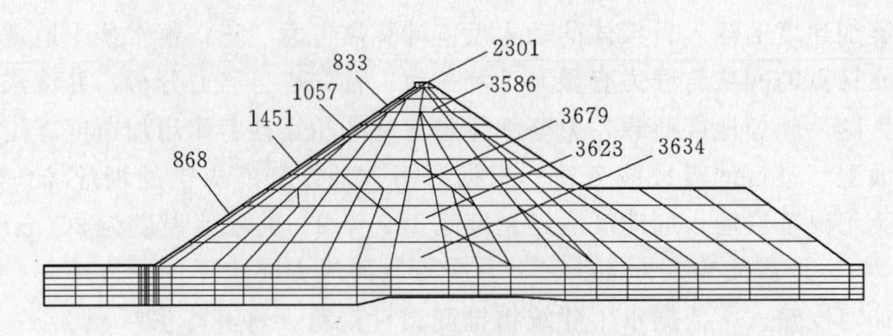

图 10.1.4　桩号 0＋170 断面输出单元量的单元位置及其编号图

2301，3586，3679，3632，3634）和坝体下游坡 4 个堆石体单元（编号 3586，3679，3632，3684）的安全系数变化过程。

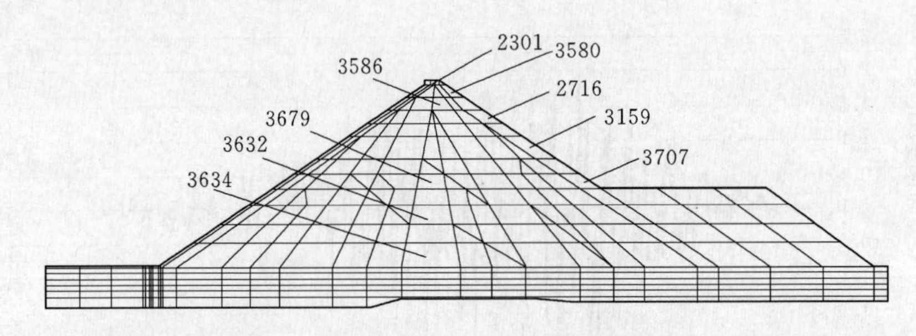

图 10.1.5　桩号 0＋170 断面输出安全系数的单元位置及其编号图

10.2　三维非线性动力计算结果与分析

10.2.1　地震反应

设计提供的模拟地震动加速度曲线历时达 24s，因此，在整理成果时给出了 24s 的时程曲线。另外，由于各断面地震反应时程曲线和分布规律一致，因此，这里给出基本设计工况坝体最大断面 0＋170 桩号断面的成果附图，其他地震反应特征量等详见以下分析。动力有限元分析算成果特征量汇总见表 10.2.1～表 10.2.3。

表 10.2.1　　桩号 0＋170 断面三维动力有限元计算成果汇总表

项　目		数值
最大加速度反应/(m/s^2)	上下游方向	9
	垂直方向	10
最大位移反应/cm	上下游方向	11
	垂直方向	6.5
堆石体最大应力反应/MPa	第一主应力	0.53
	第三主应力	0.51
	最大剪应力	0.35
面板最大应力和位移反应	顺坡向应力/MPa	7.5
	面板挠度/cm	9.5

表 10.2.2　　　　　　桩号 0+50 断面三维动力有限元计算成果汇总表

项　目		数值
最大加速度反应/(m/s²)	上下游方向	8.5
	垂直向	5.5
最大位移反应/cm	顺河向	4.5
	垂直向	1.4
堆石体最大应力反应/MPa	第一主应力	0.44
	第三主应力	0.38
	动剪力	0.28
面板最大应力和位移反应	顺坡向应力/MPa	2.5
	面板挠度/cm	2.5

表 10.2.3　　　　　　桩号 0+290 断面三维动力有限元计算成果汇总表

项　目		数值
最人加速度反应/(m/s²)	上下游方向	8
	垂直向	6.5
最大位移反应/cm	顺河向	4.5
	垂直向	1.6
堆石体最大应力反应/MPa	第一主应力	0.38
	第三主应力	0.38
	最大剪应力	0.28
面板最大应力和位移反应	顺坡向应力/MPa	3.5
	面板挠度/cm	2.5

(1) 加速度反应。坝体部分结点的顺河向和竖直向绝对加速度历时曲线见图 10.2.1～图 10.2.10，面板部分结点的顺河向和竖直向绝对加速度历时曲线见图 10.2.11～图 10.2.18。坝体顺河向和竖直向最大绝对加速度等值线见图 10.2.19 和图 10.2.20，面板顺河向和竖直向最大绝对加速度等值线见图 10.2.21 和图 10.2.22。

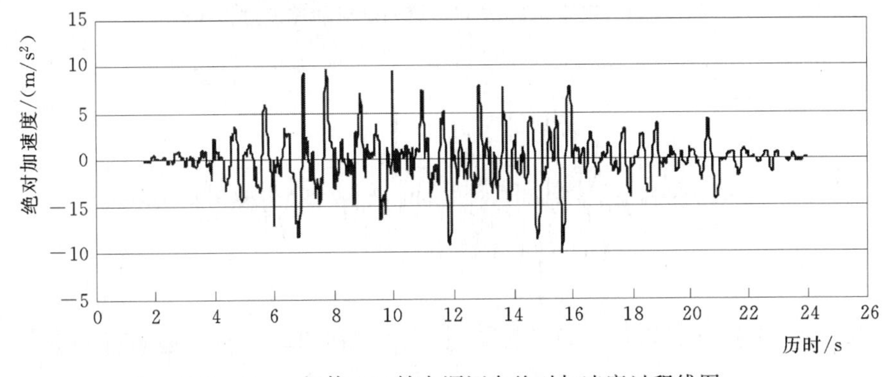

图 10.2.1　坝体 230 结点顺河向绝对加速度过程线图

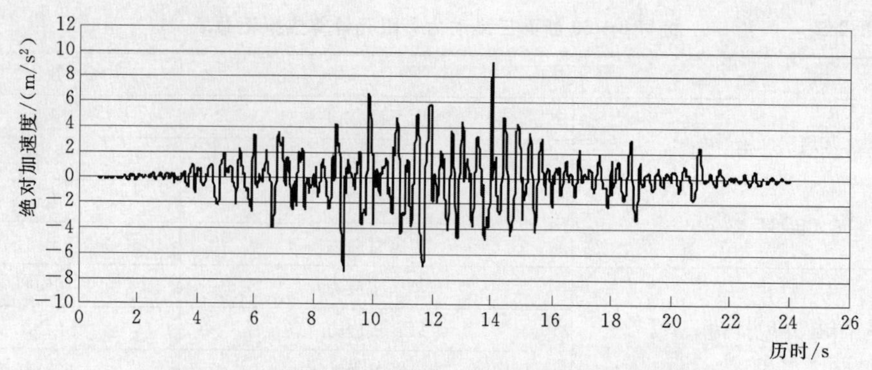

图 10.2.2 坝体 230 结点竖直向绝对加速度过程线图

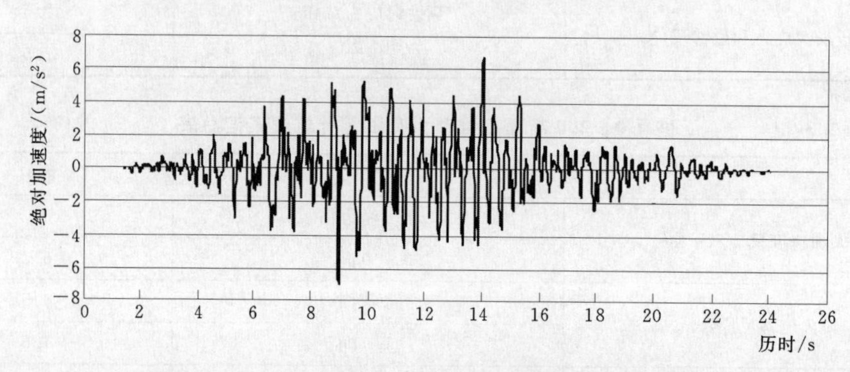

图 10.2.3 坝体 3185 结点顺河向绝对加速度过程线图

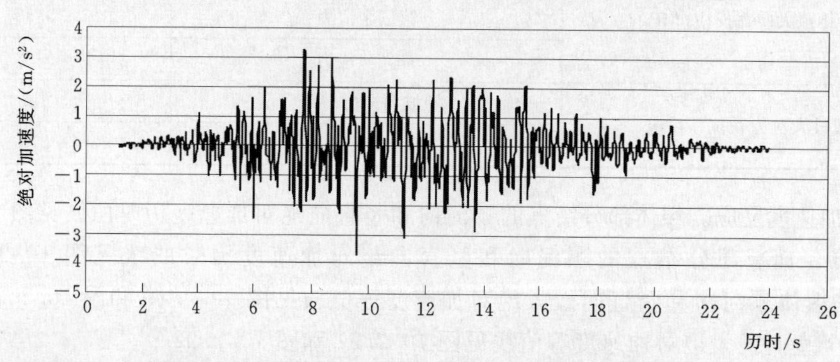

图 10.2.4 坝体 3185 结点竖直向绝对加速度过程线图

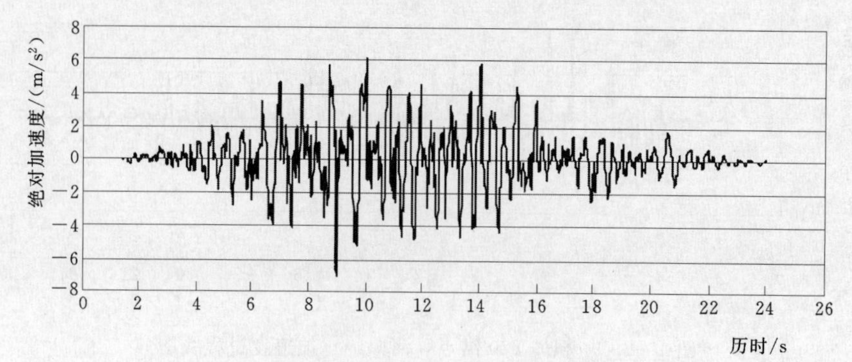

图 10.2.5 坝体 3198 结点顺河向绝对加速度过程线图

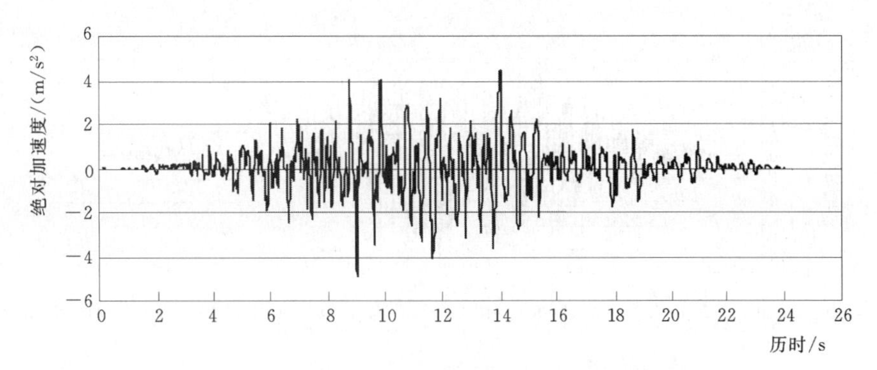

图 10.2.6 坝体 3198 结点竖直向绝对加速度过程线图

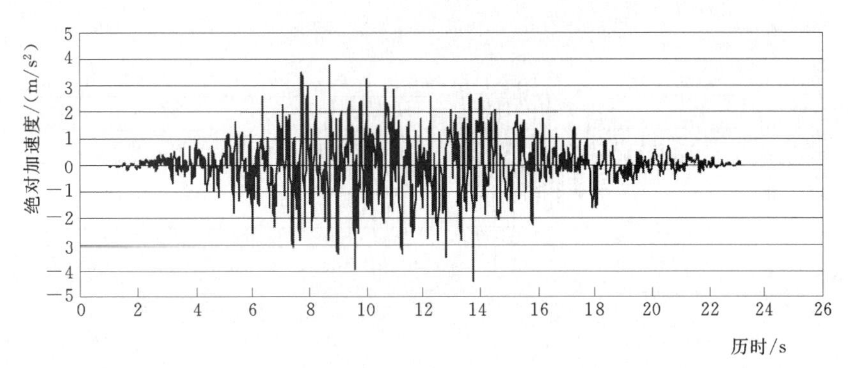

图 10.2.7 坝体 3219 结点顺河向绝对加速度过程线图

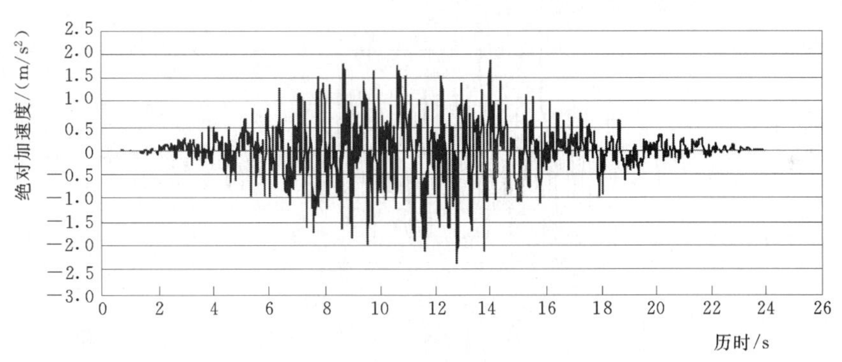

图 10.2.8 坝体 3219 结点竖直向绝对加速度过程线图

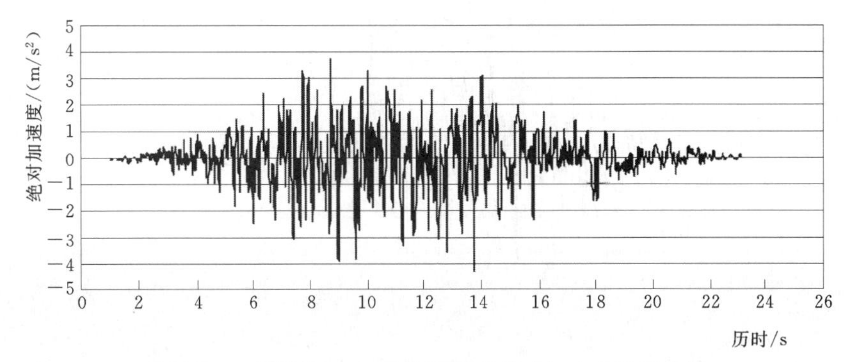

图 10.2.9 坝体 3222 结点顺河向绝对加速度过程线图

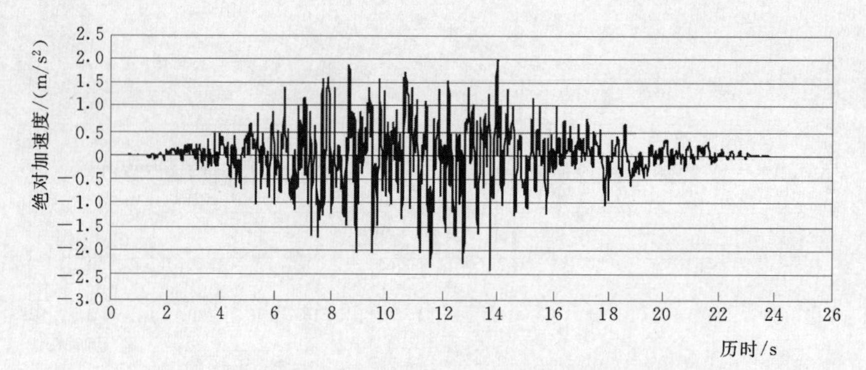

图 10.2.10　坝体 3222 结点竖直向绝对加速度过程线图

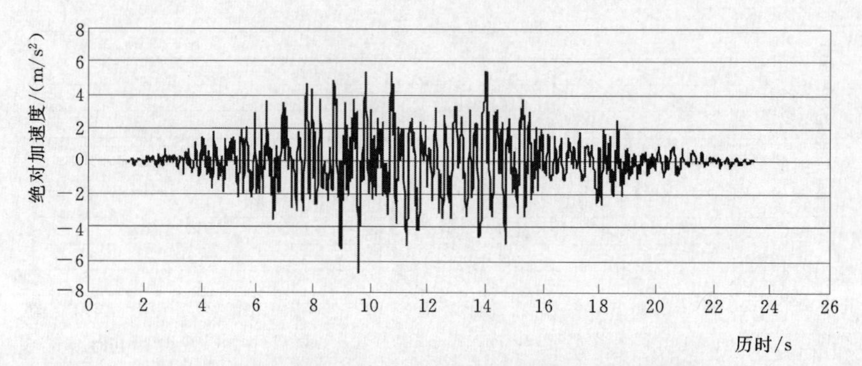

图 10.2.11　面板 4091 结点顺河向绝对加速度过程线图

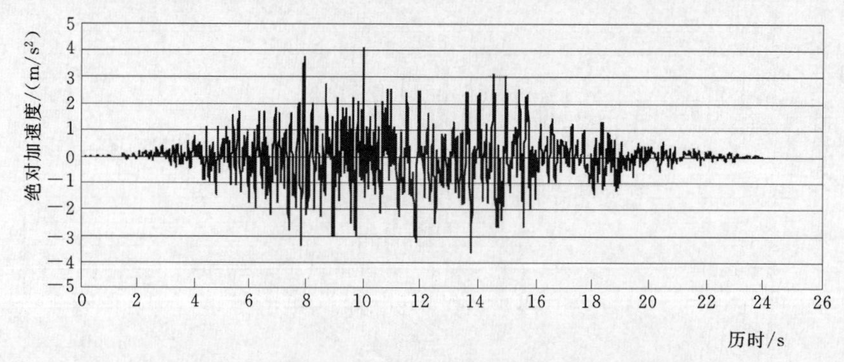

图 10.2.12　面板 4091 结点竖直向绝对加速度过程线图

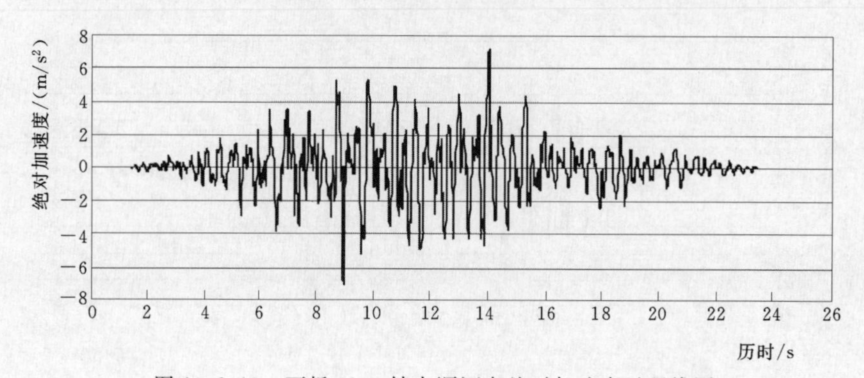

图 10.2.13　面板 4104 结点顺河向绝对加速度过程线图

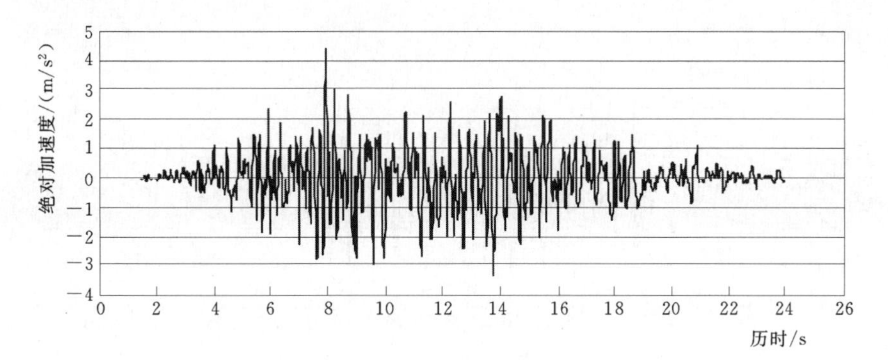

图 10.2.14　面板 4104 结点竖直向绝对加速度过程线图

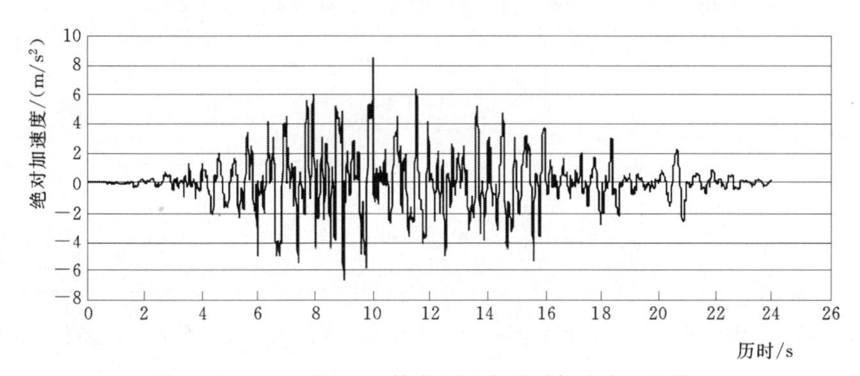

图 10.2.15　面板 4130 结点顺河向绝对加速度过程线图

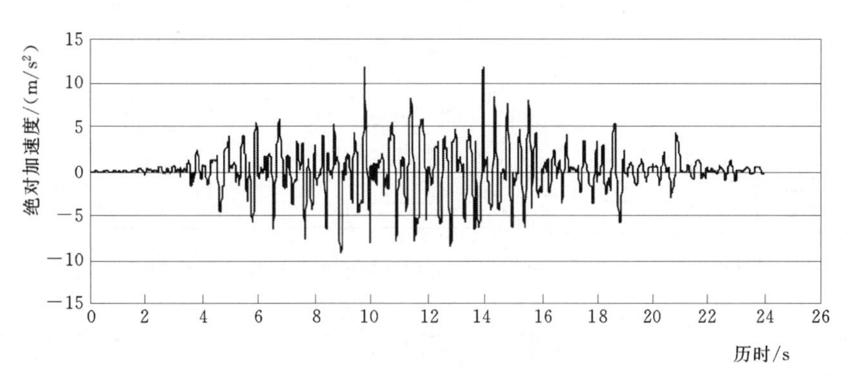

图 10.2.16　面板 4130 结点竖直向绝对加速度过程线图

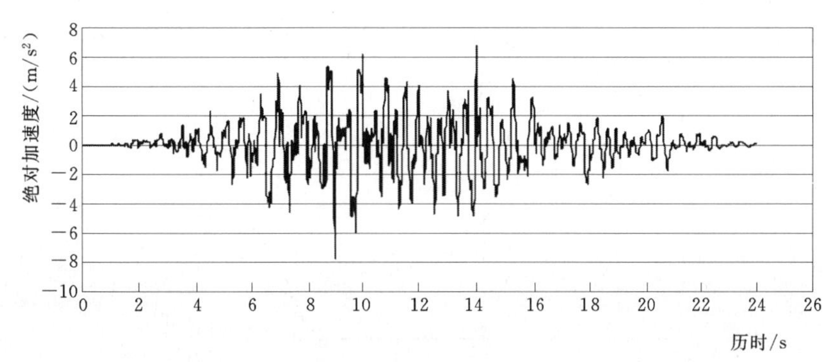

图 10.2.17　面板 6044 结点顺河向绝对加速度过程线图

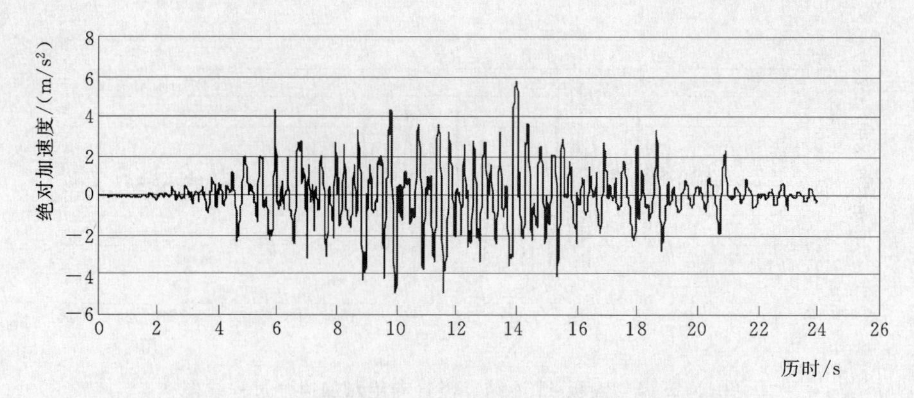

图 10.2.18　面板 6044 结点竖直向绝对加速度过程线图

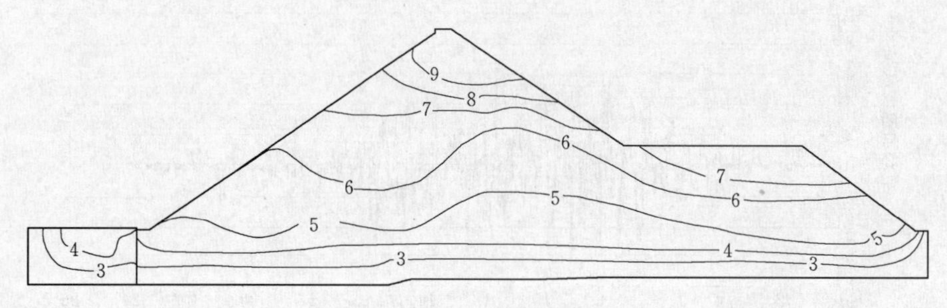

图 10.2.19　坝体桩号 0+170 断面顺河向最大绝对加速度反应图（三维模型）（单位：m/s²）

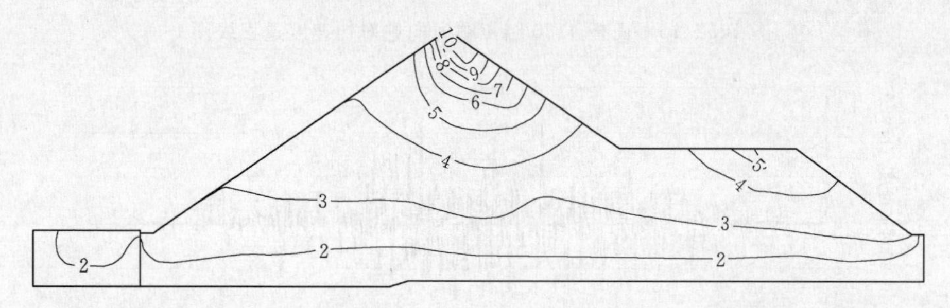

图 10.2.20　坝体桩号 0+170 断面竖直向最大绝对加速度反应图（三维模型）（单位：m/s²）

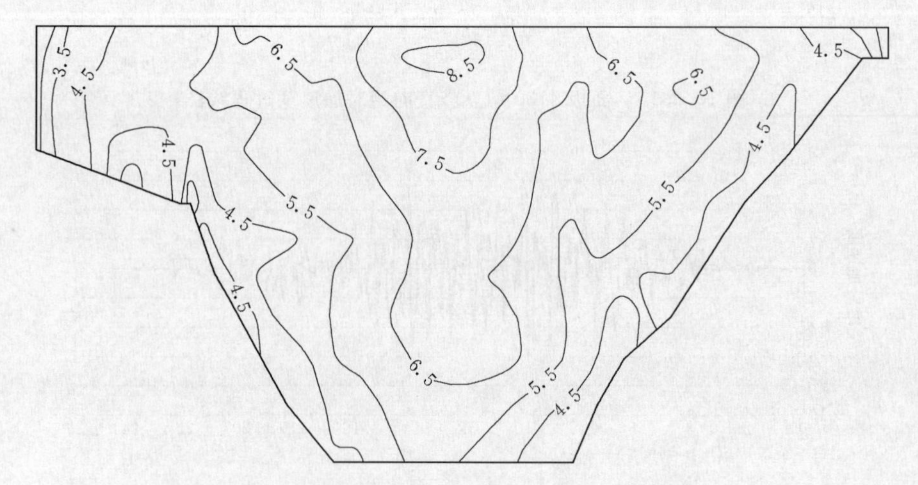

图 10.2.21　面板顺河向最大绝对加速度等值线图（三维模型）（单位：m/s²）

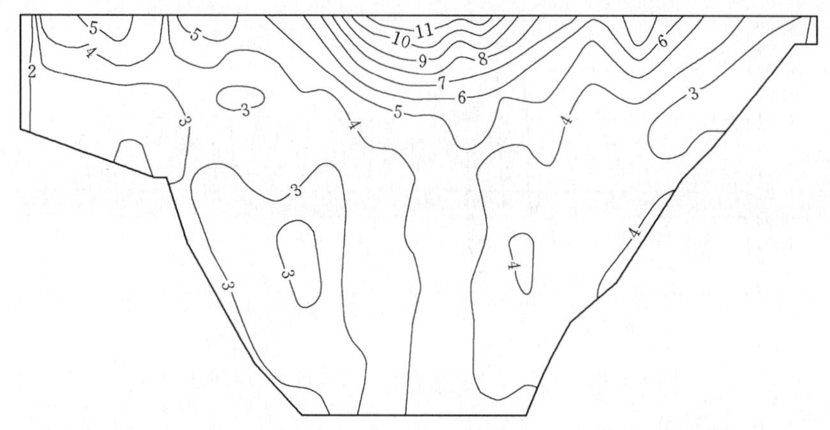

图 10.2.22　面板竖直向最大绝对加速度等值线图（三维模型）（单位：m/s^2）

由表 10.2.1～表 10.2.3 和图 10.2.19、图 10.2.20 可以看出：在 0＋50、0＋170、0＋290三个断面中，顺河向绝对加速度最大为 $9m/s^2$，放大系数为 4.5，发生在桩号 0＋170断面下游坝顶附近；竖直向绝对加速度的最大为 $10m/s^2$，放大系数为 5.0，发生在桩号 0＋170 断面坝顶附近。

面板顺河向地震加速度反应极值出现在面板顶部中间，最大反应为 $8.5m/s^2$，放大倍数为 4.2 倍；铅直向加速度反应峰值出现在面板顶部中间位置，最大反应为 $11m/s^2$，放大倍数为 5.4 倍。

（2）位移反应。坝体部分结点的顺河向和竖直向位移反应的历时曲线见图 10.2.23～图 10.2.32，面板部分结点的顺河向和竖直向位移反应的历时曲线见图 10.2.33～图 10.2.40。坝体顺河向和竖直向最大动位移反应等值线见图 10.2.41 和图 10.2.42。

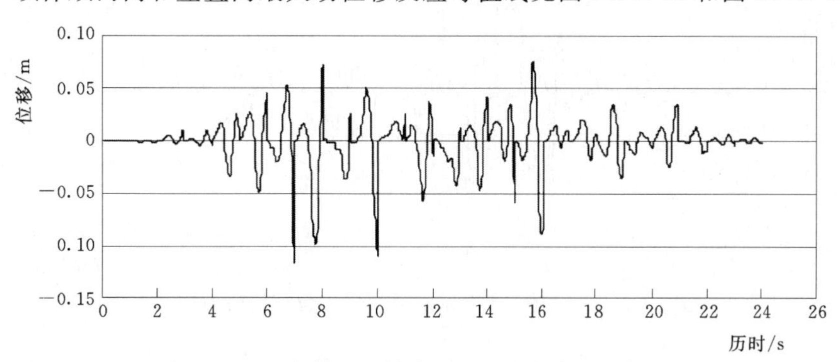

图 10.2.23　坝体 230 结点顺河向动位移历时曲线图

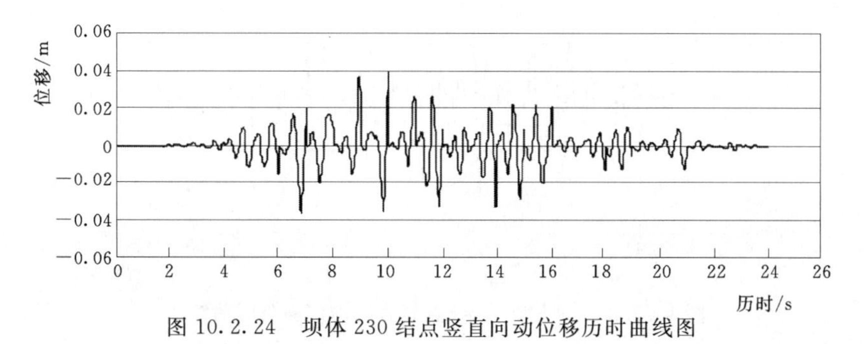

图 10.2.24　坝体 230 结点竖直向动位移历时曲线图

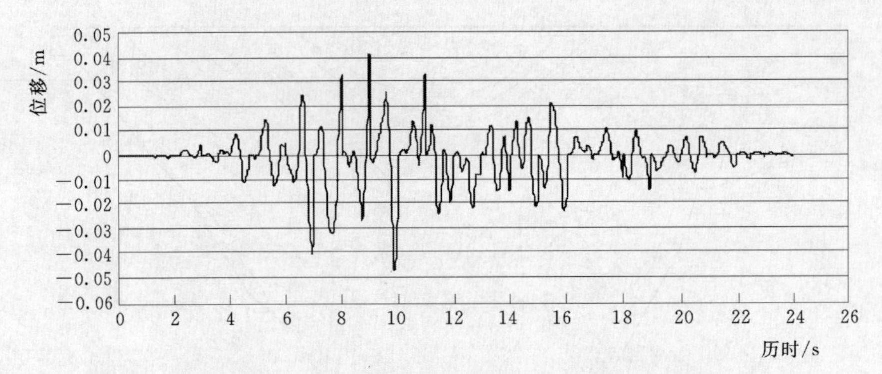

图 10.2.25　坝体 3185 结点顺河向动位移历时曲线图

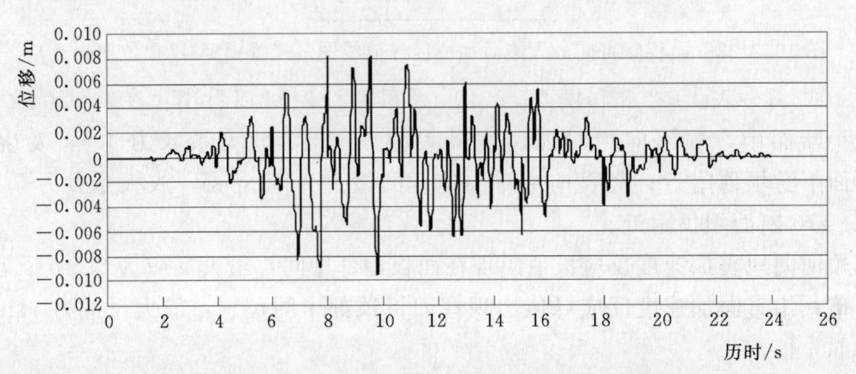

图 10.2.26　坝体 3185 结点竖直向动位移历时曲线图

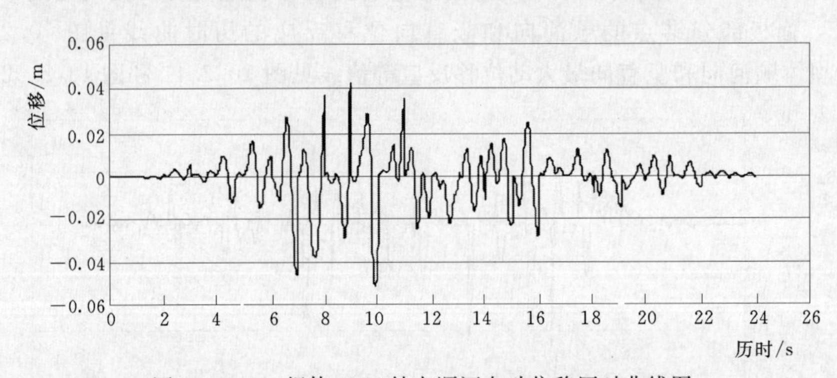

图 10.2.27　坝体 3198 结点顺河向动位移历时曲线图

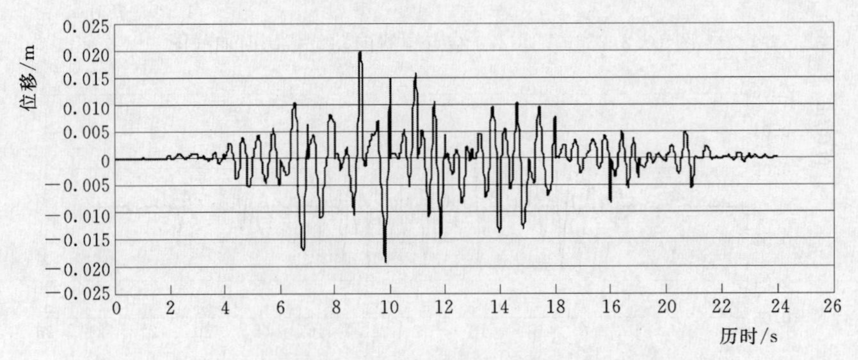

图 10.2.28　坝体 3198 结点竖直向动位移历时曲线图

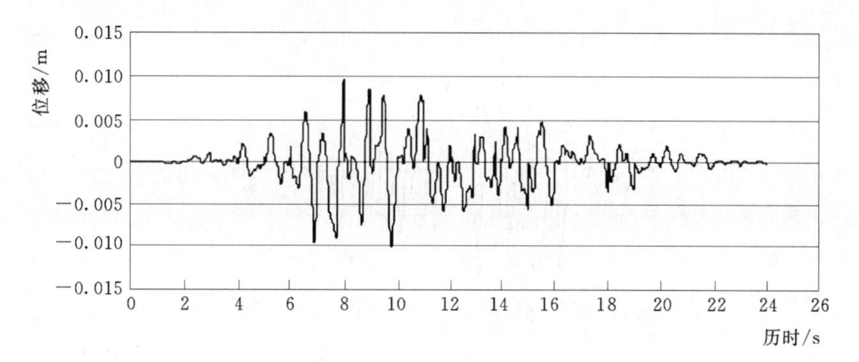

图 10.2.29　坝体 3219 结点顺河向动位移历时曲线图

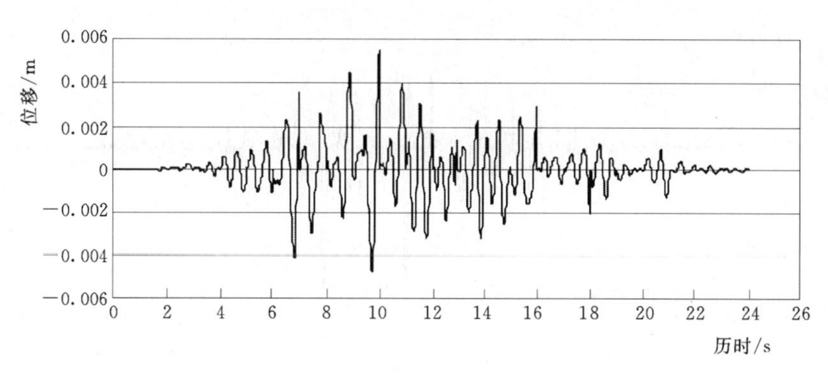

图 10.2.30　坝体 3219 结点竖直向动位移历时曲线图

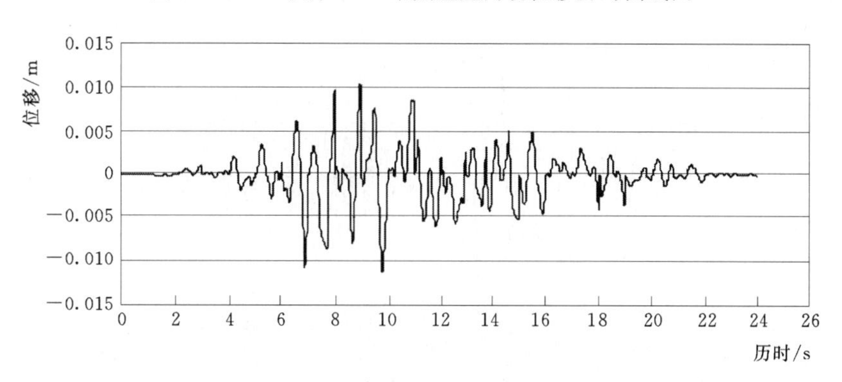

图 10.2.31　坝体 3222 结点顺河向动位移历时曲线图

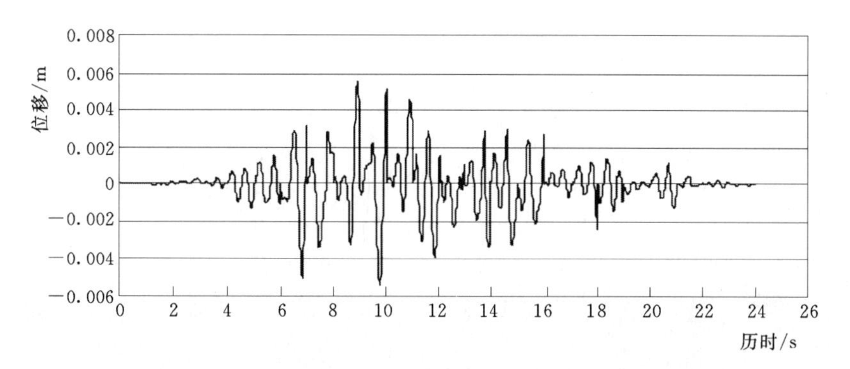

图 10.2.32　坝体 3222 结点竖直向动位移历时曲线图

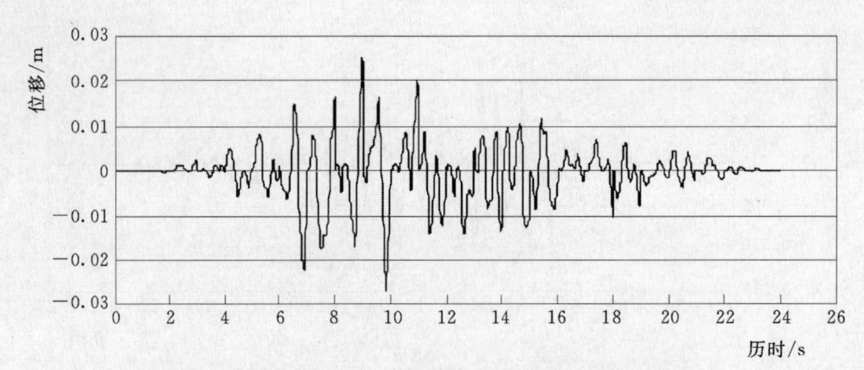

图 10.2.33 面板 4091 结点顺河向动位移历时曲线图

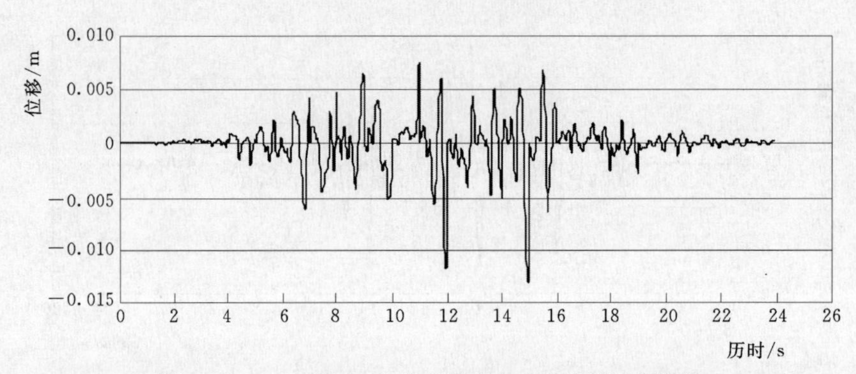

图 10.2.34 面板 4091 结点竖直向动位移历时曲线图

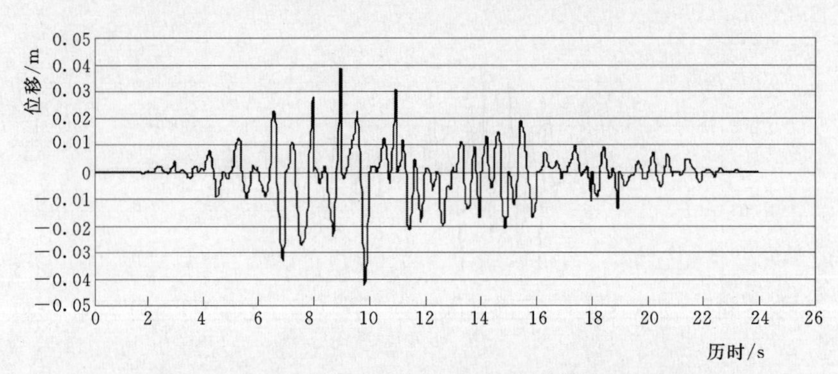

图 10.2.35 面板 4104 结点顺河向动位移历时曲线图

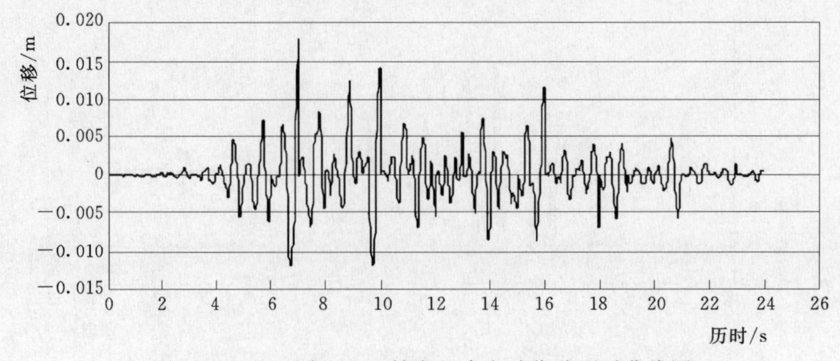

图 10.2.36 面板 4104 结点竖直向动位移历时曲线图

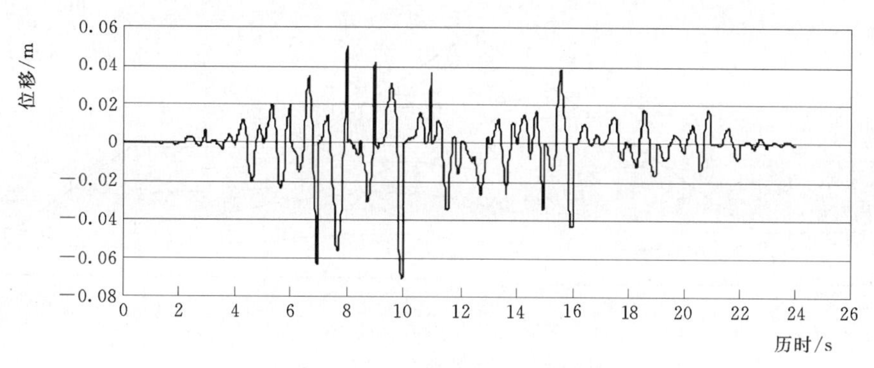

图 10.2.37　面板 4130 结点顺河向动位移历时曲线图

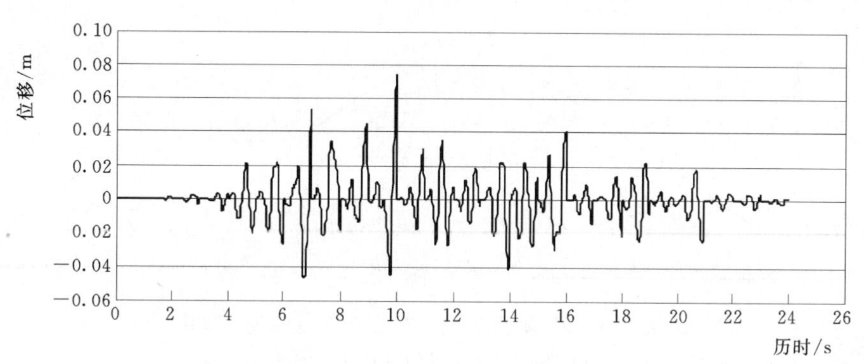

图 10.2.38　面板 4130 结点竖直向动位移历时曲线图

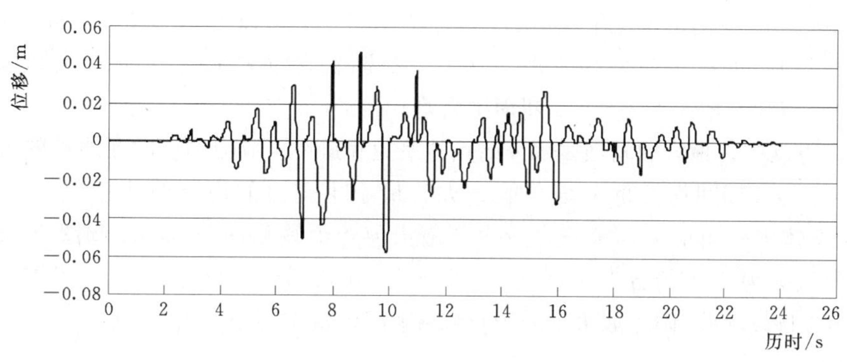

图 10.2.39　面板 6044 结点顺河向动位移历时曲线图

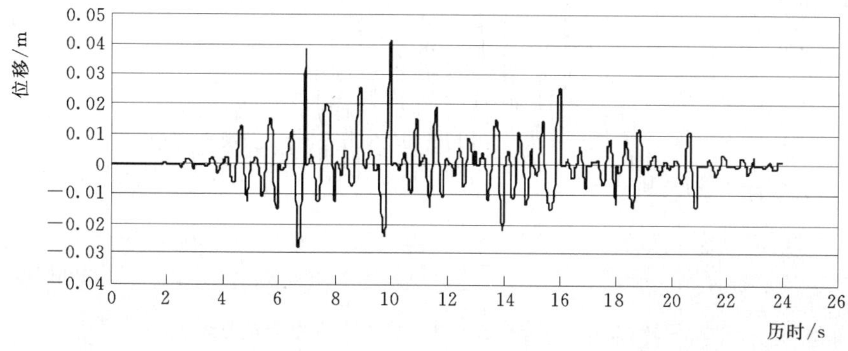

图 10.2.40　面板 6044 结点竖直向动位移历时曲线图

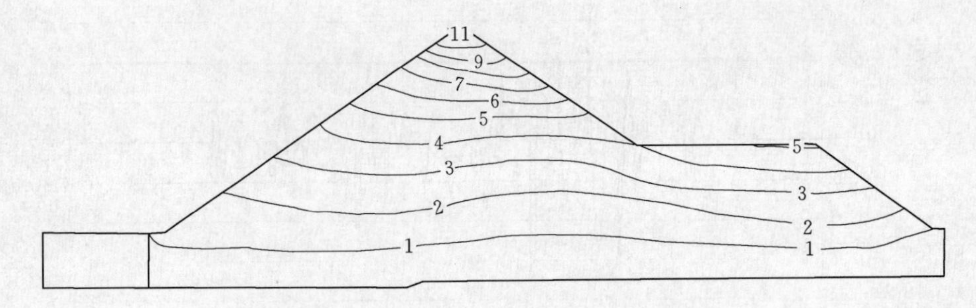

图 10.2.41　坝体桩号 0＋170 断面顺河向最大位移
反应图（三维模型）（单位：cm）

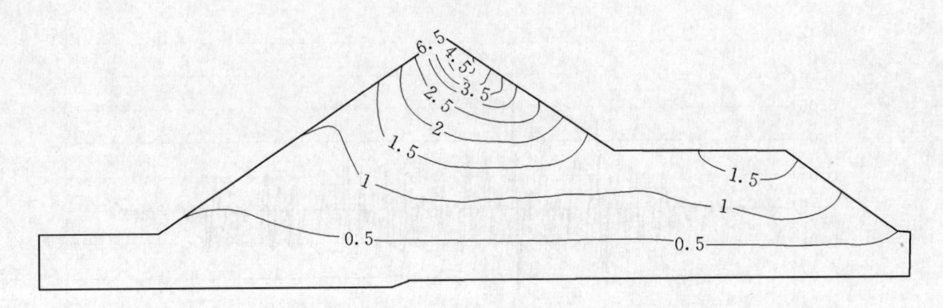

图 10.2.42　坝体桩号 0＋170 断面竖直向最大位移
反应图（三维模型）（单位：cm）

由表 10.2.1～表 10.2.3 和图 10.2.41、图 10.2.42 可以看出：在三个断面中，顺河向最大位移反应为 11cm，发生在桩号 0＋170 断面坝顶处；竖直向最大位移反应为 6.5cm，位于发生在桩号为 0＋170 断面上游坝顶附近。

（3）应力反应。地震期间坝体部分结点的最大和最小主应力的历时曲线见图 10.2.43～图 10.2.52，地震期间面板部分结点的最大和最小主应力的历时曲线见图 10.2.53～图 10.2.60。坝体第一主应力和第三主应力的最大值等值线见图 10.2.61 和图 10.2.62。坝体三个断面最大剪应力的分布见图 10.2.63～图 10.2.65。面板最大应力反应分布见图 10.2.66～图 10.2.68。防渗墙最大应力分布见图 10.2.69 和图 10.2.70。

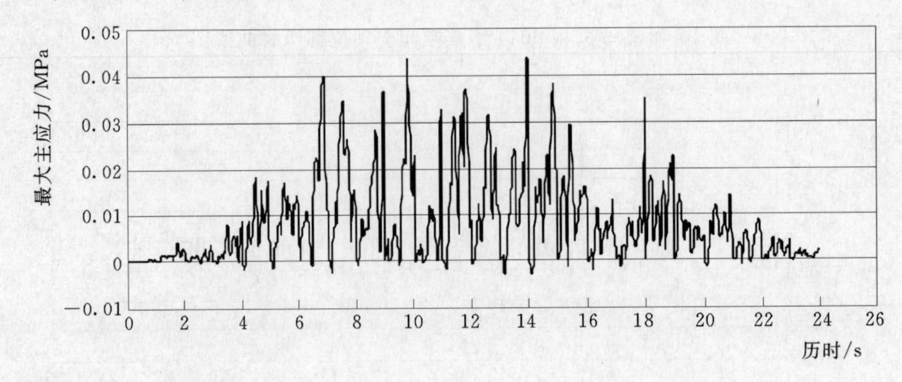

图 10.2.43　坝体 2301 单元最大主应力历时曲线图

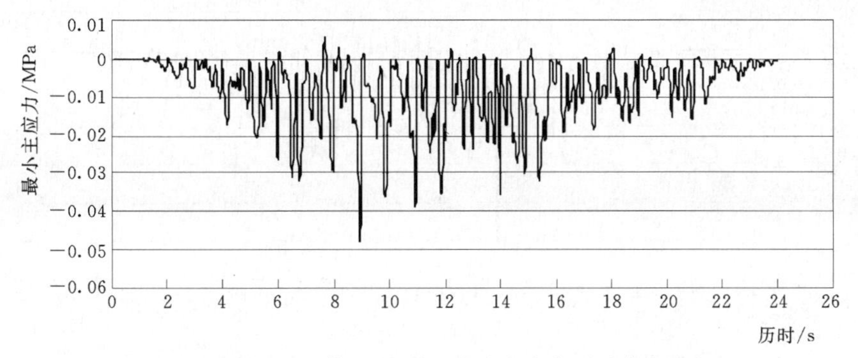

图 10.2.44　坝体 2301 单元最小主应力历时曲线图

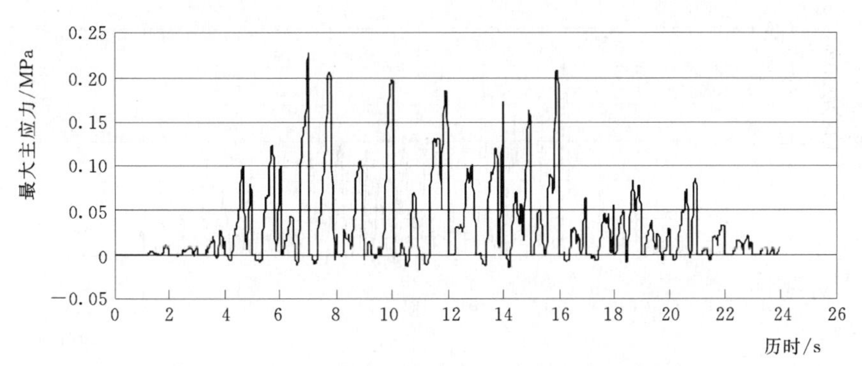

图 10.2.45　坝体 3586 单元最大主应力历时曲线图

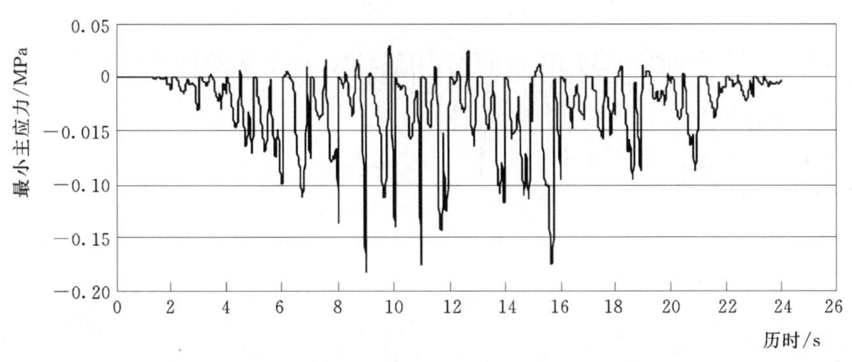

图 10.2.46　坝体 3586 单元最小主应力历时曲线图

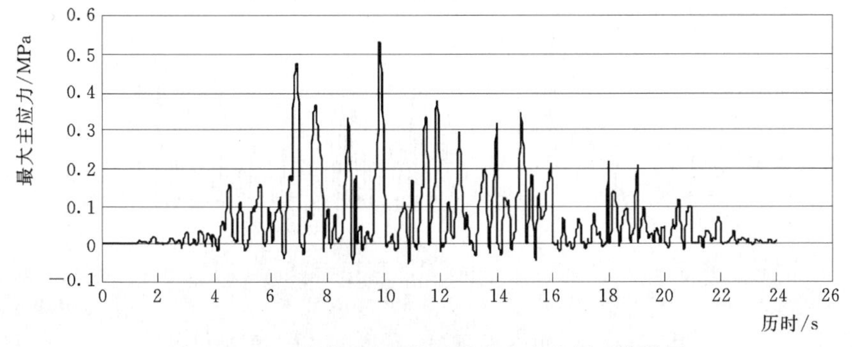

图 10.2.47　坝体 3623 单元最大主应力历时曲线图

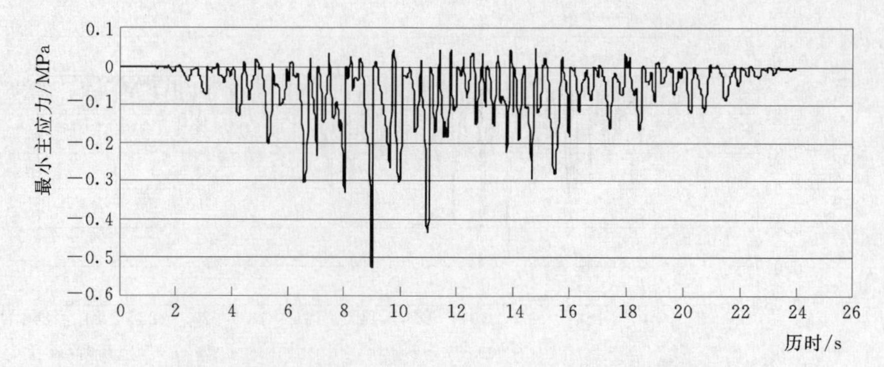

图 10.2.48　坝体 3623 单元最小主应力历时曲线图

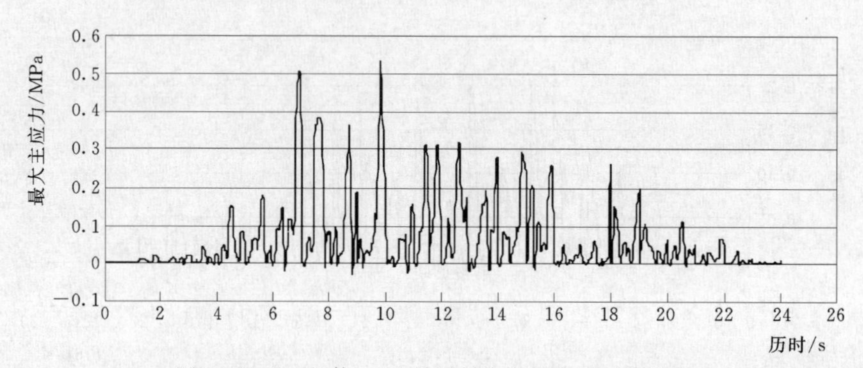

图 10.2.49　坝体 3634 单元最大主应力历时曲线图

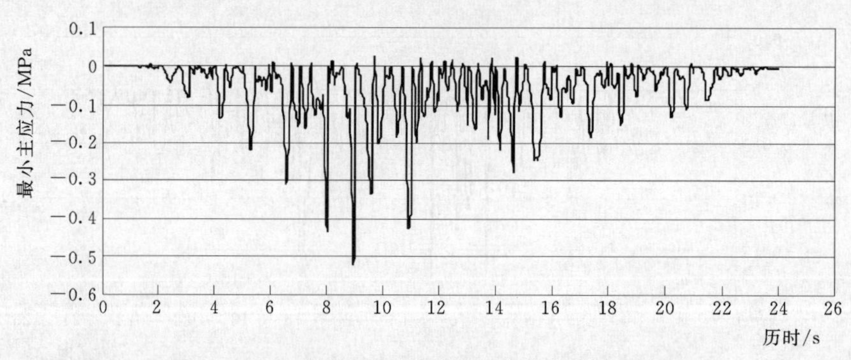

图 10.2.50　坝体 3634 单元最小主应力历时曲线图

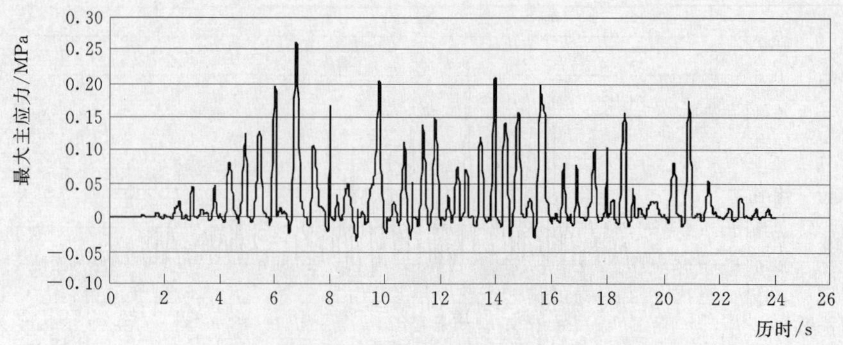

图 10.2.51　坝体 3679 单元最大主应力历时曲线图

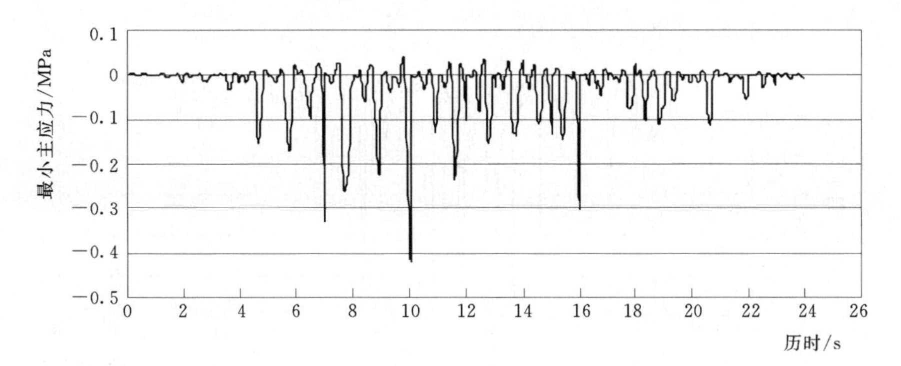

图 10.2.52 坝体 3679 单元最小主应力历时曲线图

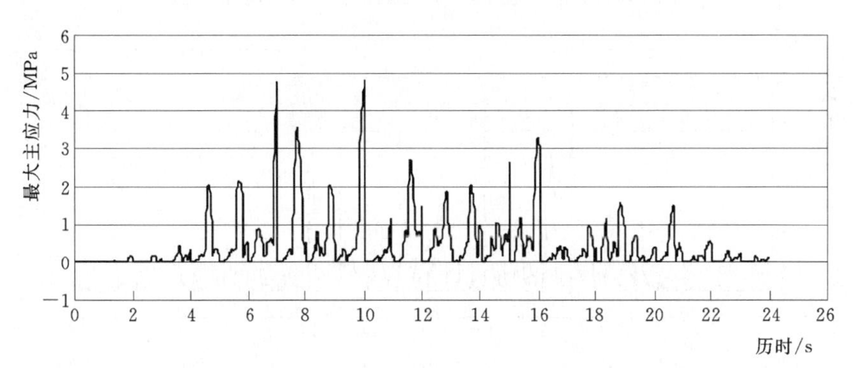

图 10.2.53 面板 833 单元最大主应力历时曲线图

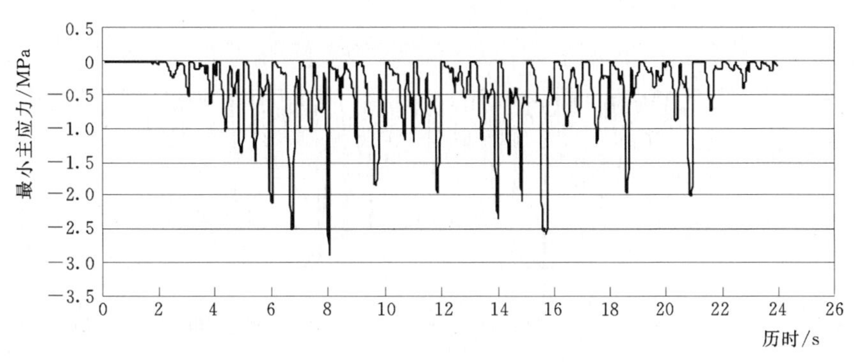

图 10.2.54 面板 833 单元最小主应力历时曲线图

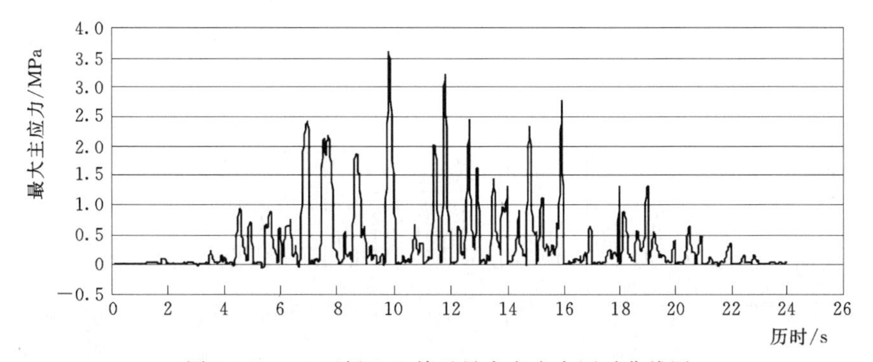

图 10.2.55 面板 868 单元最大主应力历时曲线图

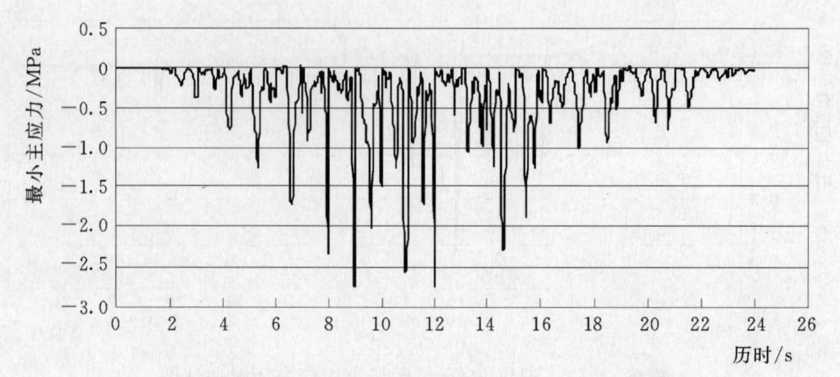

图 10.2.56　面板 868 单元最小主应力历时曲线图

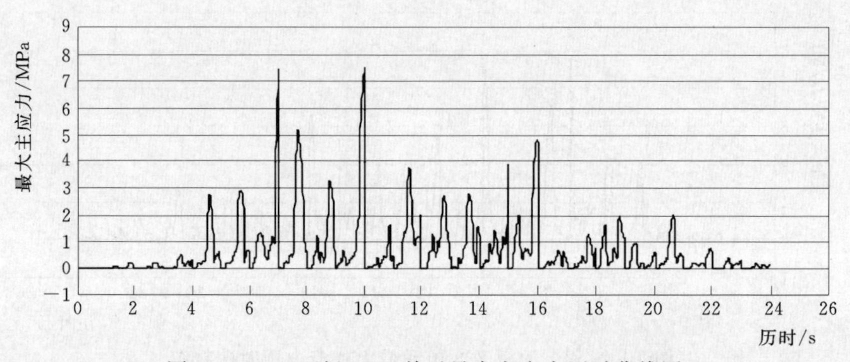

图 10.2.57　面板 1057 单元最大主应力历时曲线图

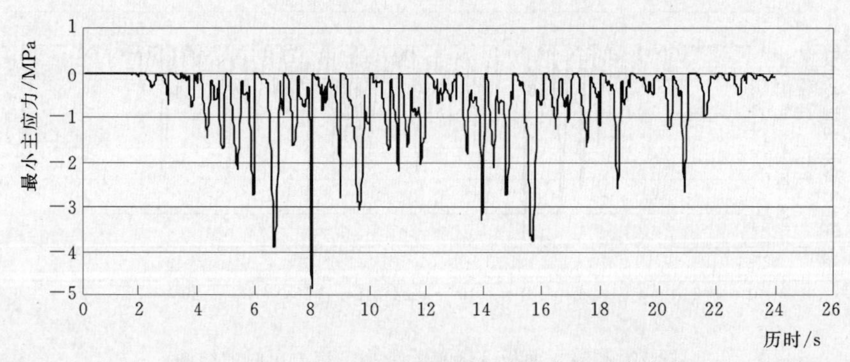

图 10.2.58　面板 1057 单元最小主应力历时曲线图

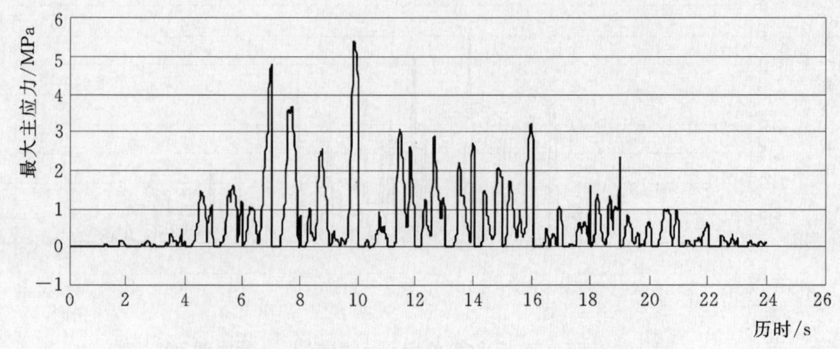

图 10.2.59　面板 1451 单元最大主应力历时曲线图

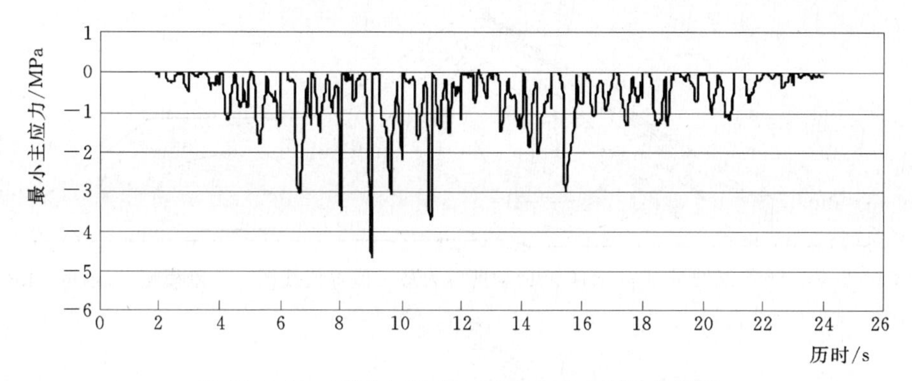

图 10.2.60　面板 1451 单元最小主应力历时曲线图

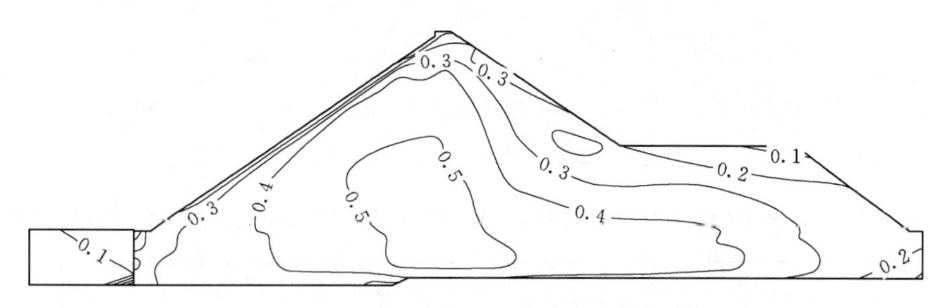

图 10.2.61　地震期间坝体第一主应力最大值等值线图
（三维模型）（单位：kPa）

图 10.2.62　地震期间坝体第三主应力最大值等值线图
（三维模型）（单位：kPa）

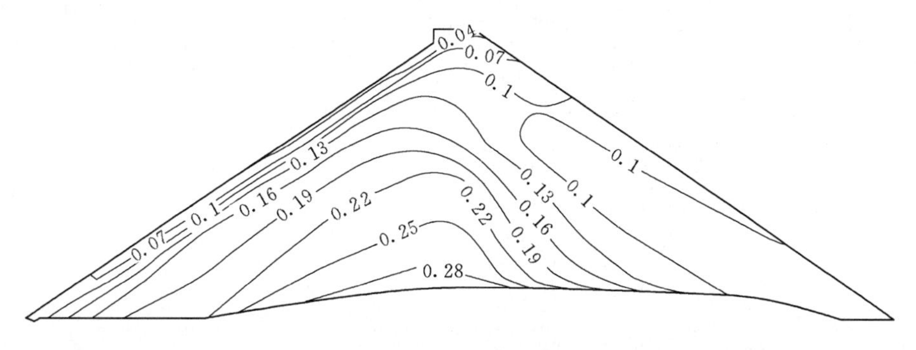

图 10.2.63　地震期间桩号 0＋50 断面动剪应力最大值等值线图
（三维模型）（单位：kPa）

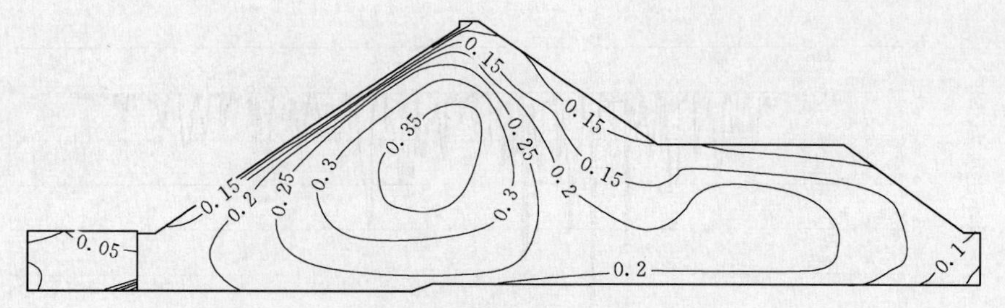

图 10.2.64　地震期间桩号 0+170 断面动剪应力最大值等值线图（三维模型）（单位：kPa）

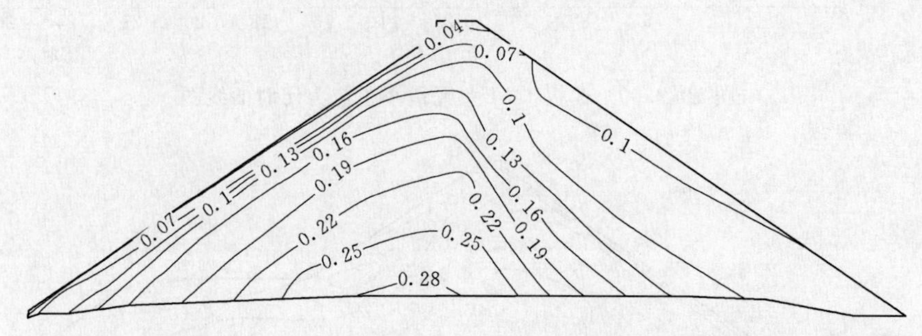

10.2.65　地震期间桩号 0+290 断面动剪应力最大值等值线图（三维模型）（单位：kPa）

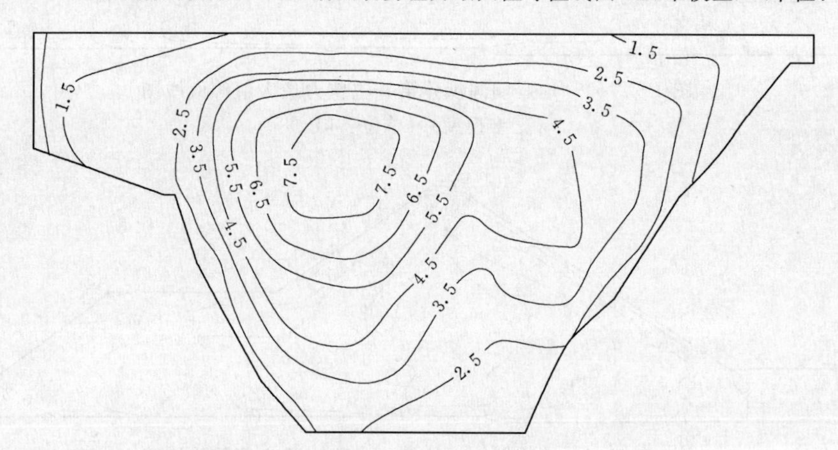

图 10.2.66　地震期间面板顺坡向应力最大值等值线图（三维模型）（单位：kPa）

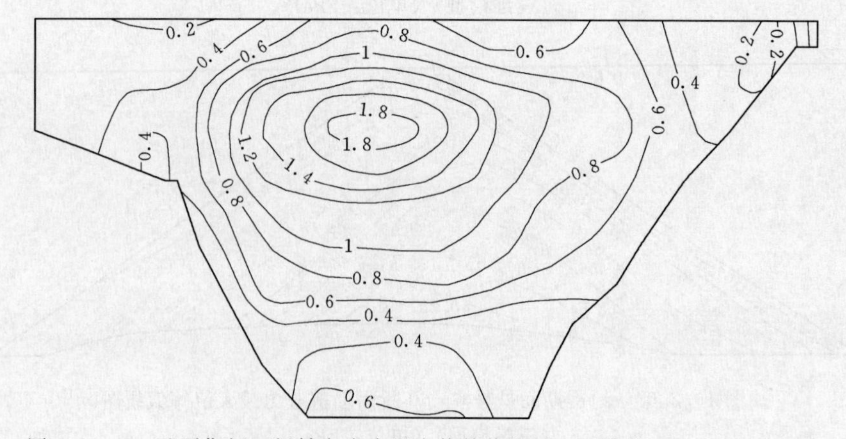

图 10.2.67　地震期间面板轴向应力最大值等值线图（三维模型）（单位：kPa）

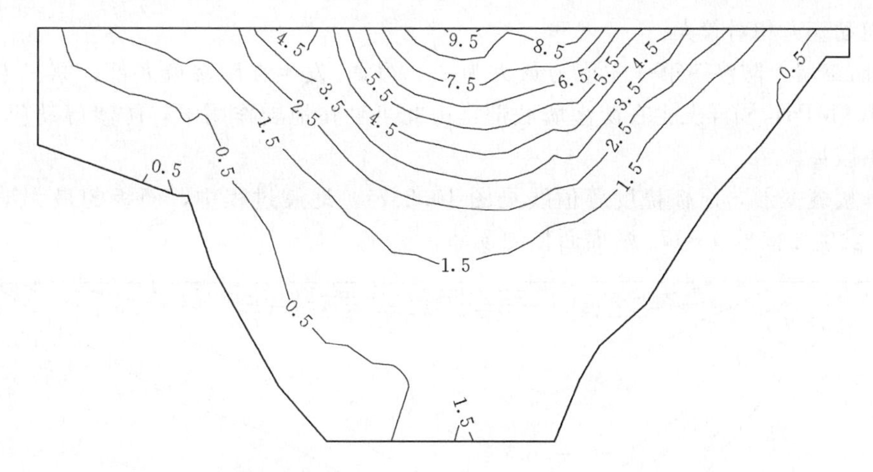

图 10.2.68　地震期间面板挠度最大值等值线图（三维模型）（单位：cm）

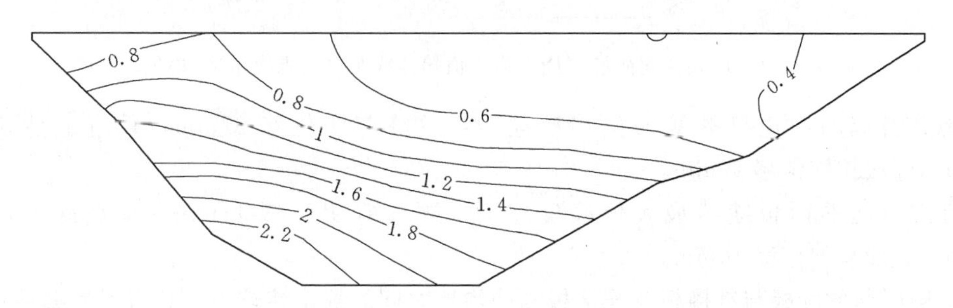

图 10.2.69　地震期间防渗墙第一主应力最大值等值线图（三维模型）（单位：kPa）

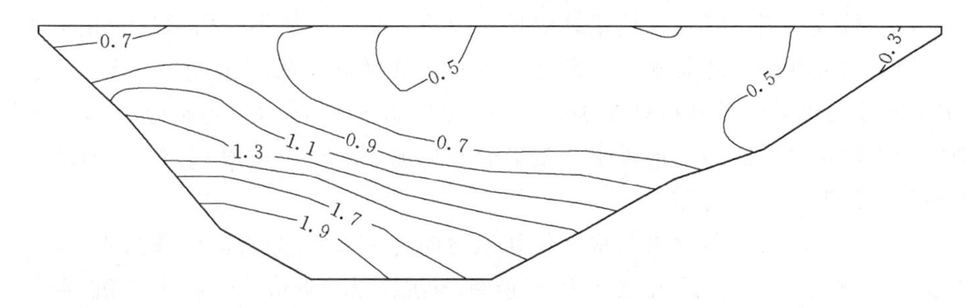

图 10.2.70　地震期间防渗墙第三主应力最大值等值线图（三维模型）（单位：kPa）

由表 10.2.1～表 10.2.3 和图 10.2.61～图 10.2.70 看出：

1）堆石体。在三个断面中，第一主应力最大为 0.53MPa，位于桩号桩号 0＋170 断面坝体底部靠近坝轴线附近；第三主应力最大值为 0.51MPa，位于桩号 0＋170 断面坝体底部靠近坝轴线附近；最大动剪应力为 0.35MPa 发生在桩号 0＋170 断面坝轴线附近。

2）面板。顺坡向最大压应力为 7.5MPa 发生在桩号 0＋110 断面处的面板，地震期间顺坡向动拉应力相对较小为 1.56MPa 位于右岸 1/2 坝高靠岸坡位置，由于面板应力结果数据量较大，地震期间动拉应力反应值较小，出现拉应力的区域很小，面板整体呈现压应力为主，故这里仅整理出地震期间顺坡向动压应力及轴线动压力最大值等值线分布，面板轴向压应力极值为 1.8MPa，动拉应力极值为 0.35MPa。可见，在设计地震作用下，面板的顺坡向动应力相对较大。

3）防渗墙。防渗墙第一主应力最大为 2.2MPa，发生在防渗墙底部；第三主应力最大值为 1.9MPa，同样发生在防渗墙底部，由此可见在地震作用下，防渗墙动应力较小，不会发生破坏。

(4) 接缝变形。面板挠度等值线见图 10.2.71。地震过程中，面板的最大动挠度为 9.5cm，发生在桩号 0＋170 断面面板的顶部。

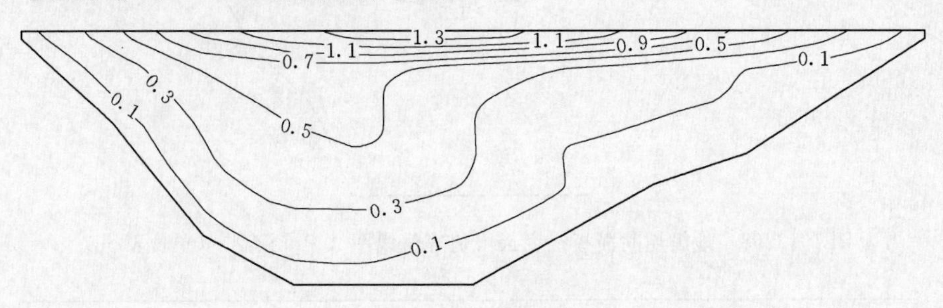

图 10.2.71　地震期间防渗墙挠度最大值等值线图（三维模型）（单位：cm）

地震引起的周边缝的最大位移反应为：顺缝剪切位移 37mm，垂直缝剪切位移 36mm，缝面拉伸位移 29mm。

地震引起的面板缝的最大位移反应为：顺缝剪切位移 11mm，垂直缝剪切位移 23mm，缝面拉伸位移 10mm。

地震引起的趾板与链接板及连接板与防渗墙之间的缝位移较小，只有垂直缝剪切方向有 20mm 左右的错动。

可见，面板缝、周边缝及其他接缝的地震反应较小，一般不会引起接缝止水的破坏。

(5) 地震永久变形。地震永久变形最大值发生在河床中央最大断面 0＋170 位置，断面 0＋170 的地震永久变形分布见图 10.2.72 和图 10.2.73 所示，包括竖直向和顺河向变形。坝体沿主坝坝轴线断面的地震永久变形分布见图 10.2.74 和图 10.2.75 所示，包括竖直向和顺河向的地震永久变形。

地震后，坝体的最大断面永久水平位移顺河向为 15cm，竖直向位移为 49cm；坝轴剖面永久水平位移为 15cm，最大永久垂直位移即沉降为 49cm。地震永久沉降约为坝高的 0.4%。

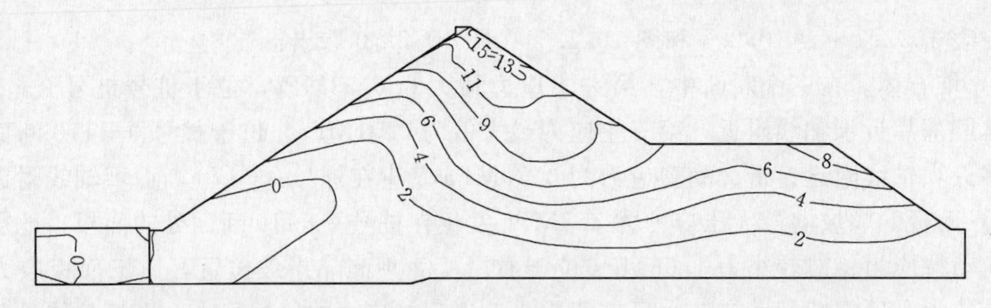

图 10.2.72　桩号 0＋170 断面顺河向地震永久变形图

（三维模型）（单位：cm）

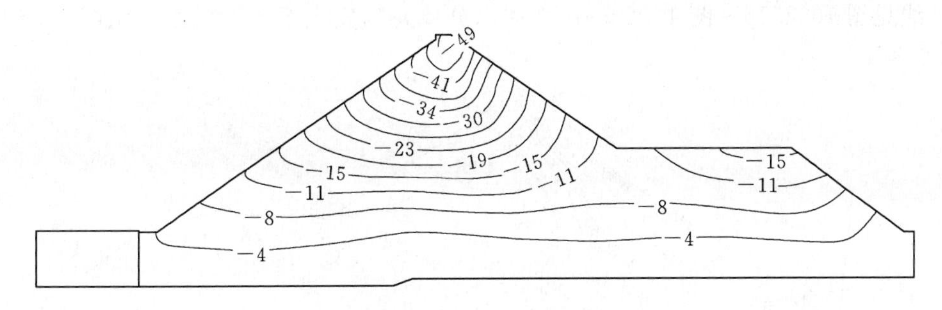

图 10.2.73　桩号 0+170 断面竖直向地震永久变形图（三维模型）（单位：cm）

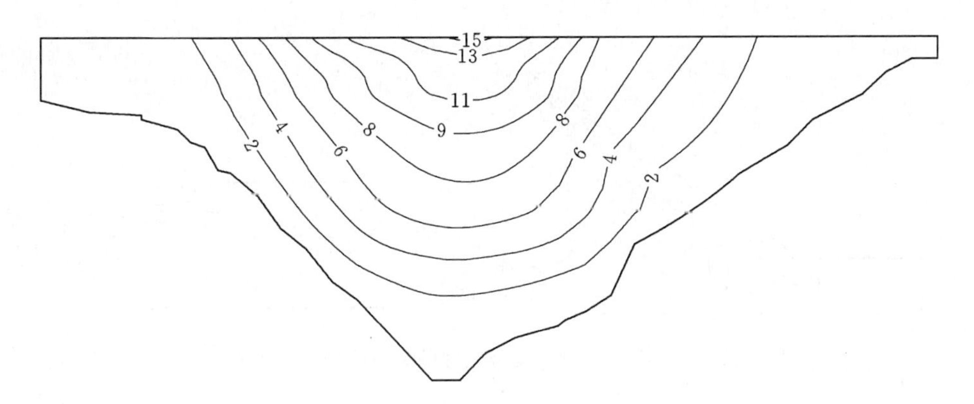

图 10.2.74　坝轴剖面顺河向永久变形图（三维模型）（单位：cm）

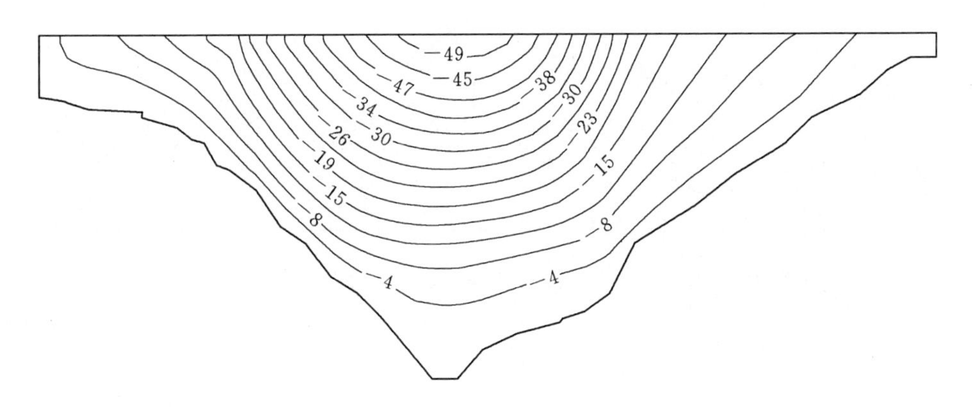

图 10.2.75　坝轴剖面竖直向永久变形图（三维模型）（单位：cm）

10.2.2　抗震稳定性

（1）坝体单元。这里单元安全系数定义为单元潜在破坏面上的抗剪强度与剪应力（包括静剪应力和动剪应力）的比值。计算过程中，完整记录了地震期间每个堆石体单元安全系数的变化过程。因为每个积分时刻（步长 0.02s）均可计算得到每个单元的安全系数，因此，单元安全系数计算成果的数据量十分庞大，难以给出全部计算成果，这里仅整理给出典型部位的计算成果。在 t=10s，t=14s，t=18s 和 t=22s 时的坝体安全系数等值线见图 10.2.76～图 10.2.79；坝体部分单元的安全系数历时曲线见图 10.2.80～图 10.2.88。

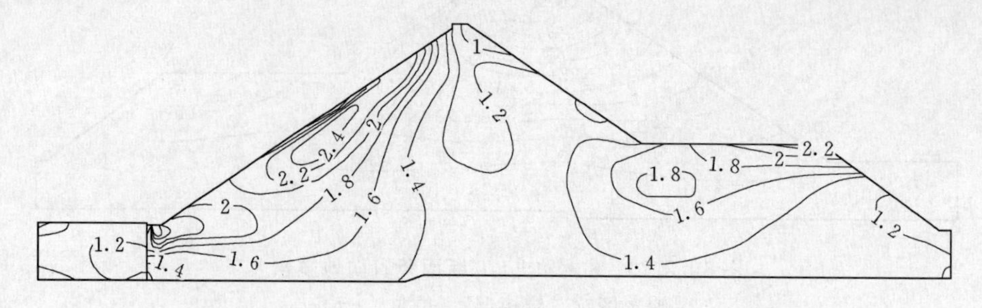

图 10.2.76 T=10s 坝体安全系数的等值线图（三维模型）

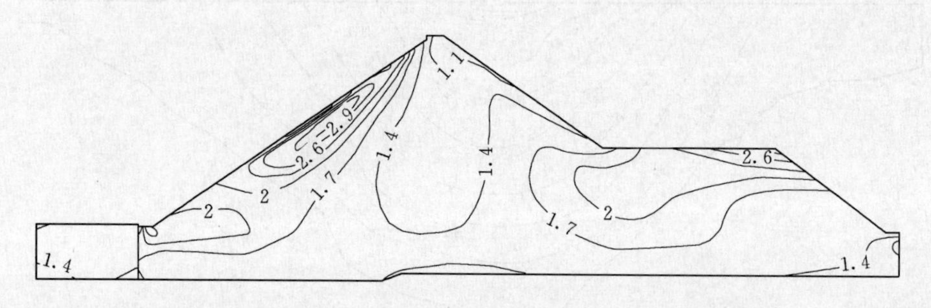

图 10.2.77 T=14s 坝体安全系数的等值线图（三维模型）

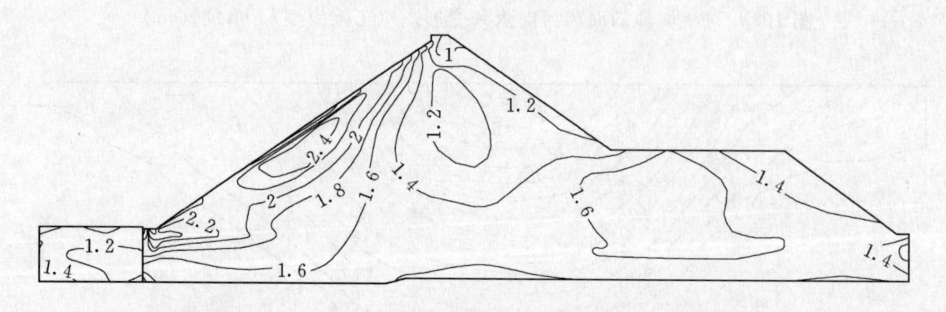

图 10.2.78 T=18s 坝体安全系数的等值线图（三维模型）

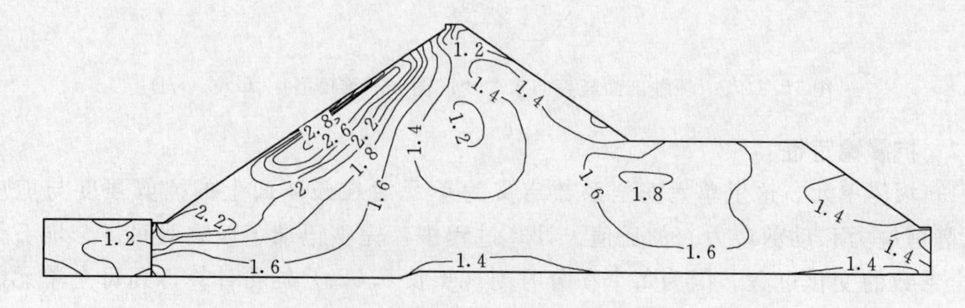

图 10.2.79 T=22s 坝体安全系数的等值线图（三维模型）

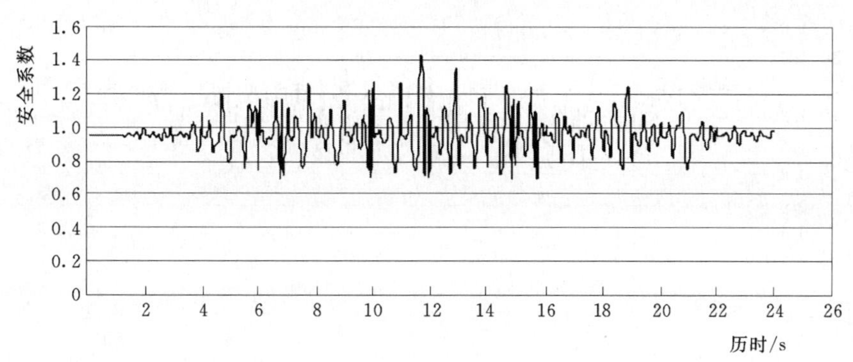

图 10.2.80　坝体 2301 单元安全系数历时曲线图

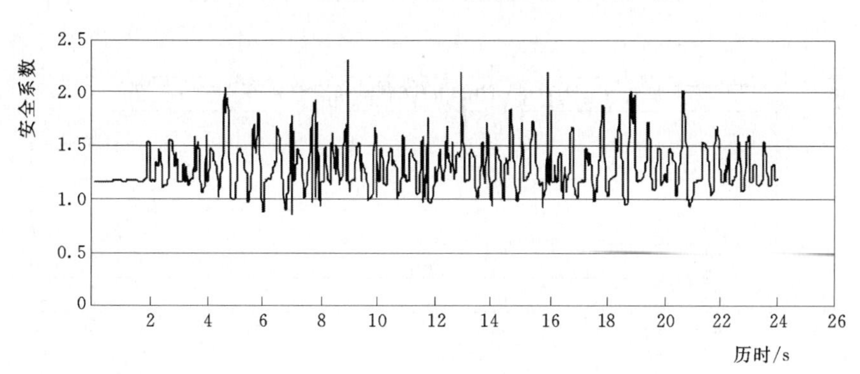

图 10.2.81　坝体 2716 单元安全系数历时曲线图

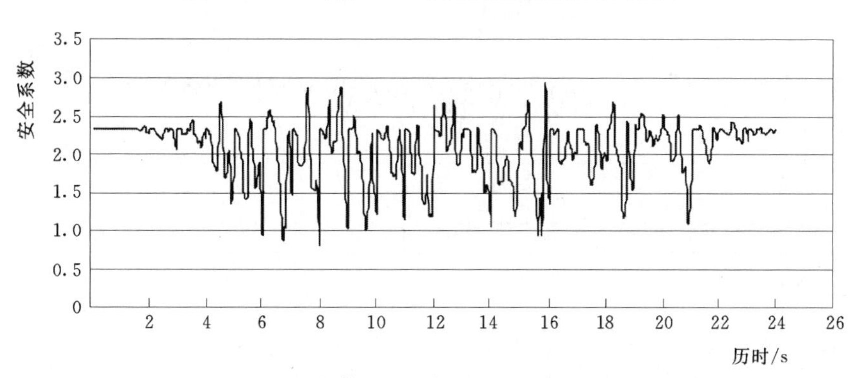

图 10.2.82　坝体 3159 单元安全系数历时曲线图

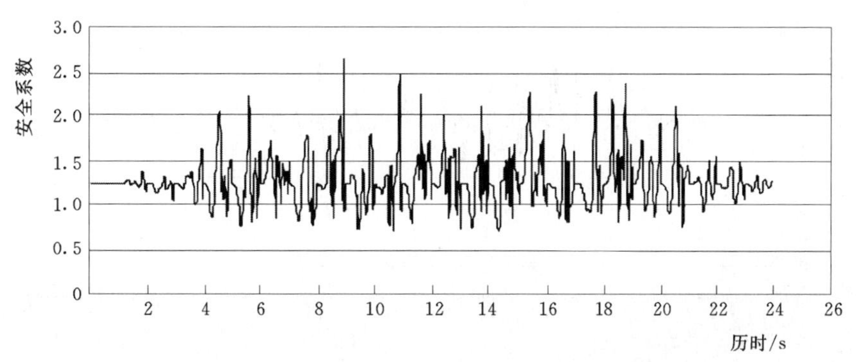

图 10.2.83　坝体 3580 单元安全系数历时曲线图

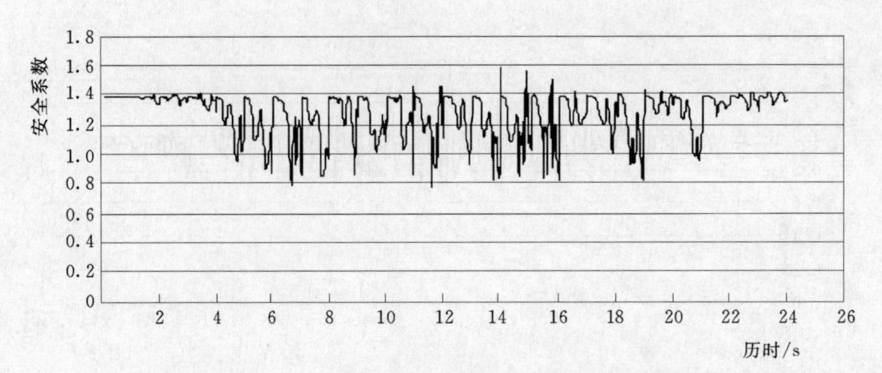

图 10.2.84　坝体 3586 单元安全系数历时曲线图

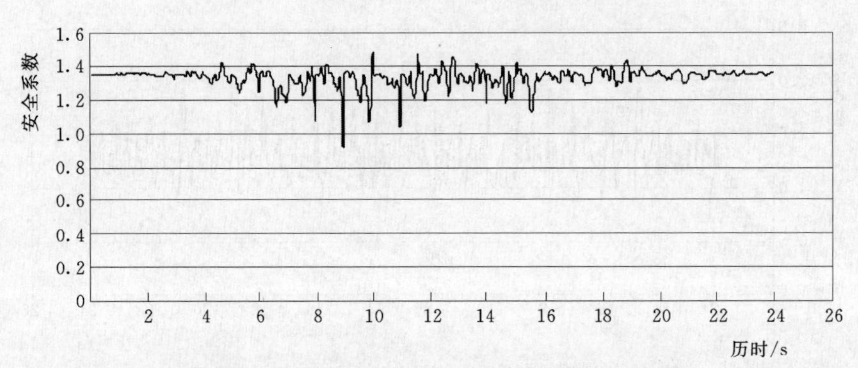

图 10.2.85　坝体 3623 单元安全系数历时曲线图

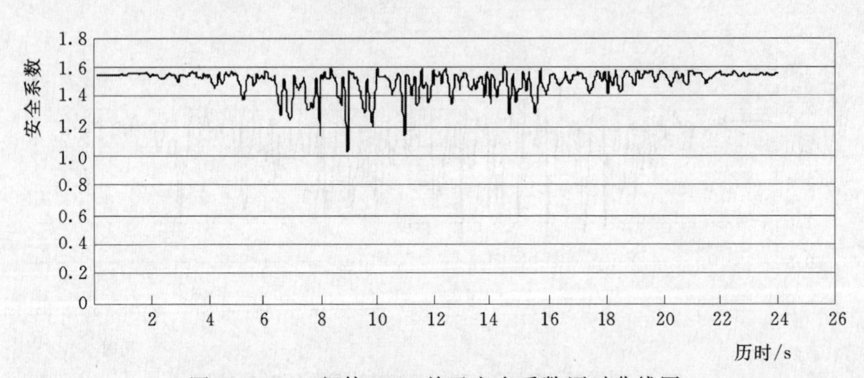

图 10.2.86　坝体 3634 单元安全系数历时曲线图

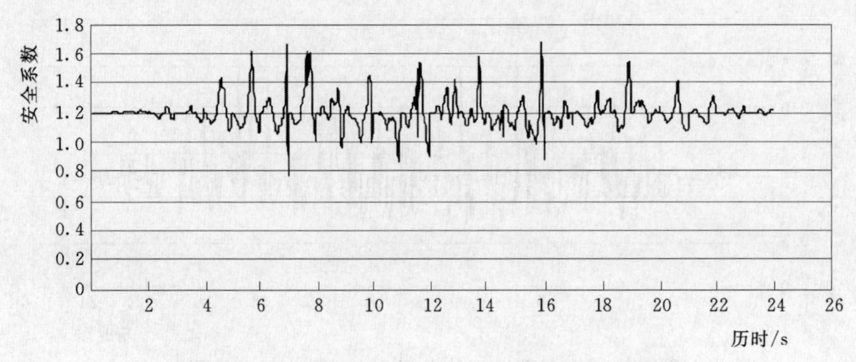

图 10.2.87　坝体 3679 单元安全系数历时曲线图

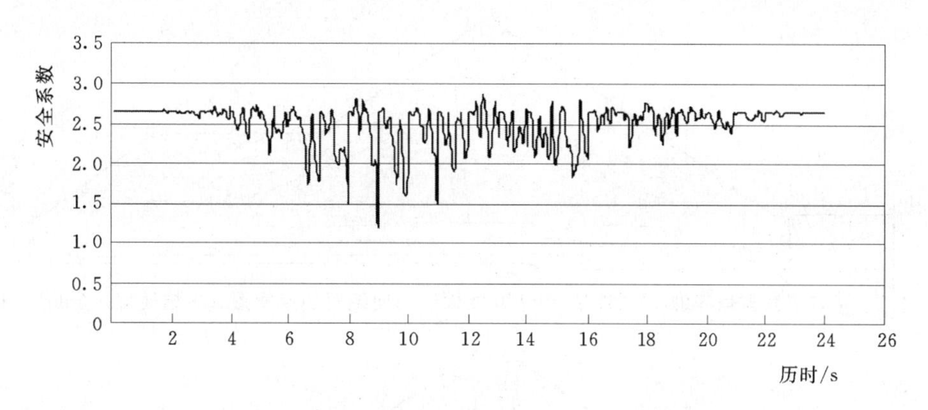

图 10.2.88 坝体 3707 单元安全系数历时曲线图

由表 10.2.1～表 10.2.3 和图 10.2.76～图 10.2.88 可以看出：地震期间，坝体绝大部分单元各时刻的安全系数均大于 1，只有极少数单元的安全系数在短时间内小于 1。从分布规律上看，由于上游坝体单元受水压力的作用，坝体安全系数要高于下游坝体单元。

(2) 面板。这里面板的抗滑稳定安全系数是指面板的整体抗滑稳定安全性，定义为抗滑力和滑动力（包括静剪应力和动剪应力）的比值。计算过程中，全部记录了地震期间每块面板抗滑稳定安全系数的变化过程。因为每个积分时刻（步长 0.02s）均可计算得到每块面板的抗滑稳定安全系数，因此，面板抗滑稳定安全系数计算成果的数据量很大，这里仅整理给出部分计算成果。坝体最大断面处面板的安全系数历时曲线见图 10.2.89。

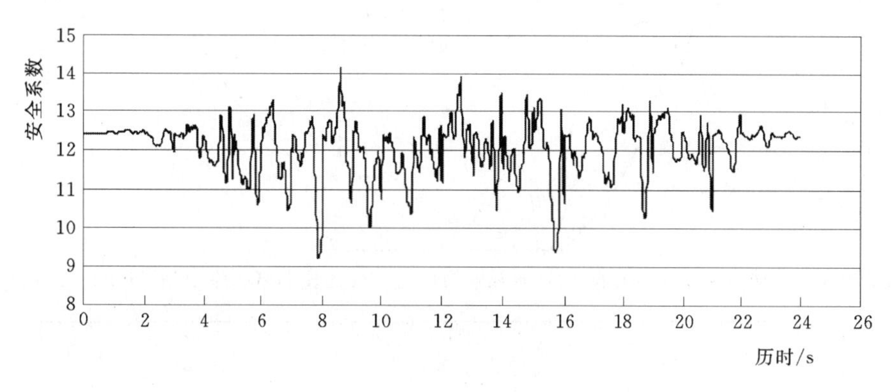

图 10.2.89 桩号 0+170 断面面板安全系数历时曲线图

由图 10.2.89 可以看出：计算表明，地震期间，面板的抗滑稳定安全系数均远大于 1。因此，面板的抗滑稳定安全性是满足要求的。

10.3 三维动力特性参数敏感性分析

坝体材料主要动力特性参数降低 10％情况下大坝的地震反应见图 10.3.1～图 10.3.16，计算成果如表 10.3.2 所示。坝体材料主要动力特性参数降低 20％情况下大坝的地震反应见图 10.3.17～图 10.3.32，计算成果如表 10.3.3 所示。比较表 10.3.1～表 10.3.3 的地震反应计算成果。

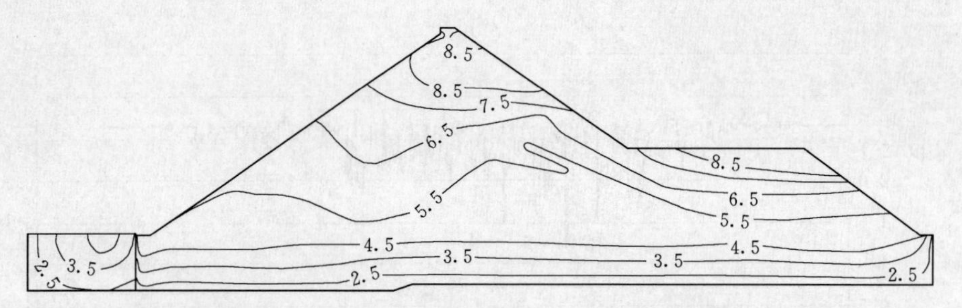

图 10.3.1 动力主要参数降低 10%桩号 0+170 断面顺河向绝对加速度图（三维模型）（单位：m/s^2）

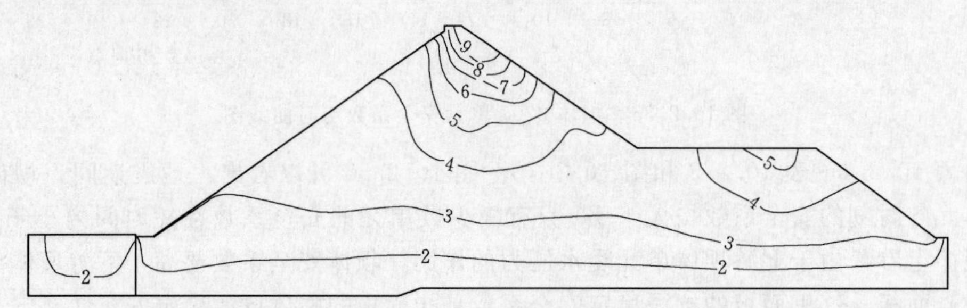

图 10.3.2 动力主要参数降低 10%桩号 0+170 断面竖直向绝对加速度图（三维模型）（单位：m/s^2）

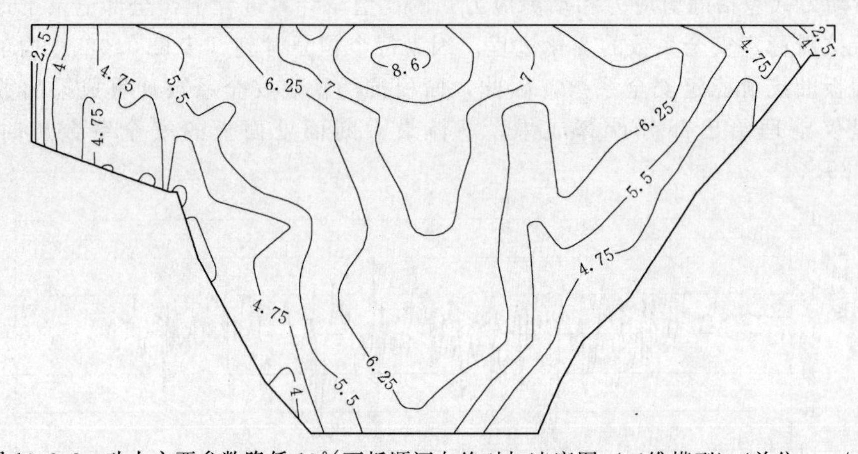

图 10.3.3 动力主要参数降低 10%面板顺河向绝对加速度图（三维模型）（单位：m/s^2）

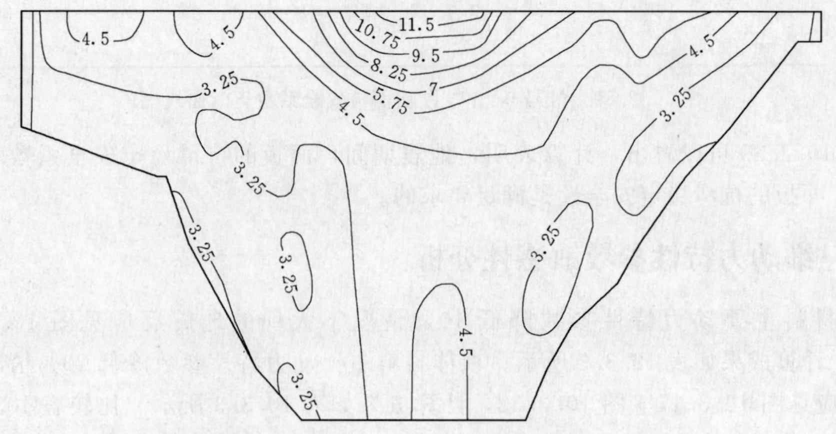

图 10.3.4 动力主要参数降低 10%面板竖直向绝对加速度图（三维模型）（单位：m/s^2）

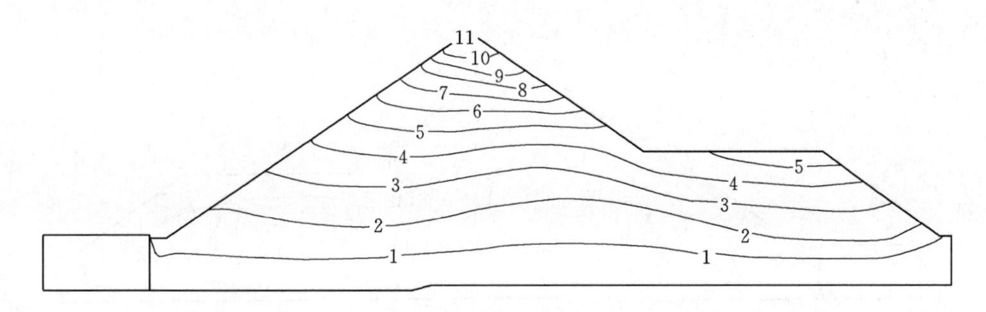

图 10.3.5　动力主要参数降低 10%桩号 0+170 断面顺河向位移
反应图（三维模型）（单位：cm）

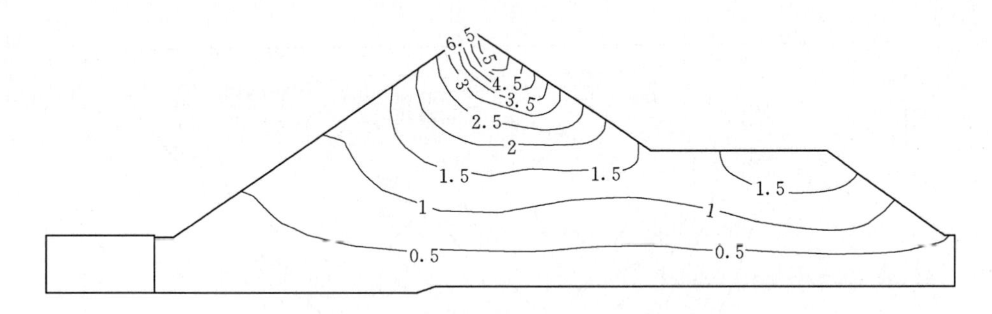

图 10.3.6　动力主要参数降低 10%桩号 0+170 断面竖直向位移
反应图（三维模型）（单位：cm）

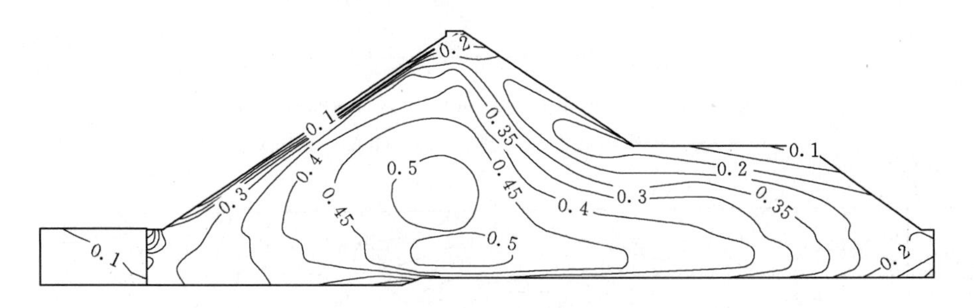

图 10.3.7　动力主要参数降低 10%坝体第一主应力
最大值等值线图（三维模型）（单位：MPa）

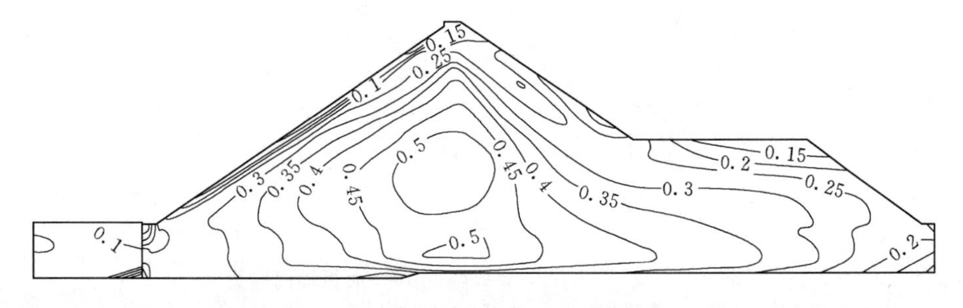

图 10.3.8　动力主要参数降低 10%坝体第三主应力
最大值等值线图（三维模型）（单位：MPa）

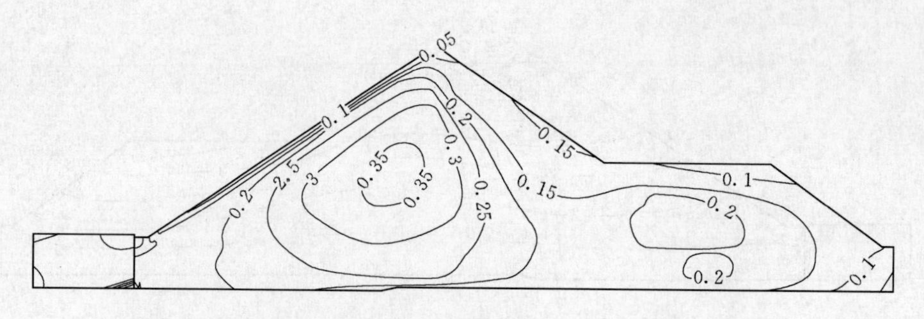

图 10.3.9　动力主要参数降低 10%桩号 0+170 断面动剪应力最大值等值线图（三维模型）（单位：MPa）

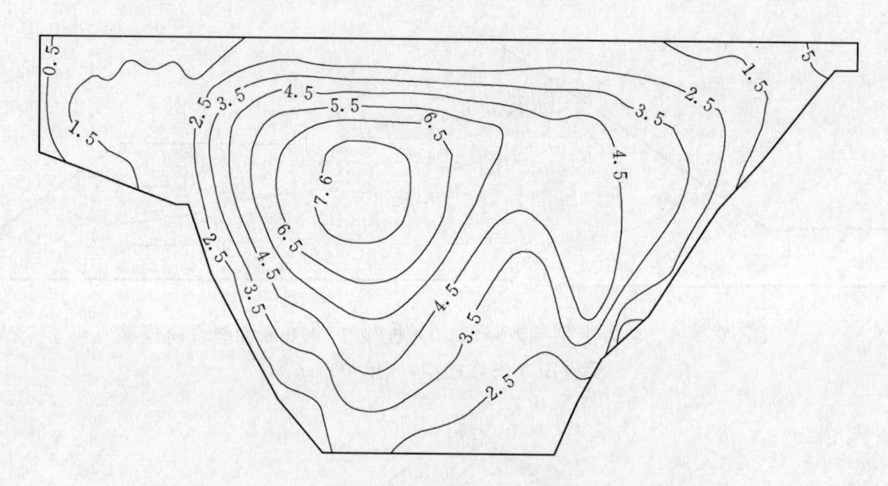

图 10.3.10　动力主要参数降低 10%面板顺坡向应力最大值等值线图（三维模型）（单位：MPa）

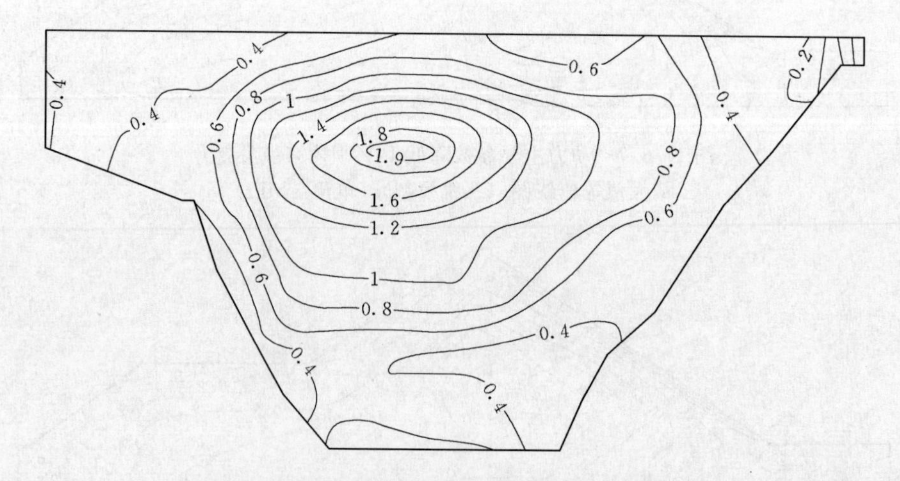

图 10.3.11　动力主要参数降低 10%面板轴向应力最大值等值线图（三维模型）（单位：MPa）

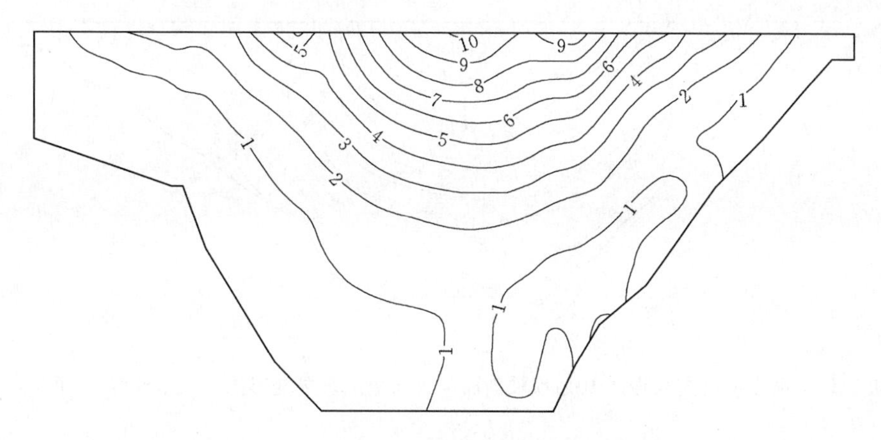

图 10.3.12　动力主要参数降低 10%地震期间面板挠度最大值等值线图（三维模型）（单位：cm）

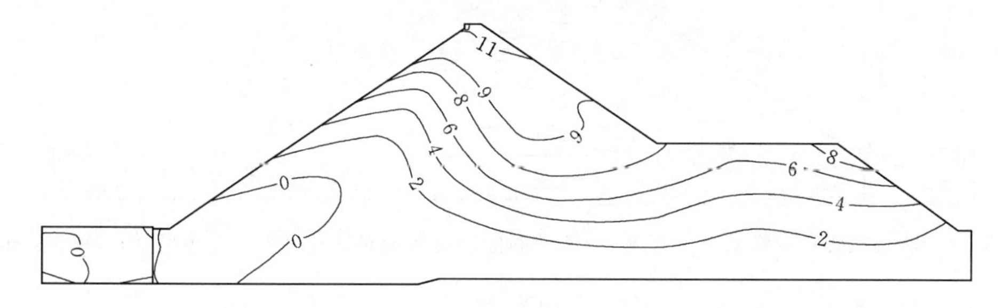

图 10.3.13　动力主要参数降低 10%桩号 0+170 断面顺河向地震永久变形图（三维模型）（单位：cm）

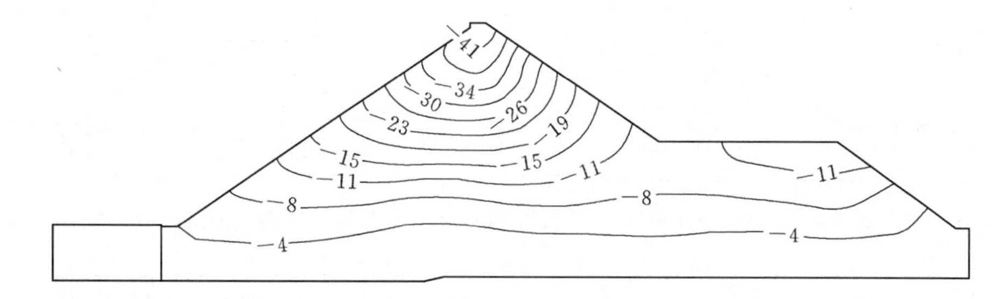

图 10.3.14　动力主要参数降低 10%桩号 0+170 断面竖直向地震永久变形图（三维模型）（单位：cm）

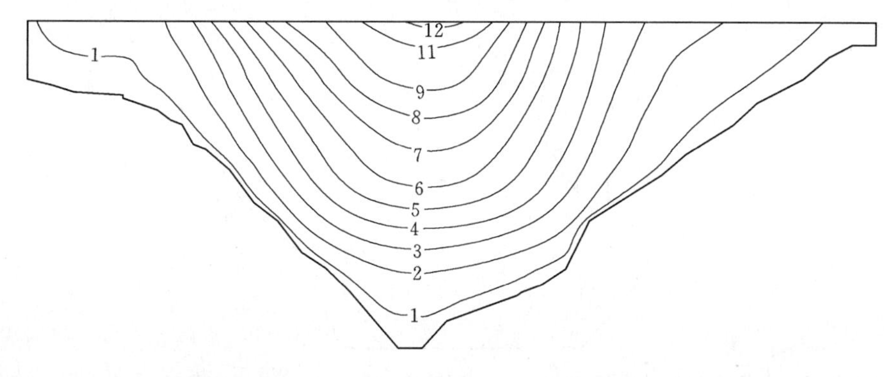

图 10.3.15　动力主要参数降低 10%坝轴剖面顺河向地震永久变形图（三维模型）（单位：cm）

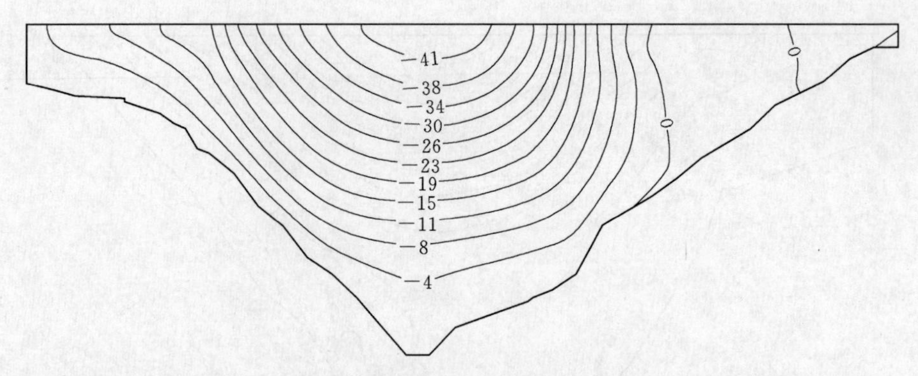

图 10.3.16 动力主要参数降低 10%坝轴剖面竖直向地震永久变形图（三维模型）（单位：cm）

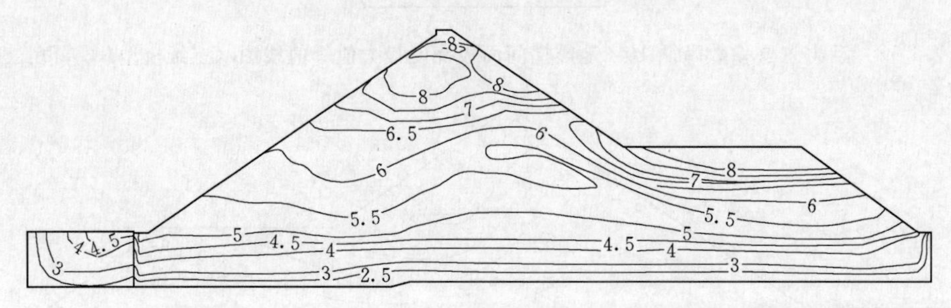

图 10.3.17 动力主要参数降低 20%桩号 0+170 断面顺河向绝对加速度图（三维模型）（单位：m/s²）

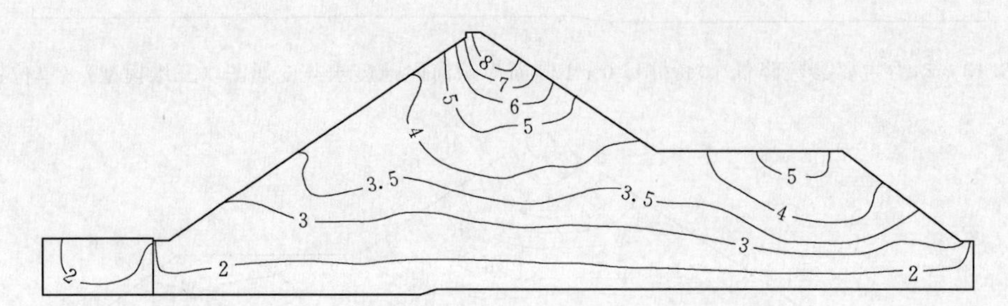

图 10.3.18 动力主要参数降低 20%桩号 0+170 断面竖直向绝对加速度图（三维模型）（单位：m/s²）

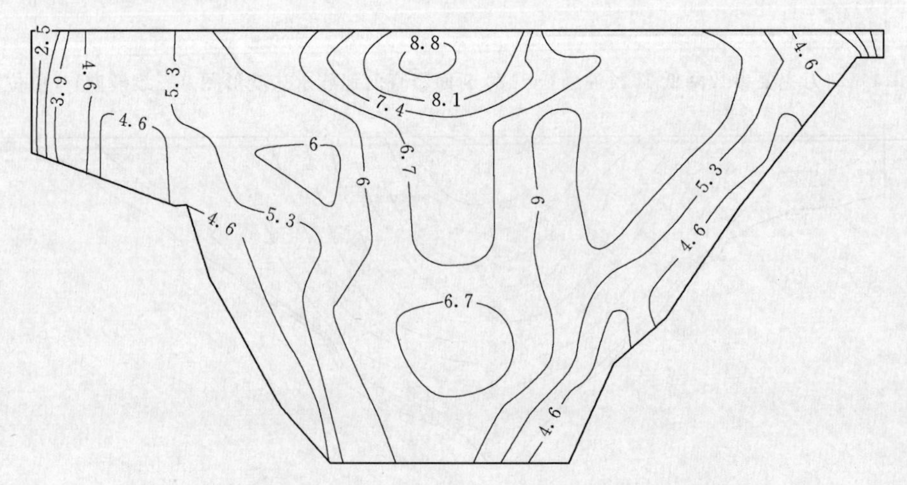

图 10.3.19 动力主要参数降低 20%面板顺河向绝对加速度图（三维模型）（单位：m/s²）

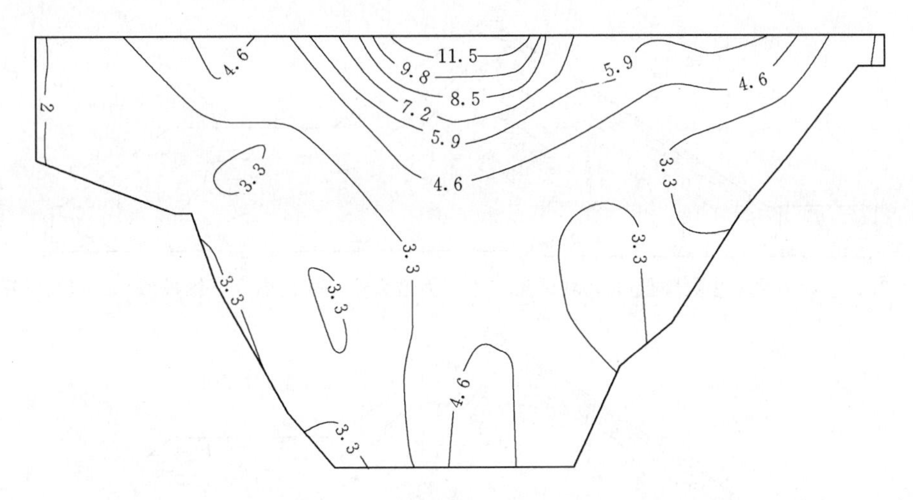

图 10.3.20　动力主要参数降低 20%面板竖直向绝对加速度图（三维模型）（单位：m/s^2）

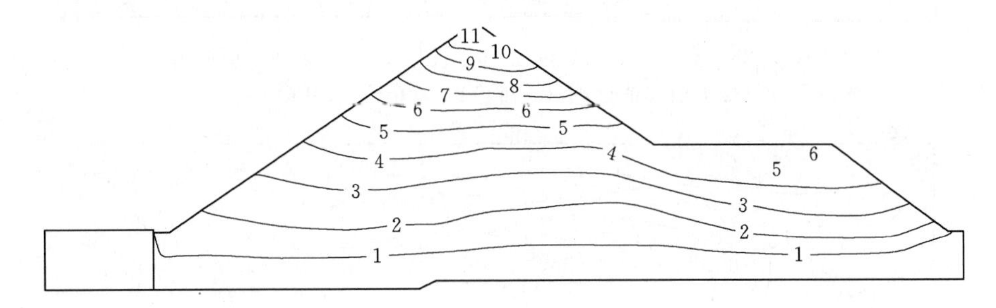

图 10.3.21　动力主要参数降低 20%桩号 0+170 断面顺河向位移反应图（三维模型）（单位：cm）

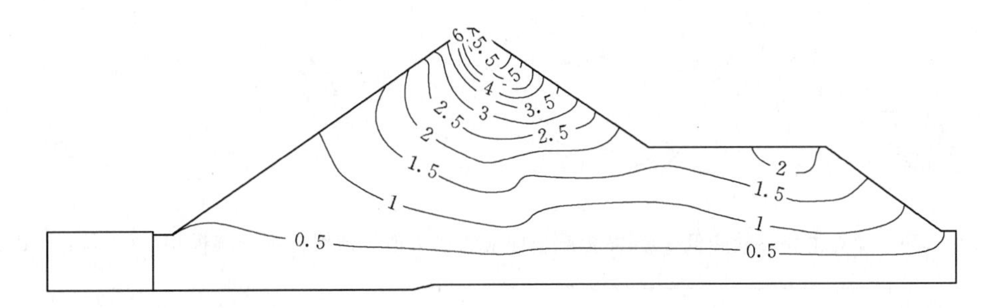

图 10.3.22　动力主要参数降低 20%桩号 0+170 断面竖直向位移反应图（三维模型）（单位：cm）

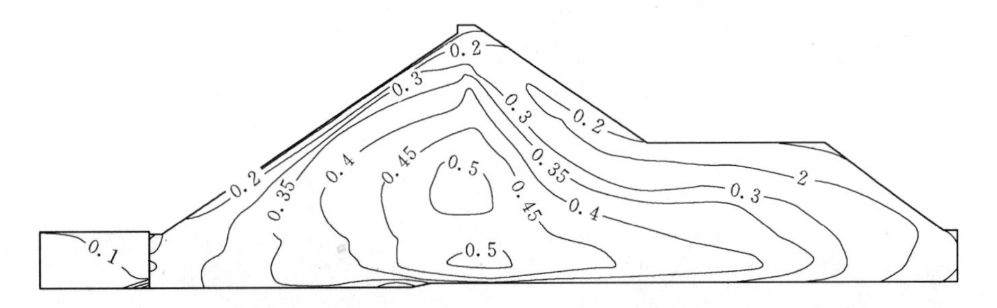

图 10.3.23　动力主要参数降低 20%坝体第一主应力最大值等值线图（三维模型）（单位：MPa）

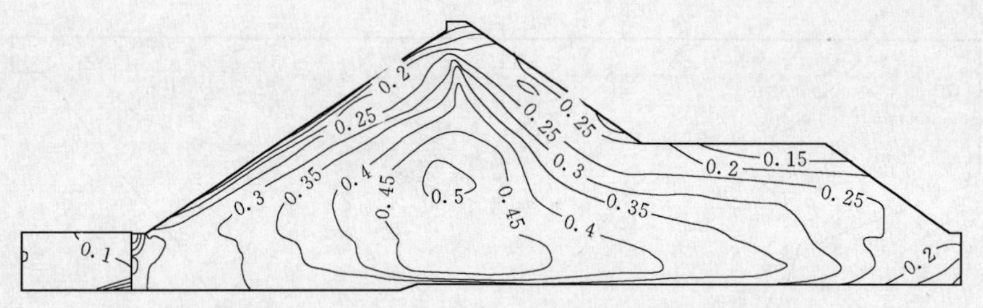

图 10.3.24　动力主要参数降低 20%坝体第三主应力最大值等值线图（三维模型）（单位：MPa）

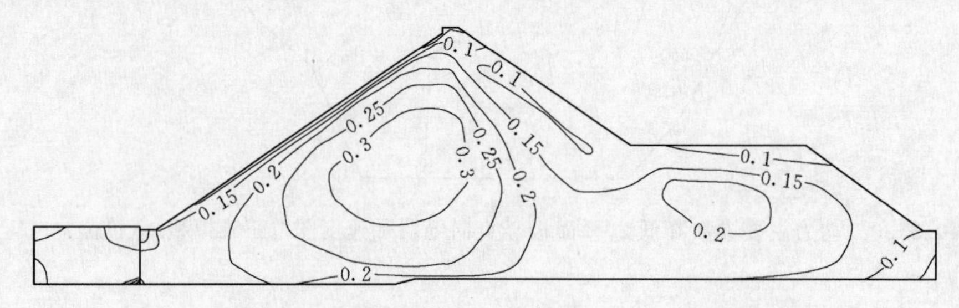

图 10.3.25　动力主要参数降低 20%桩号 0+170 断面动剪应力最大值等值线图（三维模型）（单位：MPa）

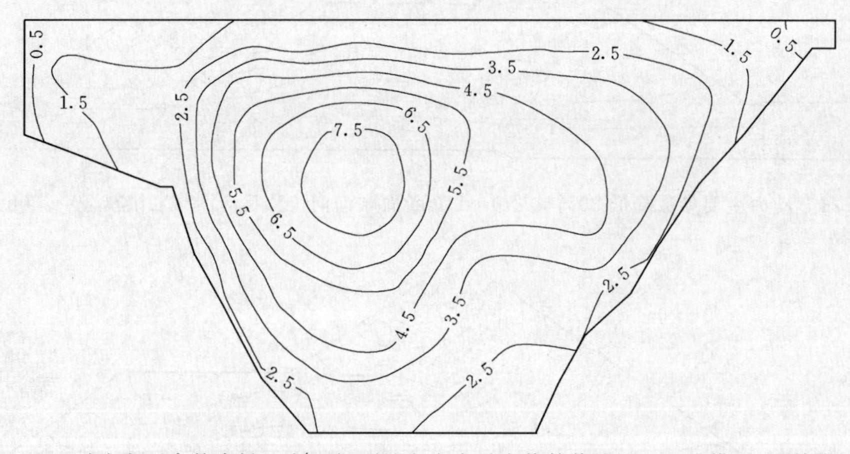

图 10.3.26　动力主要参数降低 20%面板顺坡向应力最大值等值线图（三维模型）（单位：MPa）

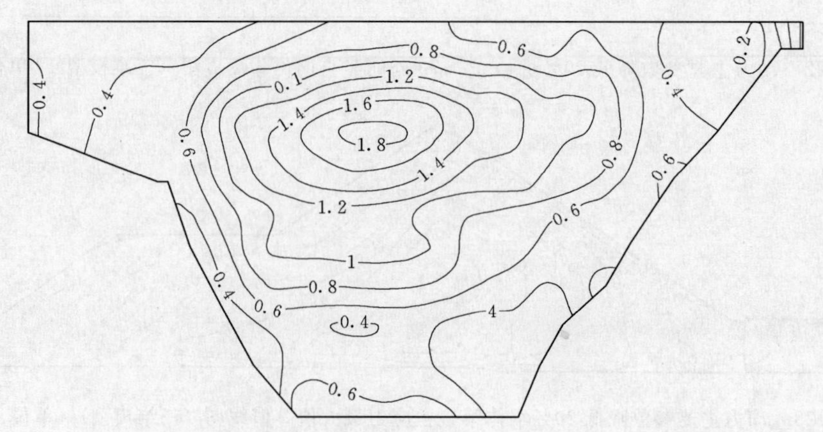

图 10.3.27　动力主要参数降低 20%面板轴向应力最大值等值线图（三维模型）（单位：MPa）

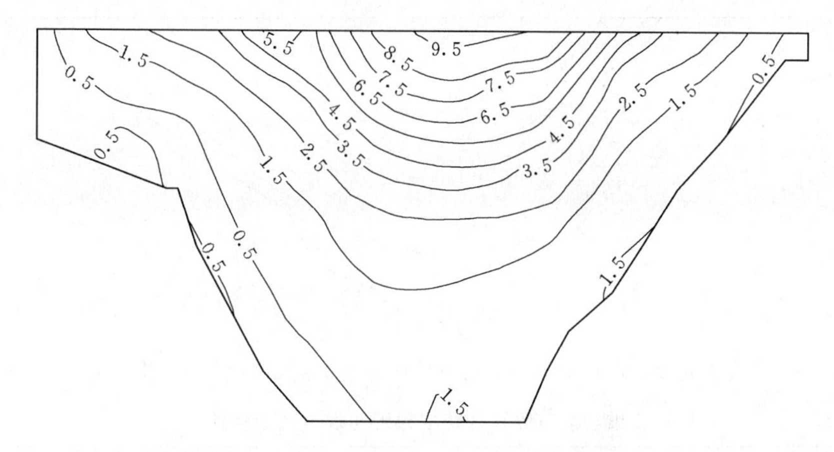

图 10.3.28　动力主要参数降低 20%地震期间面板挠度最大值等值线图（三维模型）（单位：cm）

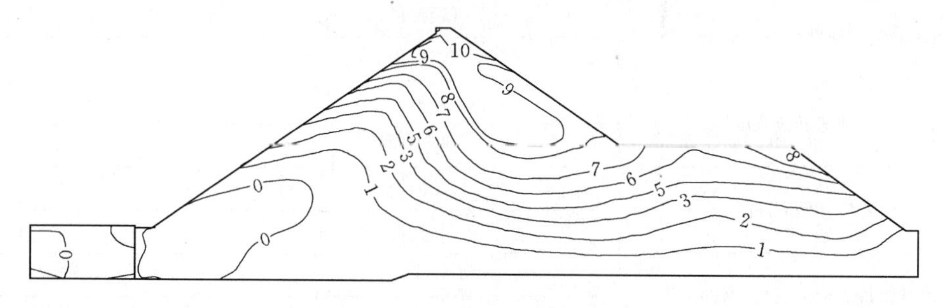

图 10.3.29　动力主要参数降低 20%桩号 0+170 断面顺河向地震永久变形图（三维模型）（单位：cm）

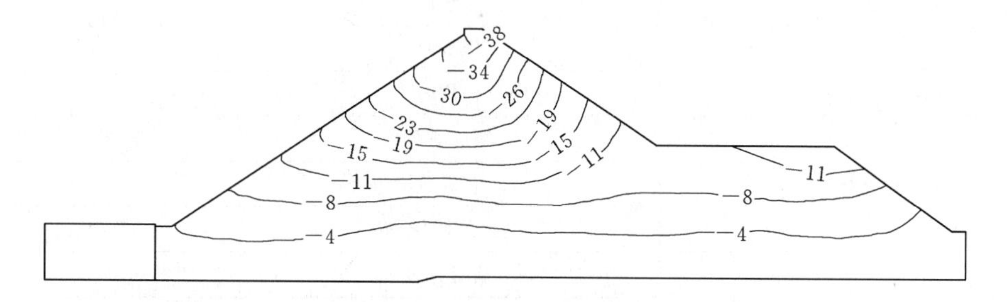

图 10.3.30　动力主要参数降低 20%桩号 0+170 断面竖直向地震永久变形图（三维模型）（单位：cm）

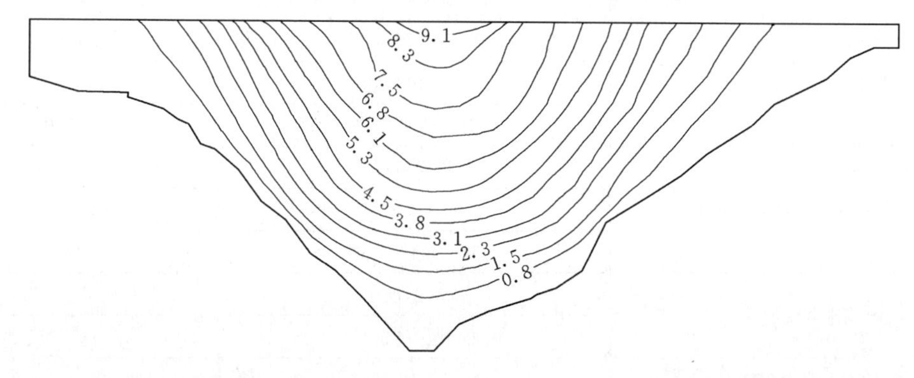

图 10.3.31　动力主要参数降低 20%坝轴剖面顺河向地震永久变形图（三维模型）（单位：cm）

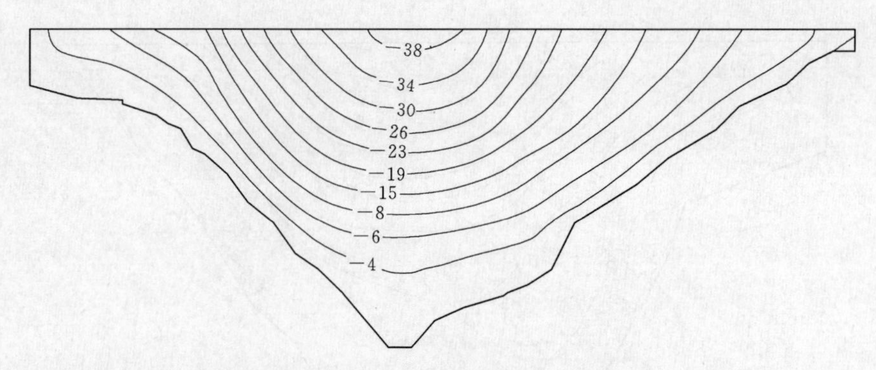

图 10.3.32 动力主要参数降低20%坝轴剖面竖直向地震永久变形图（三维模型）（单位：cm）

表 10.3.1 **三维动力有限元计算成果汇总表（试验参数）**

项 目		数值
坝体最大加速度反应/(m/s²)	顺河向	9
	竖直向	10
面板最大加速反应/(m/s²)	顺河向	8.5
	竖直向	11
最大位移反应/cm	顺河向	11
	竖直向	6.5
堆石体最大应力反应/MPa	第一主应力	0.53
	第三主应力	0.51
面板最大应力反应/MPa	顺坡向	7.5
	坝轴向	1.8
面板挠度/cm	向坝内	9.5
周边缝位移反应/mm	顺缝剪切	37.2
	垂直缝剪切	36.2
	缝面拉伸/压缩	25/28.5
面板缝位移反应/mm	顺缝剪切	11.2
	垂直缝剪切	22.9
	缝面拉伸/压缩	9.87/9.98
趾板与连接板/mm	顺缝剪切	1
	垂直缝剪切	20
	缝面拉伸/压缩	2.6/3.0
连接板与防渗墙/mm	顺缝剪切	1
	垂直缝剪切	21.1
	缝面拉伸/压缩	1.1/1.0
地震永久变形/cm	顺河向	15
	竖直向	49
最大剪应力/MPa		0.35

表 10.3.2　三维动力有限元计算成果汇总表（坝体材料最大动剪切模量的模数减小 10%）

项　　目		数值
最大加速度反应/(m/s^2)	顺河向	8.5
	竖直向	9
面板最大加速反应/(m/s^2)	顺河向	8.6
	竖直向	11.5
最大位移反应/cm	顺河向	11
	竖直向	6.5
堆石体最大应力反应/MPa	第一主应力	0.53
	第三主应力	0.51
面板最大应力反应/MPa	顺坡向	7.6
	坝轴向	1.9
面板挠度/cm	向坝内	10
周边缝位移反应/mm	顺缝剪切	39.9
	垂直缝剪切	38.5
	缝面拉伸/压缩	26/28.8
面板缝位移反应/mm	顺缝剪切	12.3
	垂直缝剪切	23.2
	缝面拉伸/压缩	10.8/10.3
趾板与连接板/mm	顺缝剪切	1
	垂直缝剪切	20.9
	缝面拉伸/压缩	2.8/3.2
连接板与防渗墙/mm	顺缝剪切	1
	垂直缝剪切	22.2
	缝面拉伸/压缩	1.2/1.1
地震永久变形/cm	顺河向	12
	竖直向	41
最大剪应力/MPa		0.35

表 10.3.3　三维动力有限元计算成果汇总表（坝体材料最大动剪切模量的模数减小 20%）

项　　目		数值
最大加速度反应/(m/s^2)	顺河向	8
	竖直向	8
面板最大加速反应/(m/s^2)	顺河向	8.8
	竖直向	11.5
最大位移反应/cm	顺河向	11
	竖直向	6

续表

项　目		数值
堆石体最大应力反应/MPa	第一主应力	0.53
	第三主应力	0.51
面板最大应力反应/MPa	顺坡向	7.5
	坝轴向	1.8
面板挠度/cm	向坝内	9.5
周边缝位移反应/mm	顺缝剪切	41.7
	垂直缝剪切	41.0
	缝面拉伸/压缩	26.5/30.1
面板缝位移反应/mm	顺缝剪切	13.1
	垂直缝剪切	23.4
	缝面拉伸/压缩	11.5/10.2
趾板与连接板/mm	顺缝剪切	1
	垂直缝剪切	21.8
	缝面拉伸/压缩	3.0/3.5
连接板与防渗墙/mm	顺缝剪切	1
	垂直缝剪切	23.3
	缝面拉伸/压缩	1.3/1.2
地震永久变形/cm	顺河向	10
	竖直向	38
最大剪应力/ MPa		0.3

以坝体材料最大动剪切模量的模数减小 20%为例，由表 4.3.1 和表 4.3.3 可知：坝体最大加速度反应顺河向由 9m/s^2 减小到 8m/s^2，竖直向由 10m/s^2 减小到 8m/s^2；最大位移反应变化不大，只有竖直向稍有减小；堆石体应力无明显变化；面板挠度在参数降低 10%时稍有增大，但在参数降低到 20%时又恢复到 9.5cm，这也说明了三维状态下，面板变形的复杂性，面板加速度反应也有所减小；受堆石体及面板变形增大的影响，接缝变形明显增大，其中面板和周边缝的张开值都增大 20mm 左右；地震永久变形变化较明显，其中竖向位移由 49cm 减小到 38cm。

因此，动力参数降低后，速度反应和地震永久变形等均有所减小，而接缝位移反应等均有所增大。但是，坝体地震反应的分布规律是一致的，地震反应数值的变化不大。

10.4 二维非线性动力计算结果与分析

10.4.1 二维非线性动力计算结果

（1）加速度反应。坝体二维模型顺河向和竖直向最大绝对加速度等值线见图 10.4.1 和图 10.4.2。

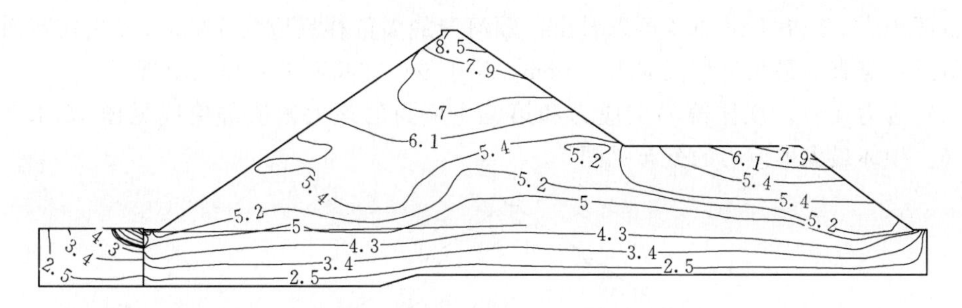

图 10.4.1　顺河向绝对加速度图（二维模型）（单位：m/s^2）

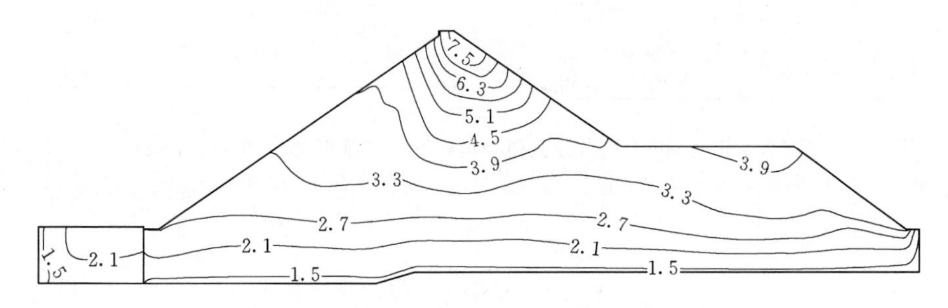

图 10.4.2　竖直向绝对加速度图（二维模型）（单位：m/s^2）

由图 10.4.1 和图 10.4.2 可以看出：顺河向绝对加速度最大为 $8.5m/s^2$，放大系数为 4.2，发生在断面下游坝顶附近；竖直向绝对加速度的最大为 $7.5m/s^2$，放大系数为 3.7，亦发生在断面下游坝顶附近。

(2) 位移反应。坝体顺河向和竖直向最大动位移反应等值线见图 10.4.3 和图 10.4.4。

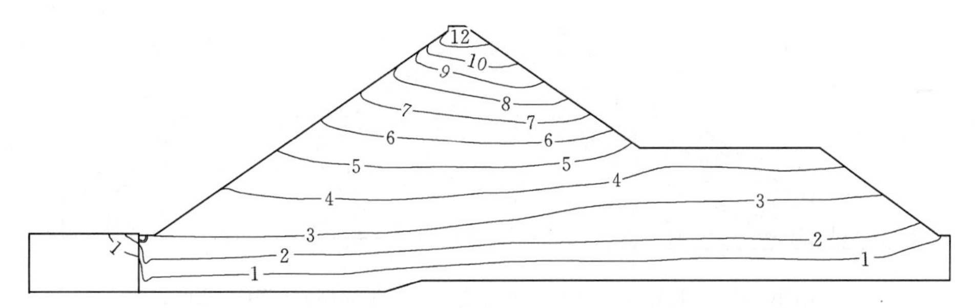

图 10.4.3　顺河向位移最大值等值线图（二维模型）（单位：cm）

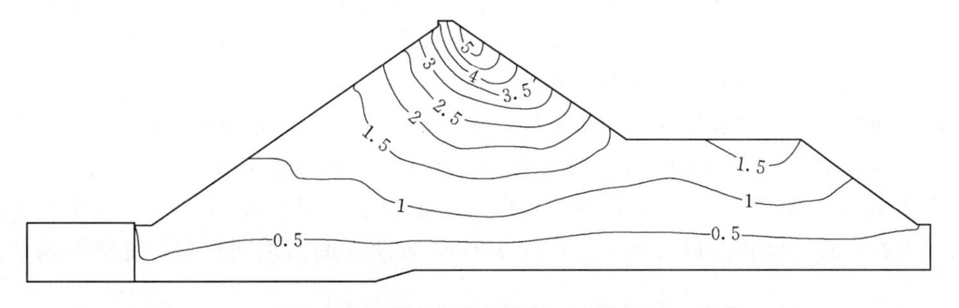

图 10.4.4　竖直向位移最大值等值线图（二维模型）（单位：cm）

由图 10.4.3 和图 10.4.4 可以看出：顺河向最大位移反应为 12cm，发生在断面下游坝顶附近；竖直向最大位移反应为 5.0cm，位于发生在断面下游坝顶附近。

（3）应力反应。坝体第一主应力和第三主应力的最大幅值等值线见图 10.4.5 和图 10.4.6。坝体最大剪应力的分布见图 10.4.7。

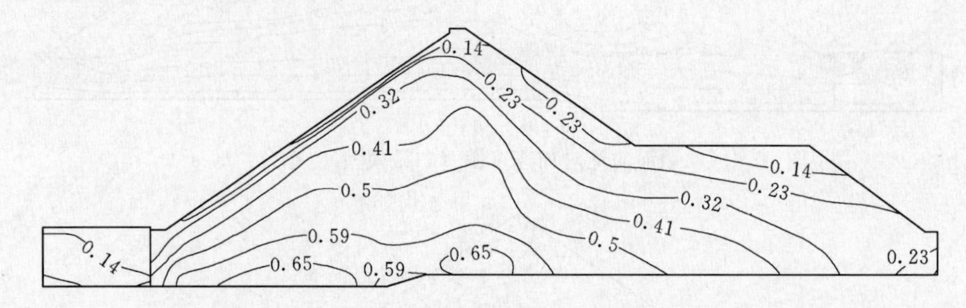

图 10.4.5　第一主应力最大值等值线图（二维模型）（单位：kPa）

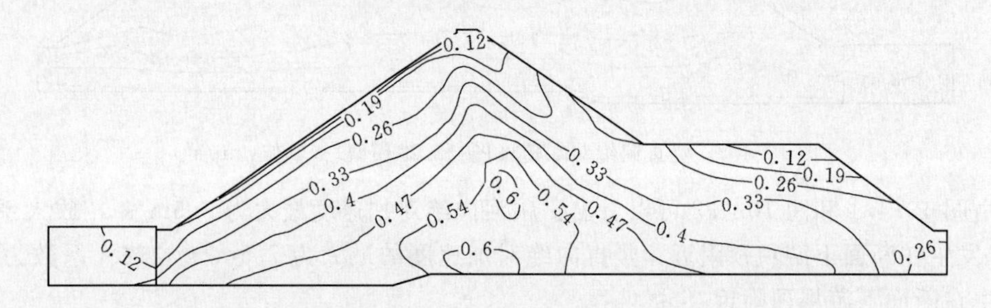

图 10.4.6　第三主应力最大值等值线图（二维模型）（单位：kPa）

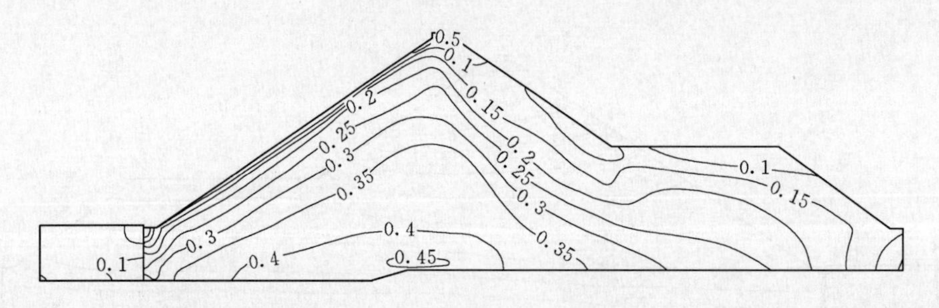

图 10.4.7　动剪应力最大值等值线图（二维模型）（单位：kPa）

由图 10.4.4～图 10.4.7 可以看出：第一主应力最大为 0.65MPa，断面底部靠近坝轴线附近；第三主应力最大值为 0.6MPa，位于断面底部靠近坝轴线附近；最大动剪应力为 0.45MPa 发生在断面底部靠近坝轴线附近。

（4）面板挠度。地震过程中，面板的最大动挠度为 5.0cm 发生在断面面板的顶部。

（5）地震永久变形。坝体顺河向和竖直向永久变形的等值线见图 10.4.8 和图 10.4.9。

由图 10.4.8 和图 10.4.9 可以看出：顺河向最大永久变形为 11.3cm，发生在断面坝顶靠近下游位置；竖直向最大永久变形为 49cm，发生在断面坝顶位置，地震沉陷量为坝高的 0.4%。

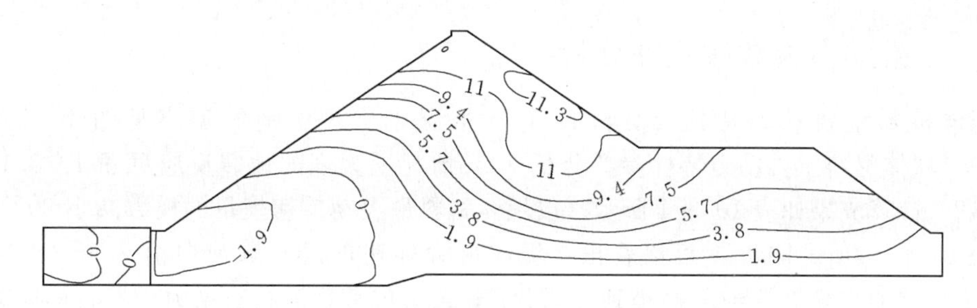

图 10.4.8　顺河向地震永久变形图（二维模型）（单位：cm）

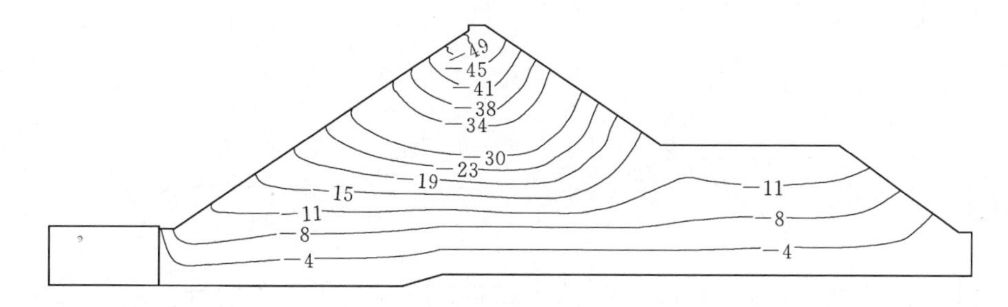

图 10.4.9　竖直向地震永久变形图（二维模型）（单位：cm）

10.4.2　与三维非线性动力计算结果比较

为二维动力计算结果见图 10.4.1～图 10.4.9。

为了便于比较，现将二维计算与三维计算极值列于表 10.4.1。

表 10.4.1　　　　　　　　　　二维和三维计算极值表

项　　目		二维	三维
最大加速度反应/(m/s²)	顺河向	9	8.5
	竖直向	10	7.5
最大位移反应/cm	顺河向	11	12
	竖直向	6.5	5.0
堆石体应力反应/MPa	第一主应力	0.53	0.65
	第三主应力	0.51	0.6
面板挠度/cm	向坝内	9.5	5.0
防渗墙挠度/cm	向下游	1.3	3.0
地震永久变形/cm	顺河向	15	11.3
	竖直向	49	49
最大剪应力/MPa		0.35	0.45

由表 10.4.1 可以看出，与三维计算结果相比较，二维计算所得结果加速度反应明显变小，应力结果明显变大，面板与防渗墙的变形差异也比较大。面板堆石坝所处的河谷形状比较复杂，局部地质条件也不规则和非均匀，三维效应比较显著。尤其面板和防渗墙三维工作状态与二维模拟有较大差别。

10.5 二维动力参数敏感性分析

坝体材料主要动力特性参数降低10%情况下大坝的地震反应见图10.5.1～图10.5.9。坝体材料主要动力特性参数降低20%情况下大坝的地震反应见图10.5.10～图10.5.18，计算成果如表10.5.1所示。以坝体材料最大动剪切模量的模数减小20%为例，比较表10.4.1和表10.5.1可以看出：坝体最大加速度反应顺河向由8.5m/s^{2}减小到8.2m/s^2，竖直向由7.5m/s^{2}减小到6.5m/s^2；最大位移反应稍有增大；堆石体应力变化不大；面板挠度在由5cm增大到6cm；地震永久变形变化较明显，其中竖向位移由49cm减小到41cm。

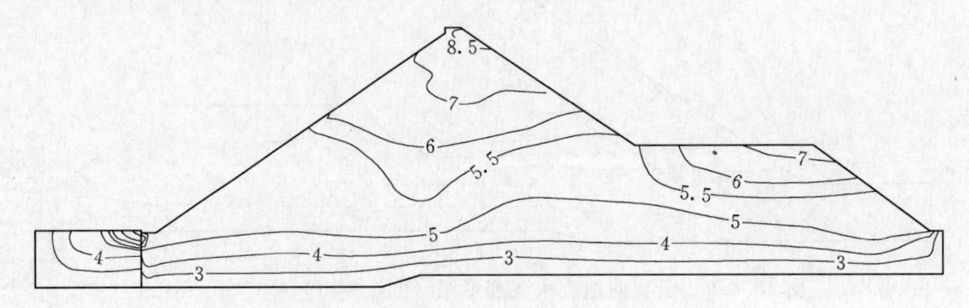

图10.5.1 动力主要参数降低10%顺河向绝对加速度图（二维模型）（单位：m/s^2）

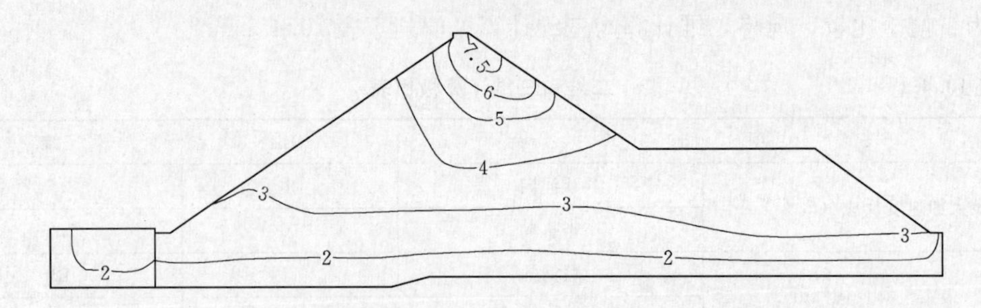

图10.5.2 动力主要参数降低10%竖直向绝对加速度图（二维模型）（单位：m/s^2）

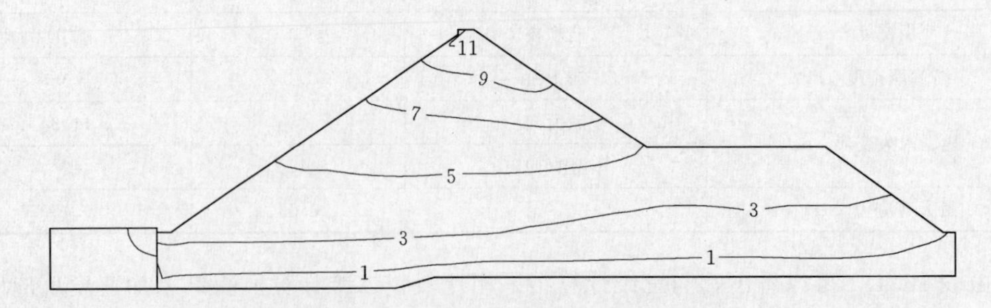

图10.5.3 动力主要参数降低10%顺河向位移最大值等值线图（二维模型）（单位：cm）

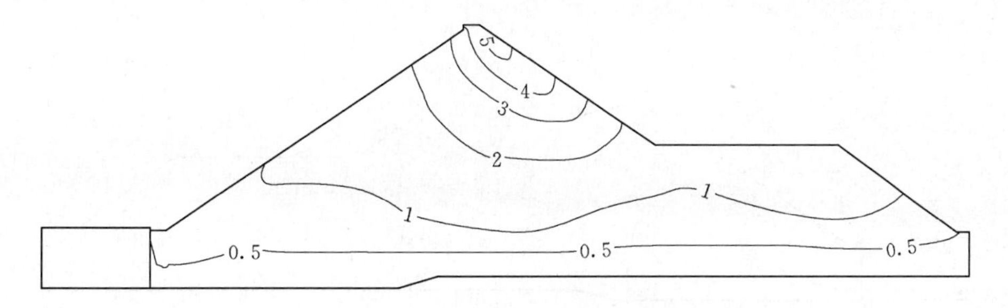

图 10.5.4　动力主要参数降低 10%竖直向位移最大值等值线图（二维模型）（单位：cm）

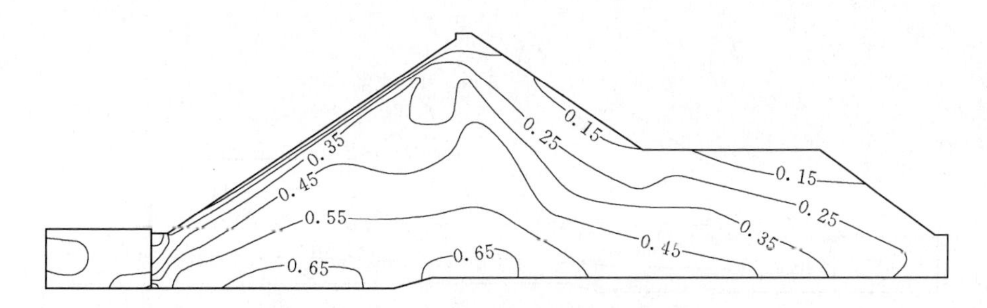

图 10.5.5　动力主要参数降低 10%第一主应力最大值等值线图（二维模型）（单位：MPa）

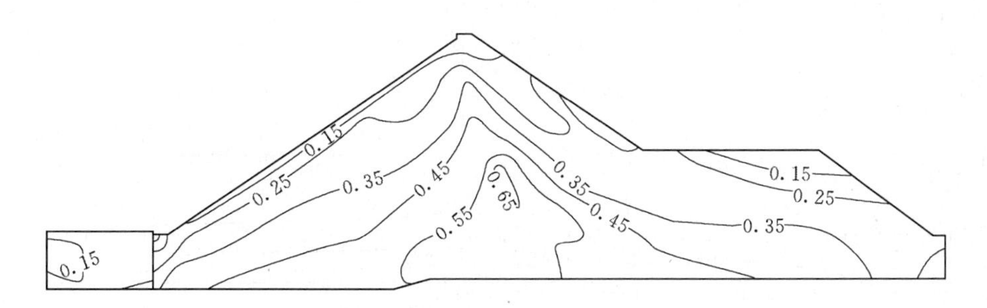

图 10.5.6　动力主要参数降低 10%第三主应力最大值等值线图（二维模型）（单位：MPa）

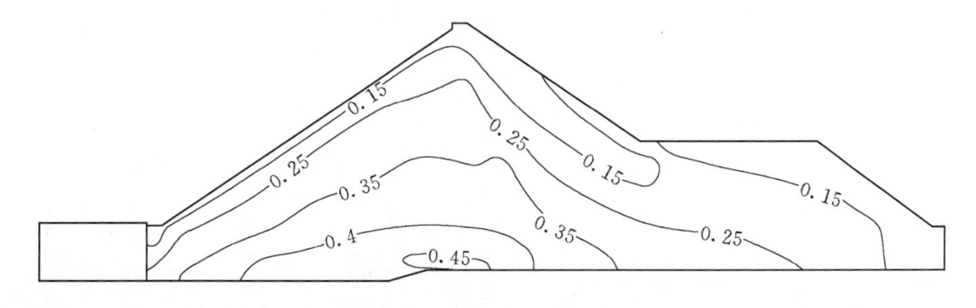

图 10.5.7　动力主要参数降低 10%动剪应力最大值等值线图（二维模型）（单位：MPa）

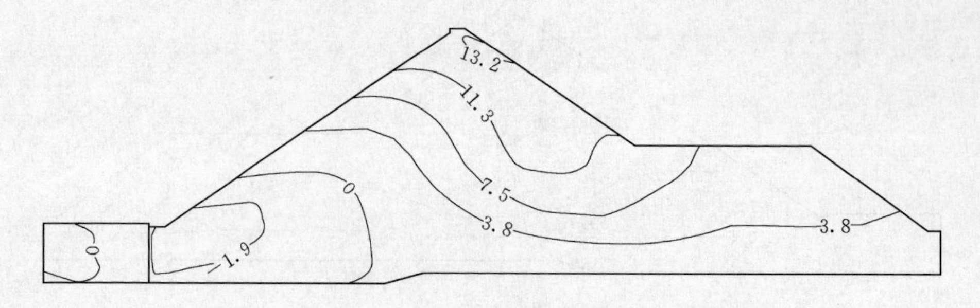

图 10.5.8　动力主要参数降低 10%顺河向地震永久变形图（二维模型）（单位：cm）

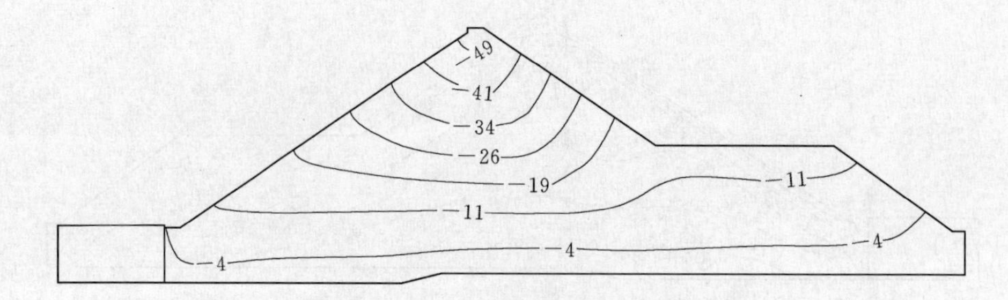

图 10.5.9　动力主要参数降低 10%竖直向地震永久变形图（二维模型）（单位：cm）

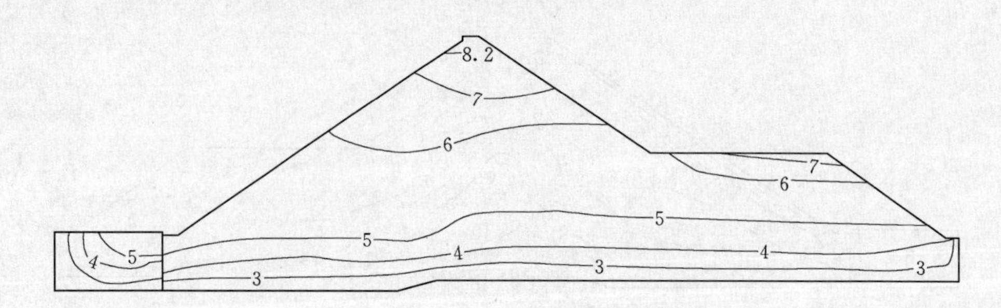

图 10.5.10　动力主要参数降低 20%顺河向绝对加速度图（二维模型）（单位：m/s²）

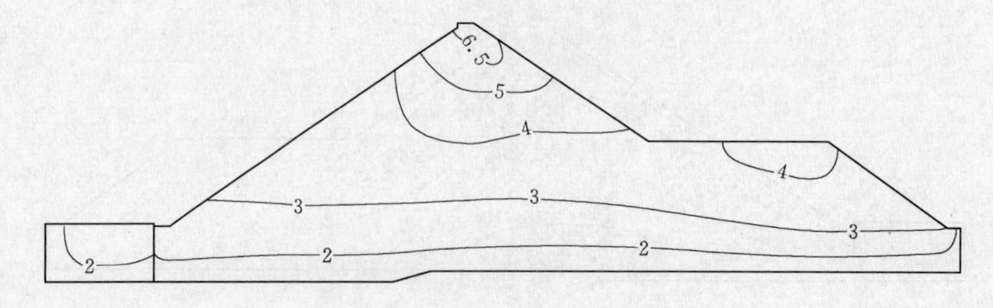

图 10.5.11　动力主要参数降低 20%竖直向绝对加速度图（二维模型）（单位：m/s²）

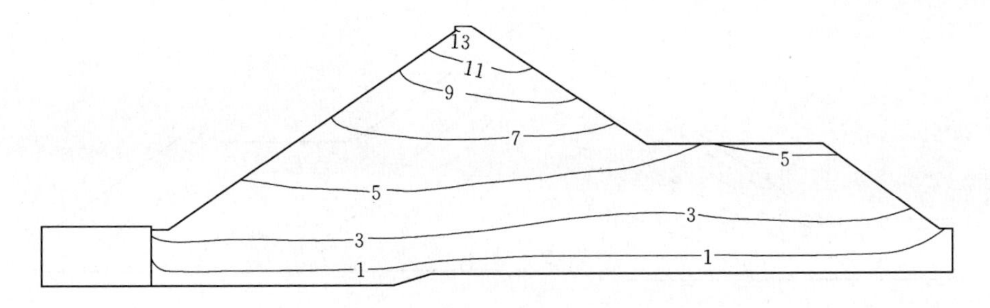

图 10.5.12　动力主要参数降低 20%顺河向位移最大值
等值线图（二维模型）（单位：cm）

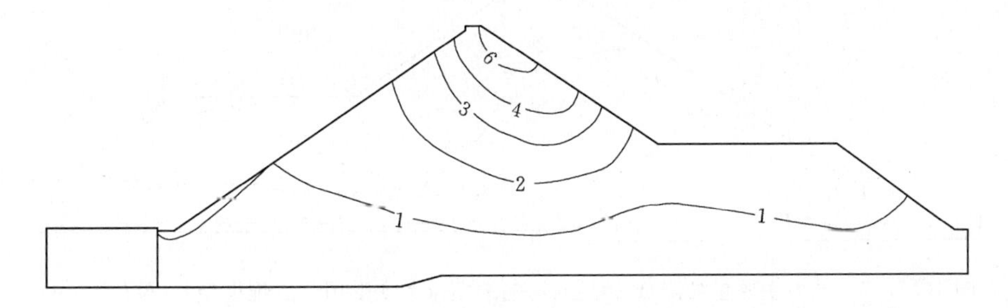

图 10.5.13　动力主要参数降低 20%竖直向位移最大值
等值线图（二维模型）（单位：cm）

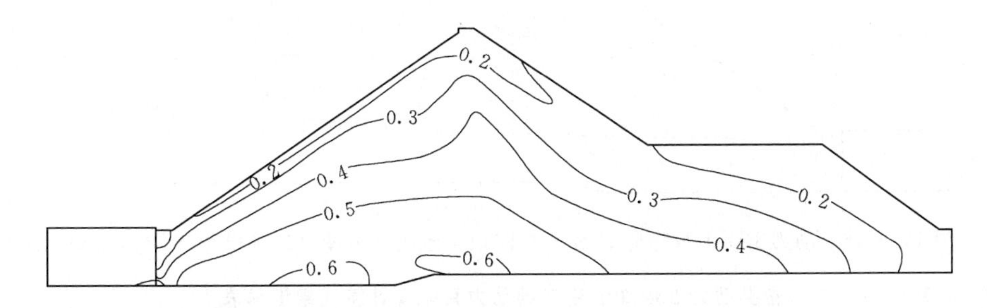

图 10.5.14　动力主要参数降低 20%第一主应力最大值
等值线图（二维模型）（单位：MPa）

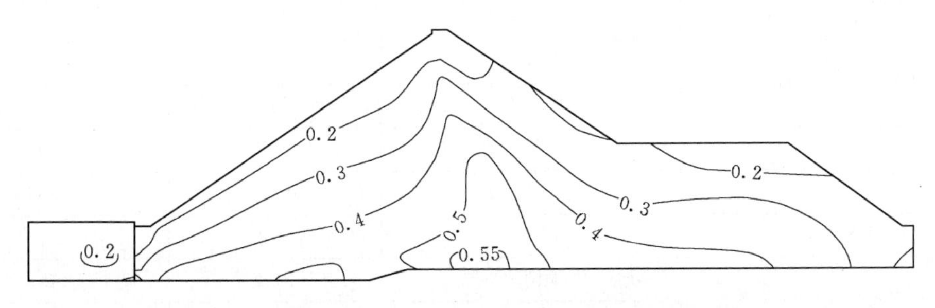

图 10.5.15　动力主要参数降低 20%第三主应力最大值
等值线图（二维模型）（单位：MPa）

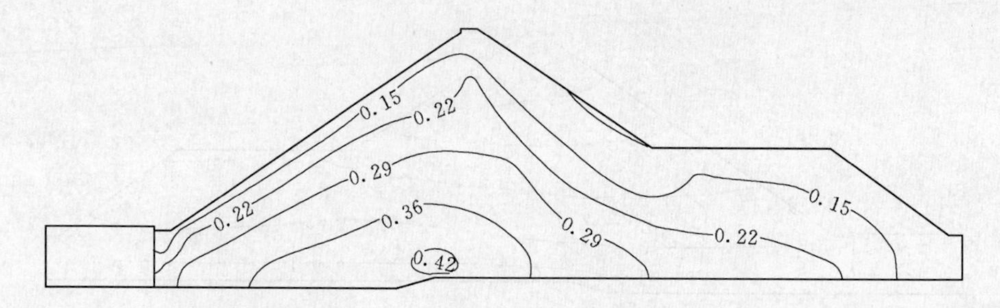

图 10.5.16　动力主要参数降低 20％动剪应力最大值等值线图（二维模型）（单位：MPa）

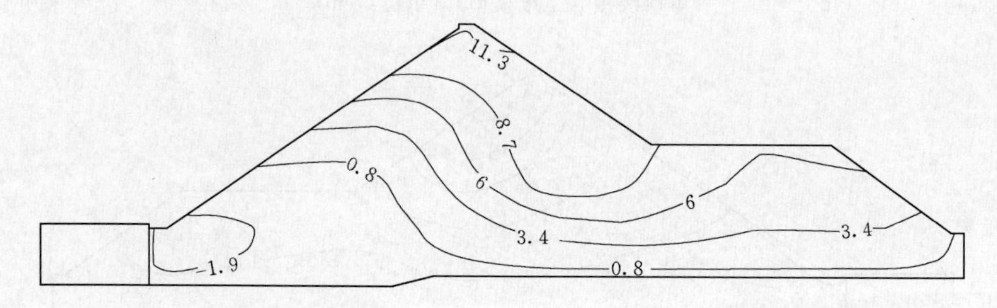

图 10.5.17　动力主要参数降低 20％顺河向地震永久变形图（二维模型）（单位：cm）

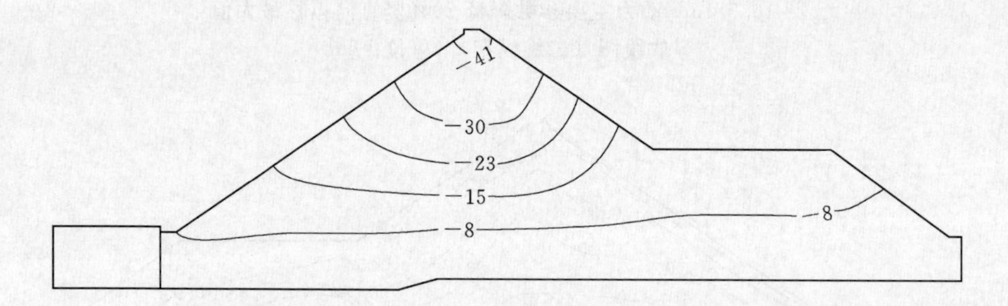

图 10.5.18　动力主要参数降低 20％竖直向地震永久变形图（二维模型）（单位：cm）

表 10.5.1　　主要动力参数降低后二维动力有限元计算成果汇总表

项　目		参数降低 10％	参数降低 20％
最大加速度反应/(m/s^2)	顺河向	8.5	8.2
	竖直向	7.5	6.5
最大位移反应/cm	顺河向	11	13
	竖直向	5	6
堆石体应力反应/MPa	第一主应力	0.66	0.6
	第三主应力	0.65	0.55
面板挠度/cm	向坝内	5	6
地震永久变形/cm	顺河向	13.2	11.3
	竖直向	49	41
最大剪应力/MPa		0.45	0.42

因此，参数降低后，坝体加速度反应、坝体应力和地震永久变形等均有所减小，而坝体位移反应和面板挠度反应等均有所增大。但是，坝体地震反应的分布规律是一致的，地震反应数值的变化不大。

11 有限元计算成果总结及结论

11.1 有限元计算成果总结

（1）三维非线性静力分析。

1）堆石的水平位移分布规律为：竣工期上游侧堆石位移向上游，下游侧堆石位移向下游；蓄水期上游位移减小，下游侧位移增大。竖直位移最大值分布在1/3～1/2坝高处，竣工期最大竖向位移为96cm，蓄水期为98cm。堆石压应力不大，最大应力出现在最大剖面（桩号0+170.00），竣工期，第一主应力最大值为2MPa，第三主应力为0.8MPa。蓄水期，第一主应力最大值为2MPa，第三主应力为0.86 MPa。

2）蓄水期面板挠度最大，出现在面板中部，最大值为24cm，轴向位移为3.7cm。面板顺坡向主要表现为压缩变形，但蓄水期，面板底部靠近河床两端出现拉应力，左岸最大拉应力为1.8MPa，右岸拉应力亦为1.8MPa。轴向应力主要表现为压应力，仅在岸坡局部出现拉应力，数值在2.5MPa以下。

3）竖缝变形较小，基本呈现两侧受拉中间受压的状态。竣工期岸坡的周边缝变形较小，河床位置变形相对较大，蓄水后两岸出现较大的法向错动，但都保持在22mm以下。

4）竣工期防渗墙向下游侧变形，最大挠度为5cm，而蓄水期最大挠度10cm，同时坝轴向防渗墙呈两岸向河床挤压态势，但位移较小。防渗墙与基岩临近部位出现较大的应力，第一主应力为压应力，竣工期最大值为6MPa，蓄水期最大值为10MPa；第三主应力为拉应力，竣工期为2.2MPa，蓄水期为4.5MPa。防渗墙应力分布规律较好，但拉应力稍大。

（2）三维静力参数敏感性。将坝体及河床主要静力参数降低10%、20%后，可以得到：堆石体变形增大，例如静力参数降低20%后，满蓄时向下游变形由27cm增大到33.5cm，竖直沉降有98cm增大到122cm；堆石体应力稍有增大，但增大幅度不大；受堆石体变形影响，满蓄时，静力参数降低20%后面板最大挠度由24cm增大到30.2cm，同时面板各向应力也有所增大；缝的变形也有较大的变化，在静力参数降低20%的情况下面板缝垂直剪切由4mm增大到14mm，增大量达10mm。

因此，坝料参数降低，堆石体的整体力学性能相对变差，弹性模量系数偏低，因此，坝体的整体变形较大，导致面板变形变大，以及面板缝和周边缝的变形增加。通过对比计算分析可以发现，坝料的力学参数对整个坝体和面板的应力变形特性有较大的影响。堆石料的密实度提高，其模量系数较大，则坝体变形较小，面板变形和应力也随之减小。因此，提高堆石体的密实度是有利的。

（3）二维非线性静力分析。

1）水平方向，坝体变形符合一般规律，坝体下游的位移基本都朝向下游，在上游的位移基本都向下游。竣工期水平向位移量向下游最大的位移为26.5cm，位于断面下游1/4～1/3坝高处，向上游最大的位移为12cm，位于断面上游1/4坝高附近；蓄水期，受水压力作用，坝体向下游位移增大向上游位移减小。蓄水期末水平位移向下游最大为33cm，位于断面下游1/3坝高附近；向上游位移量最大为2cm，位于断面上游1/4坝高附近。

2）竖直方向，在坝体中心1/3坝高附近的位移量值最大。竣工期最大沉降值为107cm；蓄水对坝体沉降的作用不明显，蓄水期最大沉降值为108cm。最大沉降值占最大坝高的0.87%。

3）坝体基本上都是压应力，坝体下侧的压应力最大。三个断面中，在竣工期坝体最大主应力极值为2.3MPa位于断面底部中部位置；在蓄水期最大主应力极值也为2.3MPa位于断面底部中部位置。断面的最小主应力基本上都是压应力，坝体下侧的压应力最大。在竣工期坝体最小主应力极值为0.8MPa位于断面底部中部位置；在蓄水其最小主应力极值为1.0MPa位于断面底部中部位置。

4）面板在竣工期挠度值较小，最大值约为10cm，位于面板底部；蓄水期受水压力作用面板挠度值变化很大，最大挠度值为30.9cm出现在面板的1/2坝高位置。面板在竣工期顺坡向应力主要表现为压力，最大值为5.1MPa；蓄水期顺坡向应力有很大变化，顺坡向出现较大拉应力为3.9MPa，位于面板的底部。

5）二维计算和三维计算得到的位移分布规律基本一致，二维计算的数值比三维计算结果偏大。二维计算坝体水平位移最大为33cm，竖向位移最大为108cm；三维计算坝体水平位移最大为27cm，竖向位移最大为98cm。坝体第一主应力、第三主应力分布规律与基本一致。二维计算的主应力值都大于三维计算的主应力数值。二维计算的面板挠度值比三维计算的面板挠度值大，这是由堆石体的变形所决定的。二维计算所得顺坡向所出现的拉应力较三维计算结果大很多。

（4）二维静力参数敏感性。由计算结果可知，主要静力参数降低10%、20%后：堆石体变形增大，例如静力参数降低20%后，满蓄时向下游变形由33cm增大到41cm，竖直沉降有108cm增大到136cm；堆石体应力稍有增大，但增大幅度不大；受堆石体变形影响，满蓄时，静力参数降低20%后面板最大挠度由30.9cm增大到38.8cm，同时面板各向应力也有所增大。

（5）三维非线性动力分析。顺河向绝对加速度最大为$9m/s^2$，放大系数为4.5，竖直向绝对加速度的最大为$10m/s^2$，放大系数为5。顺河向最大位移反应为11cm，竖直向最大位移反应为6.5cm，均发生在下游坝顶附近。坝体第一主应力最大为0.53MPa，第三主应力最大值为0.51MPa，最大动剪应力为0.35MPa，坝体不会被剪坏。面板顺坡向最大压应力为7.5MPa。面板的最大动挠度为9.5cm，由地震引起的面板与趾板之间的最大拉伸量和最大压缩量均小于29mm；垂直缝的最大剪切位移为36mm。顺河向最大永久变形为15cm，竖直向最大永久变形为49cm，均发生坝顶位置，地震沉陷量为坝高的0.4%。地震期间，绝大多数单元各时刻的安全系数均大于1，只有极少数单元的安全系数在短时间内小于1。从分布规律上看，由于上游坝体单元受水压力的作用，坝体安全系数要高于下游坝体单元，因此，此坝体在地震作下不会发生大范围剪切破坏。面板的抗滑稳定安全系数均远大于1。因此，面板的抗滑稳定安全性是满足要求的。

(6) 三维动力参数敏感性。将坝体材料最大动剪切模量的模数减小10%和20%后，坝体与面板的动力反应均有较大变化。由最大动剪切模量的模数减小20%的计算成果可知，坝体最大加速度反应顺河向由9m/s² 减小到8m/s²，竖直向由10m/s² 减小到8m/s²；最大位移反应变化不大，只有竖直向稍有减小；堆石体应力无明显变化；面板挠度在参数降低10%时稍有增大，但在参数降低到20%时又恢复到9.5cm，这也说明了三维状态下，面板变形的复杂性；受堆石体及面板变形增大的影响，接缝变形明显增大，其中面板和周边缝的张开值都增大2mm左右；地震永久变形变化较明显，其中竖向位移由49cm减小到38cm。

因此，动力参数降低后，速度反应和地震永久变形等均有所减小，而接缝位移反应等均有所增大。但是，坝体地震反应的分布规律是一致的，地震反应数值的变化不大。

(7) 二维非线性动力分析。顺河向绝对加速度最大为8.5m/s²，放大系数为4.2，发生在断面下游坝顶附近；竖直向绝对加速度的最大为7.5m/s²，放大系数为3.7，亦发生在断面下游坝顶附近。顺河向最大位移反应为12cm，发生在断面下游坝顶附近；竖直向最大位移反应为5cm，位于发生在断面下游坝顶附近。第一主应力最大为0.65MPa，断面底部靠近坝轴线附近；第三主应力最大值为0.6MPa，位于断面底部靠近坝轴线附近；最大动剪应力为0.45MPa发生在断面底部靠近坝轴线附近。地震过程中，面板的最大动挠度为5.0cm发生在断面面板的顶部。顺河向最大永久变形为11.3cm，发生在断面坝顶靠近下游位置；竖直向最大永久变形为49cm，发生在断面坝顶位置，地震沉陷量为坝高的0.4%。

与三维计算结果相比较，二维计算所得结果加速度反应明显变小，应力结果明显变大，面板与防渗墙的变形差异也比较大。由此可以看出，面板堆石坝所处的河谷形状比较复杂，局部地质条件也不规则和非均匀，三维效应比较显著。尤其面板和防渗墙三维工作状态与二维模拟有较大差别。

(8) 二维动力参数敏感性。最大动剪切模量的模数减小20%的计算成果可知，坝体最大加速度反应顺河向由8.5m/s² 减小到8.2m/s²，竖直向由7.5m/s² 减小到6.5m/s²；最大位移反应稍有增大；堆石体应力变化不大；面板挠度在由5cm增大到6cm；地震永久变形变化较明显，其中竖向位移由49cm减小到41cm。

因此，参数降低后，坝体加速度反应、坝体应力和地震永久变形等均有所减小，而坝体位移反应和面板挠度反应等均有所增大。但是，坝体地震反应的分布规律是一致的，地震反应数值的变化不大。

11.2 结论

(1) 通过对大坝进行三维和二维非线性有限元施工仿真分析可知：河谷高程216.00m以下，坝体具有较强的空间效应，如三维分析中，河床中央剖面最大主应力值不在坝基面底部，而是离底部有一定的距离，而二维分析中最大主应力值则位于基础底部。

(2) 由于基础存在10～40m的深覆盖层，导致堆石体的最大沉降发生的位置以及面板最大挠度出现的位置相对于修建在基岩上的面板坝位置偏低一些，而且本工程由于次堆石下部参数较低、变形较大，故造成最大值位置偏向下游次堆石下部附近。

(3) 通过对大坝的三维非线性有限元和参数敏感性分析可知：面板缝、周边缝以及连接板与趾板和防渗墙之间的接缝变形较小，面板、防渗墙、连接板、接缝等共同组成的防渗系统变形协调，说明面板堆石坝设计方案是可行的。

(4) 在 100 年超越概率 2%的场地震作用下，大坝的加速度与动应力反应分布规律与设计地震一致。三维分析中，堆石体的水平绝对加速度反应极值为 $9m/s^2$，最大放大系数为 4.2，堆石体、面板最大地震反应位于坝顶局部位置，存在明显的鞭鞘效应，需要结合计算成果在坝顶进行抗震加固。

通过对大坝结构三维非线性有限元静力和动力分析可知：各分区的设计与填筑的标准、坝体分层填筑与面板分期浇筑方案合理，坝体抗震安全较好。

参考文献

[1] 钱家欢，殷宗泽．土工原理与计算［M］．北京：中国水利水电出版社，1996.

[2] 中华人民共和国水利部．土工试验规程（SL 237—1999）［S］．北京：中国水利水电出版社，1999.

[3] 谢定义．土动力学［M］．西安：西安交通大学出版社，1988.

[4] 黄河水利科学研究院．小浪底斜心墙堆石坝的三维有效应力法地震反应分析［R］，1995.

[5] 黄河水利科学研究院．黄河海勃湾水利枢纽坝料力学特性试验报告［R］，2009.

[6] 黄河水利科学研究院．河口村水库混凝土面板堆石坝主堆石料大三轴力学特性试验阶段报告［R］，2010.

[7] 黄河勘测规划设计有限公司．河口村混凝土面板坝坝料力学特性试验研究及坝体应力应变分析与安全评价工作大纲［R］，2011.

[8] 黄河水利科学研究院．柏叶口水库工程初步设计阶段粗巨粒土试验报告［R］，2009.

[9] 黄河水利科学研究院．胶凝堆石料力学特性试验研究报告［R］，2013.

[10] 黄河水利委员会水利科学研究所．郑州市市区地基原状土动力试验研究［R］，1989.

[11] 黄委会水利科学研究所土工室抗震组．小浪底坝基夹砂层原状砂试样动力特性试验研究报告［R］，1990.

[12] 黄委会水利科学研究院．寺院坡心墙土料动力性质试验研究报告［R］，1991.

[13] 水利部黄河水利科学研究院．南水北调中线穿黄渡槽工程地基原状土动力试验和液化可能性分析研究［R］，1995.

[14] 黄河水利委员会水利科学研究院．小浪底坝基Ⅱ号砂砾石料动静力学性质试验研究报告［R］，1991.

[15] 水利部黄河水利委员会黄河水利科学研究院．小浪底水利枢纽工程进水口引渠导墙堆石体填筑料大型三轴试验报告［R］，1999.

[16] 黄文熙．土的工程性质［M］．北京：中国水利水电出版社，1983.

[17] 沈珠江．理论土力学［M］．北京：中国水利水电出版社，2000.

[18] 顾淦臣．土石坝地震工程［M］．南京：河海大学出版社，1988.

[19] 吴中如．水工建筑物安全监控理论及其应用［M］．北京：高等教育出版社，2003.

[20] 殷宗泽．土工原理与计算［M］．北京：中国水利水电出版社，2007.

[21] 朱百里，沈珠江．计算土力学［M］．上海：上海科技出版社，1990.

[22] 蒋国澄，傅志安，凤家骥．混凝土面板坝工程［M］．武汉：湖北科学技术出版社，1996.